U0256845

STUDY ON

THE COORDINATED DEVELOPMENT OF

ECOLOGY AND ECONOMY
IN LESS DEVELOPED AREAS

欠发达地区
生态与经济协调
发展研究

刘 上 洋 ◎ 主 编

社会科学文献出版社
SOCIAL SCIENCES ACADEMIC PRESS (CHINA)

目 录

前　言

一　研究目的与意义

本书以我国中西部欠发达地区生态与经济协调发展为研究对象。通过构建指标体系和数学模型，在省域层面上对各欠发达地区生态与经济协调发展程度进行评估与分类，为正确认识各地区生态与经济协调发展的现状，分类型、分地区提出有针对性的政策提供了基础与支撑。本书深入分析了欠发达地区生态与经济协调发展的潜在优势与实现条件，为欠发达地区实现绿色发展提供了理论基础。

通过综合运用问卷调查法、经济统计法、F－A 分析法、文献研究法等多种研究方法，挖掘欠发达地区生态与经济协调发展的主要制约因素，剖析其背后的深层次原因，为欠发达地区促进生态与经济协调发展，寻找进位赶超、永续发展的路径提供了依据。

通过分析国内外生态与经济协调发展的具体案例，总结其经验做法，有利于欠发达地区借鉴其成功经验，吸取相关教训，为探索适合自身生态与经济协调发展的路径、模式提供了决策参考。

本书从发展观念、发展路径、发展规划、发展抓手、发展保障和发展的政策措施等方面，探讨欠发达地区生态与经济协调发展、人类与自然和谐共处的可能发展道路，为我国欠发达地区科学发展、绿色发展指出可行性方向。

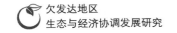

欠发达地区
生态与经济协调发展研究

二 主要内容和观点

（一）主要内容

1. 欠发达地区现状分析

首先，从欠发达地区概念入手，回顾了欠发达地区测定指标的演变，并对我国欠发达地区进行了界定；其次，分析了我国欠发达地区的主要特征，并结合欠发达地区的经济发展指标、社会发展指标和资源与环境发展指标，对欠发达地区进行了分类；再次，描述了欠发达地区的空间分布；最后，通过案例剖析欠发达地区的主要特征。

2. 欠发达地区生态与经济协调度分析

首先，分析了欠发达地区生态与经济协调发展既对立又统一的辩证关系；其次，借鉴联合国、国家发改委、科技部、中科院关于节能减排、生态县市等评价指标，构建了欠发达地区生态与经济协调发展的评价指标体系；最后，通过构建协调度模型，对我国欠发达地区生态与经济协调发展程度进行了实证分析，并按协调度进行了分类和排序。

3. 欠发达地区的后发优势

首先，对后发优势的理论渊源与发展演变进行了概述；其次，对欠发达地区生态与经济协调发展的后发优势进行了阐述；再次，指出了后发优势的实现条件；最后，以安徽省池州市实现绿色发展的典型案例为样本，证明欠发达地区实现生态与经济协调发展的后发优势完全可以转变为现实优势。

4. 欠发达地区生态与经济协调发展的主要制约因素及原因分析

本书采用问卷调查表，选取中部的江西、安徽、湖南、湖北、河南、山西等6个省份，西部的四川、贵州、宁夏、陕西、新疆、云南、青海等7个省区，东北的辽宁省，东部的江苏、山东、天津等3个省份作为调查样本，进行问卷调查，对欠发达地区生态与经济协调发展的影响因素进行了 F－A 分析，找到其中的主要制约因素，在此基础上，对欠发达地区生态与经济协调发展主要制约因素的深层次原因进行了深刻的剖析。

5. 国内外生态与经济协调发展的经验与启示

首先，分析了国外生态与经济协调发展思想产生的背景；国外生态与经济协调发展思想的产生和发展；国外生态与经济协调发展思想的创新成果。选取美国田纳西河流域的科学开发，日本北海道在开发中对生态环境的保护，英国伦敦雾都治理和巴西库里蒂巴的最适宜人居城市建设，四个不同类型的典型案例，总结了国外生态与经济协调发展的经验。其次，回顾了我国古代热爱自然、敬畏自然、尊重自然、利用自然等"天人合一"的生态与经济协调发展启蒙思想的特点及演变，以及新中国成立以来生态文明建设理论的发展历程，并从保护中开发、开发中保护、转型升级三个维度，选取了湖北神农架生态与经济和谐共生发展、长株潭"两型"试验区新型工业化与城镇化"双轮"驱动下的绿色发展、贵州毕节试验区转型升级三个典型案例，分析了国内生态与经济协调发展的主要做法与成功经验。最后，总结了国内外典型案例对我国欠发达地区生态与经济协调发展的经验与启示。

6. 欠发达地区生态与经济协调发展路径研究

从发展观念、发展路径、发展规划、发展抓手、发展的机制体制创新和保障措施等方面，指出了我国欠发达地区实现生态与经济协调发展的路径。

（二）主要观点

1. 欠发达是一个历史的、相对的概念

其基本含义就是发展程度低或发展不充分，从欠发达地区基本内涵出发，站在全国的角度对 31 个省区市进行审视，中西部地区都属于欠发达地区。我国欠发达地区包括不同的类型，有经济水平偏低型、社会发展滞后型、资源开发不足型、生态环境脆弱型等。欠发达地区经济发展与生态环

境保护之间是一种既对立又统一的关系，欠发达地区生态环境保护与经济发展整合具有可能性与现实性。我国欠发达地区按照生态与经济发展协调度，可分为极度失调、严重失调、中度失调、轻度失调、濒临失调、勉强失调、初级协调、中度协调、良好协调、优质协调几种类型。

2. 我国欠发达地区具有生态与经济协调发展的后发优势

包括生态资源、能源富集的优势，新兴产业、环境友好产业快速植入的优势，技术知识输入的后发优势，制度设计和运用的后发优势，政策支持的优势，资本和劳动力后发优势等。但这种后发优势只是一种潜在的优势，要使潜在的优势转变为现实的优势，需要创造出一系列新的条件，这种条件主要包括宽松、自由的外部环境和政府的政策扶持两个方面。

3. 欠发达地区生态与经济协调发展的主要制约因素明显

包括人力资源开发因素、经济发展阶段因素、资源环境市场因素以及生态文明体制因素。制约欠发达地区人力资源开发的原因主要有：欠发达地区人力资源开发力度严重不足，人口整体素质偏低；存在或轻或重的公共财政教育投入偏低问题，生均教育经费投入偏低尤为明显；科技创新人才数量不足、流失严重等。欠发达地区经济发展水平因素制约生态与经济协调发展的原因在于欠发达地区经济基础非常薄弱，城镇化水平过低，尚有大量的重点贫困县和连片特困地区县，生态和经济的协调存在不小的阻力。欠发达地区资源环境市场因素制约生态与经济协调发展的原因在于资源环境市场失灵，尚没有建立完善的资源环境市场价格运行机制，环境资源产权不完全或不存在，对生态环境保护领域市场机制的引入、利用形成很大的障碍，以及资源环境的公共物品属性造成消费者能够不支付费用而享受这种物品和劳务，形成免费搭乘便车问题。欠发达地区生态文明体制因素制约生态与经济协调发展的原因在于市场"失灵"，以及现行体制和机制还不能完全适应生态文明建设的需要，存在较多制约科学发展的体制机制障碍。

4. 生态与经济协调发展思想的产生和发展是付出惨痛的代价换来的

发达国家不断反思自身的发展，经历了生态意识觉醒、任何增长必须在环境容量承受范围内、实现代际公平的可持续发展等阶段，并涌现了许多实现生态与经济协调发展的典型案例，如美国田纳西河流域的科学开发、英国伦敦雾都治理、巴西库里蒂巴的最适宜人居城市建设是其代表。我国也有众多绿色发展的典型案例，湖北神农架生态与经济和谐共生发展、长株潭"两型"试验区新型工业化与城镇化"双轮"驱动下的绿色发展、贵州毕节试验区转型升级是其中的代表。学习和借鉴上述典型地区的成功经验与做法，可使我国欠发达地区能够尽快找到绿色崛起的路径，少走弯路，降低试错成本。

5. 我国欠发达地区实现生态与经济协调发展包含多方面内涵

发展观念上。必须树立"生态资源和环境既是生产力，又是资本"的现代生态价值之经济发展观，建立生态经济新秩序，制定"经济－生态"双重目标，实现"有序发展"。在实施"西部大保护"中，必须做到"在保护中开发，保护优先；在开发中保护，合理利用"。"西部大保护"的本质"是强区，更是富民"。

发展路径上。要坚持"慢发展"是发展的常态化、"慢发展不等于不发展"、"慢发展"往往是最大的发展的理念，把"惠民性发展、保护性发展、特色性发展、选择性发展"融入常态化发展中。"宜发展则发展、宜保护则保护"；合理开发利用自然资源，实现"保护性发展"和"惠民性发展"。要告别唯GDP的"破坏性发展"、"发展性破坏"；实现"特色发展"、"错位发展"、"选择性发展"。

发展规划上。要完善"东、中、西区域统筹，海、陆、空协调共建"的跨区域"大国土"总体规划，实现"东、中、西部"规划整体性、系统性协调；"海、陆、空"总体规划协同重构，实现统筹；要建立"保护为主、以人为本、合理利用"的中西部地区生态保护规划，明确"保护为主、持续发展"、实施"以人为本"的环境综合整治措施、全面对接生态系统、建立中西部优先发展的政策保障、完善东中西部统筹发展的公众参与制度，实现公众保障。

发展抓手上。要通过产业发展生态化与生态建设产业化，实现生态与经济发展协调互动。树立生态工业新思维，实现工业产业生态化。以农业基础设施建设为支持，因地制宜，发展多种生态农业模式，建立健全保障体系，实现农业产业生态化。要通过完善生态旅游环保制度，推动生态旅游资源管理体制创新，实现旅游产业生态化。要建立绿色技术支撑体系，实现区域生态经济中介系统的优化，发挥区域政府的协调推动作用，促进区域资源开发利用技术和环境保护技术的创新。

6. 欠发达地区要实现生态与经济协调发展，须完善欠发达地区的协调发展体制机制

一要建立生态与经济协调发展的考核机制。率先推进绿色 GDP 核算方法，完善政绩评价系统，建立科学的投资评价标准，建立向循环经济倾斜的物权制度，建立经济协调发展的控制与评价系统。二要完善干部政绩考核和提拔晋升机制。按主体功能区来实施差异化的政绩考核标准，完善欠发达地区官员的提拔晋升机制。三要建立健全资源开发管理机制。加大资源定价机制的改革，加大环境成本内化机制改革。四要实行最严厉的生态环境保护制度，推进生态立法。完善欠发达地区生态环境保护的立法体系，优化欠发达地区生态环境保护的管理体制。五要实行差别财税政策。完善税收优惠和税收征免政策，实行差别化的财政投入政策，多渠道筹集资金支持生态环保型产业发展。六要建立生态补偿机制。树立生态补偿意识，建立对口补偿制度，不断创新生态补偿机制。七要建立国家生态发展基金。资金来源包括：征收个人生态补偿税、从国家年度财政预算收入的超收部分中适度提取、对环境破坏的罚没收入、非政府募集资金等。八要依据不同地区的人口承载力，有针对性地调整现有人口计生政策。在欠发达地区实行严格的计划生育政策，坚定不移地实施生态移民政策。九要实行大规模的欠发达地区人才开发工程。充分发挥政府的主导作用，引导欠发达地区

塑造良好的人才成长和发展环境，保持欠发达地区人才的相对稳定。

三　学术价值与应用价值

（一）学术价值

（1）本书从理论上阐释了欠发达地区生态与经济协调发展的辩证关系，通过分析欠发达地区生态与经济协调发展的潜在优势与实现条件，既拓展了后发优势理论，又丰富了追赶理论的学术观点。

（2）本书着重量化研究欠发达地区生态与经济协调发展的主要制约因素，并对其原因进行了深入的剖析，从而进一步拓宽和深化了发展经济学和生态经济学的相关理论研究内容。

（二）应用价值

（1）本书通过对国内外实现生态与经济协调发展的典型范例的剖析，既坚定了欠发达地区科学发展、绿色崛起的信心；又为不同类型的欠发达地区的可持续发展路径提供了样板。

（2）本书探寻了欠发达地区生态与经济协调发展的主要制约因素，为欠发达地区充分发挥后发优势、突破生态与经济协调发展的阻碍、实现跨越式永续发展提供了决策参考。

（3）本书以环境经济学、区域经济学、发展经济学，产业生态学为基础，从经济发展、生态保护协同视角，客观地判断欠发达地区生态与经济协调过程中的"症结"，以多学科的观点和理论进行全新路径的探讨，针对"症结"提出了有针对性、可操作性、指导性的政策建议。

四　创新和特色

（1）本书尝试构建具有中国特色的生态与经济协调发展评价指标体

系，为评估欠发达地区生态与经济协调发展程度提供了一种新的评价标准。

（2）本书将后发优势理论引入生态经济领域，丰富了后发优势理论与追赶理论的学术观点，有一定的创新性。

（3）为了科学提取欠发达地区生态与经济协调发展的主要制约因素，本书利用 F－A 分析法进行了量化分析，研究得出了结论，在此基础上，利用两种检验方法对研究结果的正确性或科学性进行了验证。

（4）全面梳理了国内外生态与经济协调发展思想的产生与发展，并从不同维度、不同发展阶段、不同类型分析了国内外生态与经济协调发展的典型案例，试图通过对这些案例的剖析，总结出可供借鉴的欠发达地区生态与经济协调发展的有益经验。

（5）从经济发展和生态保护协调这个关系入手，在探讨欠发达地区承担生态环境保护社会责任的基础上，提出建立生态经济新秩序，实现"有序发展"，研究视角有创新。从发展观念、发展路径、发展规划、发展抓手、体制保障、政策措施等方面进行多角度、全方位演进，以期找到生态与经济协调发展、人类与自然和谐共处的可能发展道路，研究内容有创新。

（6）以环境经济学、区域经济学、发展经济学，产业生态学为基础，从而实现生态环境与经济发展之间的协调发展，体现了多学科的综合研究特色，研究方法有创新。

第一章
欠发达地区生态与经济协调发展现状
与后发优势

欠发达地区是一个历史的、相对的概念，有不同的界定标准。在综合前人研究成果的基础上，本书首先明确研究范围——我国中西部地区，分析欠发达地区的主要特征、类型与空间布局；其次，以省域为单位，对欠发达地区生态与经济协调发展度进行定量评估；最后，对欠发达地区生态与经济协调发展的后发优势及其实现条件进行了探究。

一 欠发达地区现状分析

（一）欠发达地区的界定

1. 欠发达地区的内涵与测定指标的演变

欠发达是一个历史的、相对的概念，其基本含义就是发展程度低或发展不充分。如何衡量发展和对发展程度进行评价，不同历史阶段对发展测度的价值标准和衡量的指标体系也在不断更新。以往的发展观，通常是把经济增长当作发展的全部[①]，故此，自 Kuznets 等人建立起国民收入核算体系以来，将国民生产总值（GNP）或人均 GNP 作为衡量国家或

---

① 杨伟民：《对我国欠发达地区的界定及其特征分析》，《经济改革与发展》1997 年第 4 期。

地区经济发展程度的方法已成为整个国际社会的惯例。例如，世界银行就是用人均国民总收入作为标准来划分高收入国家、中等收入国家或低收入国家，只不过这个标准随着时代的变迁和经济的发展不断进行调整。1995 年，世界银行按人均国民总收入高低将国家分为四类：人均国民总收入 760 美元以下为低收入国家；人均国民总收入 761～3035 美元为中低收入国家；人均国民总收入 3036～9361 美元为中高收入国家；人均国民总收入 9361 美元以上为高收入国家。而按照世界银行的最新标准，人均国民总收入达 12616 美元以上的为高收入国家；低于 1035 美元为低收入国家；1035～4085 美元的则为中低收入国家；4086～12616 美元为中高收入国家。在这种发展观的指导下，世界上许多国家和地区都把追求国民生产总值或人均国民生产总值的增加，当作首要的或唯一的目标。应当承认，人均国民总收入在相当程度上比较准确地反映了大多数国家和地区的发展程度。但是这种以人均 GNP 为主的单一指标衡量方式，将经济增长当作发展的"全部"，具有明显的局限性，因而也受到众多批评。

在众多对人均国民生产总值指标的批评中，出现了一系列 GNP 或人均 GNP 的改良型指标，如 1972 年美国哈佛大学教授威廉·诺德豪斯和詹姆斯·托宾提出的经济福利量（MEW）指标、美国麻省理工学院教授保罗·萨缪尔森构建的经济净福利（NEW）指标、社会—经济核算运动使用的社会剩余（SS）指标等。它们的共同特征是将 GNP 未能涵盖的但又可以用货币形式表示的项目补充到指标中。但是，这些指标仍然无法涵盖难以货币化的发展指标，因而也受到很多批评[1]。

在这种情况下，经济社会综合发展指标体系便应运而生。Morris 等人于 20 世纪 70 年代初期建立了由预期寿命、婴儿死亡率和识字率等 3 项指

---

① 林勇、张宗益、杨先斌：《欠发达地区类型界定及其指标体系应用分析》，《重庆大学学报（自然科学版）》2007 年第 12 期。

标组成的"物质生活质量指数"（PQLI）[①]。联合国发展计划署（UNDP）于1990年建立了人类发展指数（HDI），并据此公布了《人类发展报告》，用人类发展指数作为标准，区分高人类发展水平国家、中等人类发展水平国家和低人类发展水平国家。此后，《人类发展报告》每年发布一次，成为与世界银行《世界发展报告》并列、评价世界各国和地区发展水平的重要文件。用人类发展指数替代国民生产总值来测定一个国家的经济、社会发展程度，较单一的经济指标测定法，更具合理性。但是人类发展指数仅包括预期寿命指数、教育指数和GDP指数3个分项指标，指标范围过于狭窄，未能反映包括可持续发展能力等重要因素。目前，国外对欠发达地区的研究还在不断深化之中，后人陆续把反映资源开发利用程度和环境保护程度等指标列入测量指标体系中，使得指标体系涵盖经济、社会和生态环境可持续发展能力等多方面，更加全面地反映一个国家和地区的发展程度。

概言之，欠发达地区既是"地理空间范围"的相对概念，又是一个基于历史纵向比较、动态变化发展的范畴。广义的欠发达地区包括全球范围内相对不发达的国家或地区，如通常所讲的发展中国家或地区。狭义的欠发达地区是指一个国家内部相对不发达的经济区域。

2. 对我国欠发达地区的界定

受历史、观念和区位等条件的制约，我国各地的经济社会发展水平处于不平衡的状态，在空间地理上存在一些生产要素可得性及其利用率低，技术进步速率慢，缺乏适应并促进经济社会发展的制度安排的经济社会发展水平相对低的欠发达地区。相对于东部沿海地区，整个中西部尤其是西部地区是欠发达地区。如果从所处的区域角度考察，以省级行政区划为对象的欠发达地区基本上处于中国的中部和西部。但是如果以市县级行政单元为考察对象，东部发达省份仍然有一部分地区属于欠发达地区，如广东

[①] 林勇、张宗益：《经济权利禀赋与我国欠发达地区发展的实证研究》，《当代经济研究》2005年第9期。

的粤北地区、浙江的西南部地区（如丽水）、江苏的苏北地区等，而中部和西部一些相对发达的城市则不属于欠发达地区的范畴。因此，如何科学准确地界定我国的欠发达地区，对于本课题的深化研究和指导实践至关重要。我们有必要对我国已有的研究成果进行梳理，在此基础上对本课题的研究范围进行明确界定，以增强研究的针对性和实践性。

（1）研究成果综述

我国欠发达地区如何界定？国内不少学者对此进行了深入的研究。综合前人的研究成果，我国对欠发达地区的界定主要采用三种划分方法。一是地域划分法。在"七五"规划中采用地域划分法将我国粗略分为东部发达地区和中西部欠发达地区。二是单一经济划分法。单一经济划分法一般是在不同的区域单位，采用人均国内生产总值（人均 GDP）与全国平均水平的比较来衡量地区的欠发达程度①。胡鞍钢（1994）以省域单元为考察对象，将人均 GDP 低于全国平均水平的地区界定为欠发达地区，具体包括贵州、安徽、广西、甘肃、云南、陕西、西藏、宁夏、内蒙古、江西、湖南等 19 个省区；将人均 GDP 高于全国平均水平 150% 的地区界定为高收入地区，分别是辽宁、广东、天津、北京和上海 5 个省市。杨晓光等（2006）以县为单元，将人均 GDP 低于全国平均水平 60% 的县（县级市）列为欠发达地区，高于全国平均水平 140% 的县（县级市）列为发达地区。对于革命老区、边境地区、少数民族地区、库区和自然条件恶劣的地区适当放宽标准，最终划入欠发达地区的县（市）共有 808 个。三是综合划分法。杨伟民（1997）在借鉴联合国开发计划署（UNDP）人类发展指数基本方法的基础上，提出了由 10 类指数化指标合成的发展程度指数，并据此计算出全国 30 个省份的发展程度指数，将其中发展程度指数低于 0.3，不及全国平均指数 80% 的 10 个省界定为欠发达地区。林勇、张宗益等人

---

① 林勇、张宗益、杨先斌：《欠发达地区类型界定及其指标体系应用分析》，《重庆大学学报（自然科学版）》2007 年第 12 期。

（2007）通过借鉴 HDI 和发展程度指数，构建了界定中国欠发达地区的"综合发展指数"（DI）。DI 指数包括 3 个分项指标：经济发展指标、社会发展指标和资源与环境发展指标，下设经济总量、经济增长、经济结构、人口发展指标、教育水平指标、生活水平指标、基础设施指标、资源利用指标、环境保护指标等 9 个复合指标，20 个具体指标。在赋予各指标不同权重的基础上，对全国 31 个省区市的综合发展指数进行了测度，并将上海、北京、天津、浙江、广东、江苏、山东、辽宁、福建等 9 个综合发展指数较高，超过全国平均水平 120% 的地区界定为发达地区，将陕西、重庆、宁夏、青海、河南、湖南、江西、四川、安徽、西藏、甘肃、广西、海南、云南和贵州等 15 个综合发展指数较低，不及全国平均水平 75% 的地区界定为欠发达地区。谷树忠、张新华等（2011）借鉴综合划分法，以全国 337 个地域单元作为研究区域，其中包括全国的 333 个地级市（区），京、津、沪三市和重庆市，采用层次分析法，选用 11 个区域发展综合指数评价指标，并赋予各指标适当的权重，计算出各地级市（区）的综合发展指数（RDI），将综合发展指数排名在 200 位以下的 137 个地区划为欠发达地区，将既是欠发达地区（区域综合发展指数在 200 位之后）又是资源富集区（区位商 LQ 大于 1）的 70 个地、市、州、盟确定为欠发达资源富集区[①]，并对这一类欠发达地区的特征、类型和功能定位进行了深入研究。

从以上研究成果综述可以看出，我国对欠发达地区的界定，随着时代的变迁，以及对发展程度内涵理解的不断深入而日益走向成熟。与"七五"规划中对欠发达地区的粗略划分法，即胡鞍钢、杨晓光的单一经济指标测定方法相比，杨伟民构建的发展程度指数指标涵盖了经济社会两个方面，指标更为全面、系统。但是，杨晓光将欠发达地区界定到县，其确定的欠发达地区与贫困县重叠性过高，在一定程度上混淆了欠

---

① 谷树忠、张新华等：《中国欠发达资源富集区的界定、特征与功能定位》，《资源科学》2011 年第 1 期。

发达地区与贫困县的概念。林勇、张宗益等人将资源与环境因素列入指标考核范围，对区域的可持续发展能力进行了测度，具有一定的时代意义。谷树忠、张新华等的研究，将研究范围细分到地级市，并且将研究视角集中到欠发达资源富集区，研究的针对性较强，对本课题的研究有一定的借鉴意义。

表 1-1　我国对发达与欠发达地区的界定

划分主体	划分单元	分类方法	发达地区	欠发达地区
国家（"七五"时期）	省区市	地域划分法	东部地区：包括北京、天津、河北、辽宁、上海、江苏、浙江、福建、山东、广东和海南等11个省份	中西部地区，其中中部地区包括山西、内蒙古、吉林、黑龙江、安徽、江西、河南、湖北、湖南、广西等10个省区；西部地区包括四川、贵州、云南、西藏、陕西、甘肃、青海、宁夏、新疆等9个省区
胡鞍钢（1994）	省区市	单一指标法（人均GDP）	辽宁、广东、天津、北京和上海	贵州、安徽、广西、甘肃、河南、云南、四川、江西、湖南、陕西、西藏、宁夏、内蒙古、山西、河北、湖北、青海、海南和吉林
杨伟民（1997）	省区市	发展程度指数	北京、上海、天津、浙江、江苏、广东	四川、广西、宁夏、新疆、青海、甘肃、云南、贵州和西藏
杨晓光等（2006）	县（县级市）	单一指数法		共808个县，涵盖2000年扶贫重点县的95%
林勇、张宗益等（2007）	省区市	综合指数法	上海、北京、天津、浙江、广东、江苏、山东、辽宁、福建	陕西、重庆、宁夏、青海、河南、湖南、江西、四川、安徽、西藏、甘肃、广西、海南、云南
谷树忠、张新华等（2011）	地市州盟	综合指标法		137个欠发达地区；70个欠发达资源富集区，包括江西：赣州、吉安；湖南：娄底、张家界、湘西；湖北：恩施；河南：南阳、商丘、平顶山、濮阳；青海：海东地区、果洛州、玉树州等

资料来源：根据文献综述自行整理。

（2）本课题研究范围的界定

本课题认为，欠发达地区的基本内涵是经济社会发展水平低，而资源环境只是制约欠发达地区快速发展的一个重要因素。因此，人均 GDP 和社会发展水平是界定欠发达地区与发达地区最主要的指标，从这个标准出发，站在全国的角度对 31 个省区市进行审视，中西部地区都属于欠发达地区。本课题的研究范围为中西部地区各省区市，包括中部 6 省份（山西、河南、湖北、湖南、江西、安徽）和西部 13 省份（新疆、青海、甘肃、宁夏、内蒙古、陕西、西藏、云南、贵州、四川、广西、海南、重庆）。在此范围内，进一步将研究重点放在设区市和县域层面。而东部地区和东北地区的许多欠发达地区，如广东的粤北地区、浙江的西南地区、江苏的苏北地区、吉林的延边地区，虽然相对于其所在的省份而言属于欠发达地区，但不在本课题的研究范围内。

（二）欠发达地区的主要特征

根据发展经济学理论，结合欠发达地区的内涵，我们认为，目前我国欠发达地区一般具有这样几个特征。

1. 人均地区生产总值和收入水平低，消费需求不旺

2012 年，全国人均生产总值 38420 元，中部地区和西部地区分别为 32427 元、31357 元，分别只有全国平均水平的 84.4%、81.6%；城镇居民人均可支配收入，全国为 24565 元，中、西部地区分别为 20697 元、20600 元，分别为全国的 84.3%、83.9%；农村居民人均纯收入，全国为 7917 元，中、西部地区分别为 7435 元、6027 元，分别为全国的 93.9%、76.1%。经济发展水平和收入水平较低，导致居民消费水平不足，2012 年，中西部地区社会消费品零售总额占全国的比重只有 38.1%，而东部地区所占比重为 52.6%。

2. 农业比重高，大部分人口生活在文明程度较低的农村地区

2012 年，全国农业在经济总量中的比重为 10.1%，东部地区只有

6.2%，而中、西部地区分别为 12.1%、12.6%，分别比全国平均水平高 2.0 和 2.5 个百分点；比东部地区分别高 5.9、6.4 个百分点。从城镇单位就业人员占全国的比重来看，中、西部地区分别只占 21.7%、22.0%，远低于东部地区 47.4% 的比重。

3. 交通运输、通信、能源等基础设施落后，生产生活条件有待改善

从铁路和公里密度来看，2012 年，中、西部地区的铁路密度为 2.18 公里／百平方公里、0.54 公里／百平方公里，公路密度为 112.39 公里／百平方公里、0.43 公里／百平方公里，均低于东部地区的铁路密度（2.45 公里／百平方公里）、公路密度（113.38 公里／百平方公里），中部地区由于处在承东启西、贯通南北的地理交通位置，与东部地区的路网密度相比差距还不是十分明显，西部地区与东部地区的差距就非常悬殊了。这种现象在通信、能源设施方面也普遍存在。基础设施条件的落后，严重影响到西部地区人民生产生活条件的改善，使欠发达地区的发展能力受到极大的制约。

4. 教育水平相对低，人口素质较差

从普通高等学校数量来看，2012 年全国 2442 所普通高等学校中，中、西部地区高等学校数量分别为 644 所、595 所，而东部地区则有 955 所，而且"985"学校大多集中在东部地区，特别是北京、上海，集中了北京大学、清华大学、中国人民大学、复旦大学、上海交通大学、同济大学等一大批名校，而中、西部地区名校相对较少，其中西部地区尤其少；从每万人拥有的高等学校学生人数来看，中、西部地区分别为 182、156 人，而东部地区为 184 人，东北地区为 202 人。优质高等学校分布的不均衡，加上经济发展水平、收入水平的差距，导致大量高素质的中西部地区人才外流，"孔雀东南飞"即是这种现象的真实写照。另外，从九年义务教育普及率来看，东部地区适龄儿童入学率接近 100%，而中、西部欠发达地区，特别是西部一些老少边穷地区，由于山高路远，交通不便，适龄儿童入学率偏低，整个人口受教育程度不高，由此导致人口素质低下。

表1-2 按区域分的国民经济和社会发展主要指标（2012年）

指标	全国总计	东部地区 数量	东部地区 比重（%）	中部地区 数量	中部地区 比重（%）	西部地区 数量	西部地区 比重（%）	东北地区 数量	东北地区 比重（%）
土地面积（万平方公里）	960	91.6	9.5	102.8	10.7	686.7	71.5	78.8	8.2
人口（万人）	135404.0	51460.9	38.2	35926.7	26.7	36427.5	27.0	10973.4	8.1
人均GDP（元）	38420	57722	51.3	32427	—	31357	—	46014	—
地方财政收入（亿元）	61078.3	32679.1	53.5	10326.6	16.9	12762.8	20.9	5309.8	8.7
人均地方财政收入（元）	4510.82	6350.28	—	2874.19	—	3503.62	—	4838.19	—
农业比重（%）	10.1	—	6.2	—	12.1	—	12.6	—	11.3
固定资产投资（亿元）	374694.7	151922.4	41.2	86614.8	23.5	89008.6	24.1	41042.6	11.1
消费品零售额（亿元）	21007.0	110666.7	52.6	42670.6	20.3	37359.1	17.8	19610.5	9.3
铁路里程（公里）	97625	22457	23.0	22402	22.9	37340	38.2	15427	15.8
铁路密度（公里/百平方公里）	1.02	2.45	—	2.18	—	0.54	—	1.96	—
公路里程（公里）	4237508	1038592	24.5	1155363	27.3	29190	30.3	10248	10.7
公路密度（公里/百平方公里）	44.14	113.38	—	112.39	—	0.43	—	1.30	—
高等学校数（所）	2442	955	39.1	644	26.4	595	24.4	248	10.2
每万人拥有高等数在校学生数（人）	177	184	—	182	—	156	—	202	—
卫生机构数（个）	950297	307272	32.3	266086	28.0	300255	31.6	76684	8.1
城镇居民人均可支配收入（元）	24565	29622	—	20697	—	20600	—	20759	—
农村居民人均纯收入（元）	7917	10817	—	7435	—	6027	—	8846	—

资源来源：根据《中国统计年鉴（2013）》计算整理。

5. 收入分配不匀，城乡间收入差距较大

城乡收入比是衡量城乡收入差距的重要指标，城乡收入比与发展程度存在负相关的关系，发达程度越高的地区，城乡收入差距越小；反之，发展程度越低的地区，城乡收入差距愈大。2012 年，中、西部地区的城乡收入比分别为 2.78：1、3.42：1，同年东部地区的城乡收入比为 2.74：1。中部地区与东部地区的比例较为接近，西部地区与东部地区的比例相距甚远。这正好与东部地区发展程度较高、中部地区次之、西部地区发展程度最低相吻合。

6. 积累能力有限，固定资产投入不足

投资是拉动经济增长的重要因素，特别是在推进工业化、城镇化的进程中，投资是必不可少的。人均投资额的多少在一定程度上反映了一个地区的发展后劲。欠发达地区工业化水平不高，生产效率较低，积累能力弱，从而导致地方财政收入拮据，固定资产投入不足。而固定资产投入不足，又进一步影响到欠发达地区的发展后劲，影响欠发达地区的赶超速度。2012 年，中、西部地区的财政收入分别占全国的 16.9%、20.9%，而东部地区这一比重占到 53.5%，东北地区占 8.7%。从人均财政收入来看，东部地区 2012 年为 6350.28 元，中、西部地区分别为 2874.19 元、3503.62 元，东北地区为 4838.19 元。需要指出的是，西部地区的地方财政收入中包括了相当一部分的中央财政转移支付，就其本身的积累能力而言是非常弱的。从固定资产投资来看，2012 年，东部地区的固定资产投资总额达到 151922.4 亿元，占全国固定资产投资总额的 41.2%，中、西部地区当年固定资产投资总额分别为 86614.8 亿元、89008.6 亿元，分别占全国固定资产投资的 23.5%、24.1%。东北地区固定资产投资总额41042.6 亿元，占全国的 11.1%。

7. 生态环境脆弱、区位条件较差

欠发达地区主要分布在山区、高原、干旱地区、草原和丘陵等生态环境脆弱区，如高寒缺氧的青藏高原，西北内陆戈壁沙漠地带，云贵高原多

山地带，干旱、少雨、灾害频繁的黄土高原①，自然生态环境的不利因素使得农牧业劳动生产率低，自我积累能力不足，而较差的区位条件，又使水利、能源、交通、通信等基础设施落后，信息相对闭塞，交易成本高，严重制约经济特别是工业的发展，同时造成了对能自主决策的社会性资金吸引力不强的问题，表现为经济社会发展的要素严重缺乏，自主发展能力差②。

8. 制度软环境不佳，市场化进程缓慢

由于中国整体上处于社会和制度转型期，无论正式制度还是非正式制度都不同程度地对欠发达地区经济发展构成障碍。"软政权"的存在使得许多与市场经济相关的法律、法规得不到有效的贯彻和执行；较低的市场化程度，尤其是要素市场发育不完全，致使资源配置扭曲；不合理的产权关系、信用缺失以及农村土地产权制度的残缺等都构成了对欠发达地区发展的制度约束。在非正式制度方面，"官本位"意识，重人情、轻契约的思维方式，落后的思想观念在欠发达地区普遍存在，一定程度上制约了欠发达地区的经济发展③。

9. 生态与经济协调发展矛盾较大，可持续发展任务繁重

在全面建成小康社会的历史进程中，要争取在 2020 年与全国一起同步实现小康，欠发达地区面临着加快发展与保护生态环境的双重压力。一方面要尽快摆脱目前经济发展的困境，努力增加民众的收入，缩小与发达地区的差距；另一方面又要践行"美丽中国"战略，以资源的合理开发利用和自然生态环境的保护与改善，促进经济、社会、资源、环境的协调发展，健全社会功能，增强区域内部的协调性和自主发展的内在动力，建设生态文明社会，实现经济的持续稳定发展。

---

① 叶普万：《贫困经济学研究》，中国社会科学出版社，2004。

② 林勇、张宗益、杨先斌：《欠发达地区类型界定及其指标体系应用分析》，《重庆大学学报（自然科学版）》2007 年第 12 期。

③ 林勇：《转型经济可持续发展论》，重庆大学博士毕业论文，2009。

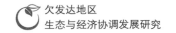
（三）欠发达地区的分类

欠发达地区是一个具有宽广外延和丰富内涵的概念，可以从不同的角度进行划分。

一是按照资源条件分类，可以把欠发达地区划分为两种类型：自然资源贫乏型欠发达地区和自然资源较丰富的欠发达地区。自然资源贫乏型欠发达地区，是指那些地下无矿产资源，地上无旅游资源，农业基础脆弱、工业基础薄弱，文化教育落后，经济发展缓慢的欠发达地区，如云南、贵州的石漠化地区等。自然资源较丰富的欠发达地区，指那些虽然地下蕴藏有多种或某种矿产资源，地上拥有较独特的旅游资源，但由于种种原因，尚未充分开发，资源优势没有转化成产品优势和经济优势，暂时还处于欠发达地位的地区，如新疆南部、陕西北部等地区。

二是按照区域分类，可以把欠发达地区划分为两种类型：西部边远少数民族欠发达地区和中部欠发达地区。前者如西藏、青海、新疆、内蒙古、甘肃、宁夏、云南、贵州等少数民族聚集地区，这些地区由于地理位置偏远，交通运输条件差，文化教育落后，经济水平低，自然资源优势得不到充分发挥，因而暂时处于欠发达地位。后者包括江西、湖南、湖北、河南、山西、安徽六个中部省份，这些省份资源、区位条件、教育水平都好于西部欠发达地区，但主要因为国家长期以来的"非均衡"发展战略和观念的差异，工业化进程慢于东部地区，导致经济发展水平和人均收入水平落后于东部地区，由此尚处于欠发达地位。

三是按照生态条件分类，可以把欠发达地区划分为两种类型：生态条件良好型欠发达地区和生态脆弱型欠发达地区。前者的生态条件较好，生态承载力较强，如江西、海南。后者的生态系统脆弱，资源环境承载力有限。

本课题综合多种分类法，根据课题研究的需要，并结合欠发达地区的经济发展指标、社会发展指标和资源与环境发展指标，将欠发达地区分为以下几类。

表1－3　2012年欠发达省区市主要经济指标

区　域	人均GDP		三次产业结构	城镇化率（%）	城镇居民人均可支配收入（元）	农村居民人均纯收入（元）
	绝对数（元）	位次				
全　国	38420	—	10.1：45.3：44.6	52.57	24564.72	7916.58
江　西	28800	25	11.7：53.6：34.6	47.51	19860.36	7829.43
河　南	31499	23	12.7：56.3：30.9	42.43	20442.62	7524.94
湖　北	38572	13	12.8：50.3：36.9	53.50	20839.59	7851.71
湖　南	33480	20	13.6：47.4：39.0	46.65	21318.76	7440.17
山　西	33628	19	5.8：55.6：38.7	51.26	20411.71	6356.63
安　徽	28792	26	12.7：54.6：32.7	46.50	21024.21	7160.46
内蒙古	63886	5	9.1：55.4：35.5	57.74	23150.26	7611.31
广　西	27952	27	16.7：47.9：35.4	43.53	21242.80	6007.55
海　南	32377	22	24.9：28.2：46.9	51.60	20917.71	7408.00
重　庆	38914	12	8.2：52.4：39.4	56.98	22968.14	7383.27
四　川	29608	24	13.8：51.7：34.5	43.53	20306.99	7001.43
贵　州	19710	31	13.0：39.1：：47.9	36.41	18700.51	4753.00
云　南	22195	29	16.0：42.9：41.1	39.31	21074.50	5416.54
西　藏	22936	28	11.5：34.6：53.9	22.75	18028.32	5719.38
陕　西	38564	14	9.5：55.9：34.7	50.02	20733.88	5762.52
甘　肃	21978	30	13.8：46.0：40.2	38.75	17156.89	4506.66
青　海	33181	21	9.3：57.7：33.0	47.44	17566.28	5364.38
宁　夏	36394	16	8.5：49.5：42.0	50.67	19831.41	610.32
新　疆	33796	18	17.6：46.4：36	43.98	17920.68	6393.68

资料来源：《中国统计年鉴（2013）》。

1. 经济水平偏低型

经济总量较低地区，包括青海、海南、河南、四川、江西、安徽、广西、西藏、云南、甘肃和贵州。这11个省份的人均GDP位于全国31省区市排名的第21－31位，尤其是贵州，2012年其人均GDP只有全国平均水平的51.3%。

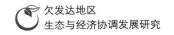

2. 产业结构偏低型

包括西藏、甘肃、新疆、云南、贵州、四川、江西、广西、海南、安徽、湖北、湖南，这些省份的工业化进程较慢，农业在经济总量中的比重高于全国平均水平（见表1－3），比重最高的海南省2012年农业比重达到24.9%，而工业、服务业比重分别为28.2%、46.9%，非农产业比重比全国平均水平低14.8个百分点。

3. 社会发展滞后型

包括西藏、青海、云南、贵州、新疆、内蒙古和甘肃等省份，这些地区的教育卫生等社会事业发展水平较低，特别是教育发展水平低下。全国第六次人口普查的数据显示，这些地区的文盲及半文盲人口多，15岁以上居民受教育平均年限显著低于全国平均水平。

4. 资源开发不足型

包括西藏、广西、内蒙古和海南。这些省份目前的资源利用率较低，无论是矿产资源还是旅游资源，都还有较大的开发利用空间。如内蒙古的矿产资源、风电资源，海南的旅游资源、海洋资源都具有优势，但尚未得到合理的开发利用，资源优势没有转化成经济优势。

5. 生态环境脆弱型

包括青海、西藏、山西、陕西、宁夏和内蒙古等省份，这些地区因为自然条件的原因，也由于长期以来的不合理开发，或风蚀沙化现象严重，或水土流失严重，或地质灾害频繁，在全国主体功能区规划中，禁止开发和限制开发地区所占的比例较高，经济发展受到诸多制约。如青海省，其境内的三江源地区是我国长江、黄河、澜沧江的发源地，也是我国重要的生态功能保护区，国家主体功能区规划中明确将其列入限制开发的范围。四川省西北部有一类地区属地质构造不稳定地带，地质灾害频繁，生态系统脆弱，也不适宜大力开发。

6. 生态环境良好型

包括江西、海南等省。如江西省，2012年森林覆盖率达到63.1%，与福建并列全国第 1 位；人均公园绿地面积 13.04 平方米，居全国第 7 位；各类湿地共 365.17 万公顷，占全省国土面积的 21.87%；全省地表水监测断面水质达标率达到 80.7%，高出全国平均水平 30 多个百分点；所有设区城市空气质量全部达到国家二级标准，生态环境质量居全国前列。海南近年来提出了"生态立省"战略，生态省建设取得了良好的成效，生态环境承载力也大为增强。

需要指出的是，根据上述分类法，有些省份会同属几种类型，如青海省既属经济水平偏低型，又属生态环境脆弱型；江西省既属经济水平偏低型、产业结构偏低型，又属生态环境良好型。这是因为我们根据研究需要综合了多种分类法，各省区市并不是只能归属到其中某一类型，而是可以同时属于几种类型。

（四）欠发达地区的空间分布

从省域层面界定的欠发达地区，在地理空间上位于我国的中、西部。如果再深入下去，考察各省区市最典型的欠发达地区，则不难发现，这些地区主要分布在青藏高原东北缘江河上游区、青藏高原腹地江河源区、雅鲁藏布江中上游区、黄土高原丘陵沟壑区、黄淮平原低洼易涝区、南部丘陵山区、秦巴山地区、西南石灰岩区、横断山脉及滇南边境区，空间分布的广泛性和相对集中性特征十分明显。之所以说其具有广泛性，是因其"镶嵌"在中、西部省份的不同区域中，几乎中、西部两大板块经济区每个省份都有不少老区、民族地区、边疆地区和贫困山区等不同形式的欠发达区域。说其具有相对集中性特征，是因其主要集中于各省区市的生态脆弱地区，如上面所说的青藏高原、黄土高原、南部丘陵、黄淮平原等地区，而且我国 592 个扶贫开发工作重点县，中西部 18 个省区市就集中了531 个，占总数的 89.7%，其中，中部地区 151 个、西部地区 380 个；除此之外，中、西部地区还存在大量的连片特困地区县（详见表 1-4）。各省份的一些中心城市，如湖北的武汉市、陕西的西安市、四川的成都市、湖南的长沙市、安徽的合肥市，江西的南昌市等，在欠发达省份中属于经济社会发展水平较高、生态环境承载力较好的地区。

表1-4　国家扶贫开发工作重点县名单

省　份	数量	国家扶贫开发工作重点县名单
山　西	35	娄烦县、阳高县、天镇县、广灵县、灵丘县、浑源县、平顺县、壶关县、武乡县、右玉县、左权县、和顺县、平陆县、五台县、代县、繁峙县、宁武县、静乐县、神池县、五寨县、岢岚县、河曲县、保德县、偏关县、吉县、大宁县、隰县、永和县、汾西县、兴县、临县、石楼县、岚县、方山县、中阳县
内蒙古	31	武川县、阿鲁科尔沁旗、巴林左旗、巴林右旗、林西县、翁牛特旗、喀喇沁旗、宁城县、敖汉旗、科尔沁左翼中旗、科尔沁左翼后旗、库伦旗、奈曼旗、莫力达瓦达斡尔族自治旗、鄂伦春自治旗、卓资县、化德县、商都县、兴和县、察哈尔右翼前旗、察哈尔右翼中旗、察哈尔右翼后旗、四子王旗、阿尔山市、科尔沁右翼前旗、科尔沁右翼中旗、扎赉特旗、突泉县、苏尼特右旗、太仆寺旗、正镶白旗
安　徽	19	潜山县、太湖县、宿松县、岳西县、颍东区、临泉县、阜南县、颍上县、砀山县、萧县、灵璧县、泗县、裕安区、寿县、霍邱县、舒城县、金寨县、利辛县、石台县
江　西	21	莲花县、修水县、赣县、上犹县、安远县、宁都县、于都县、兴国县、会昌县、寻乌县、吉安县、遂川县、万安县、永新县、井冈山市、乐安县、广昌县、上饶县、横峰县、余干县、鄱阳县
河　南	31	兰考县、栾川县、嵩县、汝阳县、宜阳县、洛宁县、鲁山县、滑县、封丘县、范县、台前县、卢氏县、南召县、淅川县、社旗县、桐柏县、民权县、睢县、宁陵县、虞城县、光山县、新县、商城县、固始县、淮滨县、沈丘县、淮阳县、上蔡县、平舆县、确山县、新蔡县
湖　北	25	阳新县、郧县、郧西县、竹山县、竹溪县、房县、丹江口市、秭归县、长阳县、孝昌县、大悟县、红安县、罗田县、英山县、蕲春县、麻城市、恩施市、利川市、建始县、巴东县、宣恩县、咸丰县、来凤县、鹤峰县、神农架林区
湖　南	20	邵阳县、隆回县、城步县、平江县、桑植县、安化县、汝城县、桂东县、新田县、江华县、沅陵县、通道县、新化县、泸溪县、凤凰县、花垣县、保靖县、古丈县、永顺县、龙山县

续表

省　份	数量	国家扶贫开发工作重点县名单
广　西	28	隆安县、马山县、上林县、融水县、三江县、龙胜县、田东县、德保县、靖西县、那坡县、凌云县、乐业县、田林县、西林县、隆林县、昭平县、富川县、凤山县、东兰县、罗城县、环江县、巴马县、都安县、大化县、忻城县、金秀县、龙州县、天等县
海　南	5	五指山市、临高县、白沙县、保亭县、琼中县
重　庆	14	万州区、黔江区、城口县、丰都县、武隆县、开县、云阳县、奉节县、巫山县、巫溪县、石柱县、秀山县、酉阳县、彭水县
四　川	36	叙永县、古蔺县、朝天区、旺苍县、苍溪县、马边县、嘉陵区、南部县、仪陇县、阆中市、屏山县、广安区、宣汉县、万源市、通江县、南江县、平昌县、小金县、黑水县、壤塘县、甘孜县、德格县、石渠县、色达县、理塘县、木里县、盐源县、普格县、布拖县、金阳县、昭觉县、喜德县、越西县、甘洛县、美姑县、雷波县
贵　州	50	六枝特区、水城县、盘县、正安县、道真县、务川县、习水县、普定县、镇宁县、关岭县、紫云县、江口县、石阡县、思南县、印江县、德江县、沿河县、松桃县、兴仁县、普安县、晴隆县、贞丰县、望谟县、册亨县、安龙县、大方县、织金县、纳雍县、威宁县、赫章县、黄平县、施秉县、三穗县、岑巩县、天柱县、锦屏县、剑河县、台江县、黎平县、榕江县、从江县、雷山县、麻江县、丹寨县、荔波县、独山县、平塘县、罗甸县、长顺县、三都县
云　南	73	东川区、禄劝县、寻甸县、富源县、会泽县、施甸县、龙陵县、昌宁县、昭阳区、鲁甸县、巧家县、盐津县、大关县、永善县、绥江县、镇雄县、彝良县、威信县、永胜县、宁蒗县、宁洱县、墨江县、景东县、镇沅县、江城县、孟连县、澜沧县、西盟县、临翔区、凤庆县、云县、永德县、镇康县、双江县、沧源县、双柏县、南华县、姚安县、大姚县、永仁县、武定县、屏边县、泸西县、元阳县、红河县、金平县、绿春县、文山市、砚山县、西畴县、麻栗坡县、马关县、丘北县、广南县、富宁县、勐腊县、漾濞县、弥渡县、南涧县、巍山县、永平县、云龙县、洱源县、剑川县、鹤庆县、梁河县、泸水县、福贡县、贡山县、兰坪县、香格里拉县、德钦县、维西县
陕　西	50	印台区、耀州区、宜君县、陇县、麟游县、太白县、永寿县、长武县、旬邑县、淳化县、合阳县、澄城县、蒲城县、白水县、富平县、延长县、延川县、宜川县、洋县、西乡县、勉县、宁强县、略阳县、镇巴县、留坝县、佛坪县、横山县、定边县、绥德县、米脂县、佳县、吴堡县、清涧县、子洲县、汉滨区、汉阴县、石泉县、宁陕县、紫阳县、岚皋县、镇坪县、旬阳县、白河县、商州区、洛南县、丹凤县、商南县、山阳县、镇安县、柞水县

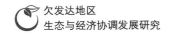
省　份	数量	国家扶贫开发工作重点县名单
甘　肃	43	榆中县、会宁县、麦积区、清水县、秦安县、甘谷县、武山县、张家川县、古浪县、天祝县、庄浪县、静宁县、环县、华池县、合水县、宁县、镇原县、安定区、通渭县、陇西县、渭源县、临洮县、漳县、岷县、武都区、文县、宕昌县、康县、西和县、礼县、两当县、临夏县、康乐县、永靖县、广河县、和政县、东乡县、积石山县、合作市、临潭县、卓尼县、舟曲县、夏河县
青　海	15	大通县、湟中县、平安县、民和县、乐都县、化隆县、循化县、泽库县、甘德县、达日县、玛多县、杂多县、治多县、囊谦县、曲麻莱县
宁　夏	8	盐池县、同心县、原州区、西吉县、隆德县、泾源县、彭阳县、海原县
新　疆	27	巴里坤哈萨克自治县、乌什县、柯坪县、阿图什市、阿克陶县、阿合奇县、乌恰县、疏附县、疏勒县、英吉沙县、莎车县、叶城县、岳普湖县、伽师县、塔什库尔干塔吉克自治县、和田县、墨玉县、皮山县、洛浦县、策勒县、于田县、民丰县、察布查尔锡伯自治县、尼勒克县、托里县、青河县、吉木乃县

注：黑体字为集中连片特殊困难地区范围内的国家扶贫开发工作重点县，资料来源于国家扶贫办。

（五）案例分析

案例一：赣州市的经济、社会、生态特征

赣州市位于赣江上游，江西南部。东邻福建省三明市和龙岩市，南毗广东省梅州市、韶关市，西接湖南省郴州市，北连本省吉安市和抚州市。地处北纬24°29′～27°09′，东经113°54′～116°38′之间。纵距295公里，横距219公里，全市总面积39379.64平方公里，占江西总面积的23.6%，2012年末总人口845.18万人，占全省总人口的18.77%。赣州下辖1个市辖区章贡区，赣县、大余、上犹、崇义、信丰、龙南、定南、全南、安远、宁都、于都、兴国、会昌、石城、寻乌15个县，代管南康、瑞金2个

县级市，共 18 个县级行政区，为江西省最大的设区市。

赣州是全国著名的革命老区、共和国摇篮，在第二次国内革命战争时期为中国革命事业做出过重大贡献，也付出了巨大牺牲。新中国成立以来，在党和政府的高度重视和正确领导下，赣州市的经济、社会面貌发生了巨大的变化，但是由于种种原因，经济社会发展仍然滞后，主要经济社会指标严重落后于江西省平均水平，贫困问题尤为突出，辖区内有 11 个县市属罗霄山集中连片特困地区，是典型的欠发达地区。以赣州市作为案例进行解剖，有助于我们深入了解欠发达地区的经济、社会、生态等方面的特征。

1. 总体发展水平较低，人均经济总量低

与全省和全国人均水平相比，赣州主要人均指标水平较低，差距较大。2012 年，赣州市人均地区生产总值 17873 元，相当于全国平均水平的 46.52%，全省平均水平的 62.06%；人均财政总收入 2731.00 元，相当于全国平均水平的 31.54%，全省平均水平的 60.01%；人均地方财政收入 1671.82 元，相当于全国平均水平的 37.06%，全省平均水平的 54.88%；人均固定资产投资 13143.98 元，相当于全国平均水平的 47.50%，全省平均水平的 54.95%；人均社会消费品零售总额 5826.18 元，相当于全国平均水平的 37.51%，全省平均水平的 65.53%。赣州主要指标发展水平均低于全省和全国平均水平（见表 1-5），严重制约了赣州全面实现小康社会的进程。

表 1-5　赣州和全国、全省主要人均指标对比（2012）

单位：元

区域	人均地区生产总值	人均财政总收入	人均地方财政收入	人均固定资产投资	人均社会消费品零售总额	城镇居民人均可支配收入	农民人均纯收入
全国	38420	8659.53	4510.82	27672.35	15531.82	24564.72	7916.58
全省	28800	4551.00	3046.21	23921.67	8890.45	19860.36	7829.43
赣州	17873	2731.00	1671.82	13143.98	5826.18	18704.00	5301.00

资料来源：《中国统计年鉴（2013）》和《江西统计年鉴（2013）》。

2. 发展速度较慢，发展差距不断加大

进入 21 世纪以来，各地发展步伐不断加快，赣州由于长期的营养不良，加上有相当一部分县市地处偏远山区，交通不便，发展受到限制，主要指标增长速度慢于全省和全国平均水平，同全省的发展差距逐渐扩大。与其他革命老区相比，赣州发展速度较慢。2001～2012 年，赣州市人均地区生产总值占全省人均水平的比重由 69.36% 下降到 62.06%；人均地方财政收入占全省人均水平的比重由 66.03% 下降到 54.88%；人均社会消费品零售总额占全省人均水平的比重由 68.77% 下降到 65.53%。

3. 农业比重偏高，工业基础十分薄弱

2012 年，赣州三次产业比例为 16.7∶46.2∶37.1，与全省三次产业比例 11.8∶53.6∶34.6 相比，第一产业比重高 4.9 个百分点，第二产业比重低 7.4 个百分点；与全国三次产业比例 10.1∶45.3∶44.6 相比，第一产业比重高 6.6 个百分点。（见图 1－1）而且，赣州第一产业比重虽大，但农业产业化程度和农业比较效益较低，农民自我发展和抵御自然灾害的能力弱，增收步伐缓慢。赣州整体上仍处在工业化中期的初级阶段，工业基础薄弱，缺乏一批具有强大辐射带动能力的大企业、大基地，没有形成具有较强市场竞争力的产业或产业集群。区域内大部分工业企业属资源初加工型企业，产业规模小、层次低，安全性和稳定性差，抗风险能力弱。钨、稀土、氟化工业三大优势产业和有色冶金、机械制造、轻纺、食品、电子信息和新型建材六大支柱产业竞争力不强，高新技术产业和先进制造业发展缓慢，没有形成规模经济。具有资源优势的钨和稀土等有色金属在产业层次提升和链条延伸上始终没有取得重大突破，资源的牺牲与财税的增长十分不相称，资源优势远没有转化成经济优势，并且造成矿山治理、生态环境保护等一系列社会问题。第三产业规模虽然不断扩大，在经济总量中的占比高于全省平均水平，但这是建立在工业化水平低的基础上，且第三产业仍以交通运输、批发零售、餐饮住宿等传统服务业为主，金融保险、信息、物流等现代服务业不发达，对经济增长的拉动力不强。

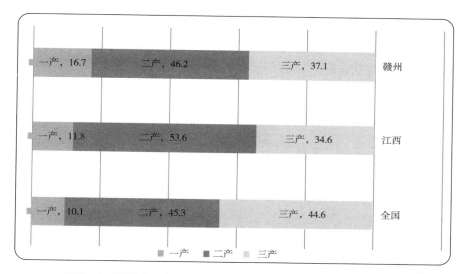

图1-1 赣州市三次产业结构与江西省及全国的比较（2012年）

4. 城镇化水平低，中心城市辐射带动能力弱

与工业化水平低相伴的是城镇化水平低。2012年，赣州市城镇化水平为41.16%，低于全国平均水平（52.57%）11.41个百分点，低于全省平均水平（47.51%）6.35个百分点。中心城市赣州市城市人口78万，建成区面积89平方公里，辐射和带动能力有限。

5. 固定资产投入不足，基础设施建设滞后

在全省、全国固定资产投资保持较快增长速度的大背景下，特别是在国务院关于赣南等原中央苏区振兴发展的若干意见出台后，作为赣南等原中央苏区核心区的赣州，固定资产投资迅速提高，基础设施条件不断改善。2012年，全社会固定资产投资总额达到221.03亿元，其中一部分投向了城乡道路建设、农村电网改造升级、能源、通信等基础设施项目。但由于历史欠账较多，赣州的交通、通信、能源等基础设施仍然相对滞后，不能满足经济社会发展的需要。另外，农民群众出行难、吃水难、用电难等问题依然突出。赣州交通运输能力不足，高速公路发展滞后，国省干线公路技术等级不高，县乡公路网络化程度低，有的行政村不通沥青（水

泥）路，自然村（组）出行条件差。输变电设施建设滞后，电力供应能力不足，支撑经济社会发展能力弱。有的自然村不通电，有的行政村未完成农网改造。下辖的瑞金市有86%的行政村未通自来水，60%的农村人口处于不安全饮用水状态，54个自然村未通电；兴国县有30%的村民小组不通公路，40%的农村人口尚未解决安全饮水问题，全县80%以上的电力靠上级电网输入，且长期超负荷运转；于都县有近1/3的乡镇未通三级以上公路，有64%的行政村未通4.5米以上宽的水泥路，有34.8%的村民小组未通公路，有89%的农户不通自来水。

6. 基本公共服务能力不足，社会事业发展滞后

由于经济欠发达，赣州市地方财政拮据。虽有上级财政转移支付，但是目前的财政支付能力与社会事业发展的需要相比，仍然是杯水车薪，由此导致赣州市人均教育、社保、医疗支出水平较低。目前赣州市人均教育支出只有全国平均水平的59.77%，人均社保支出只有全国平均水平的69.92%。由于社会投入偏低，普通中小学教育师资力量薄弱；职业技术教育学校少，专业设置不合理，不适应经济社会发展需要。医疗卫生条件差，妇幼保健力量弱，基层卫生服务能力不足，群众享受的基本公共服务远远低于全国平均水平。教育、文化、卫生、体育等方面软硬件建设严重滞后。以瑞金市、兴国县、于都县为例，三市县学校危房分别占校舍总面积的25.8%、45.3%和29.9%；每千人口医生数仅分别为全国平均水平的36%、39%和31%，三市县每千人口病床数不到全国平均水平的一半。

7. 人民生活水平偏低，城乡收入差距大

由于工业化、城镇化水平低，缺少支持经济快速发展的产业，赣州市城乡居民的收入水平也明显低于全省全国平均水平。2012年，赣州市的城镇居民收入水平比全国平均水平低5860.72元，比全省平均水平低1156.36元；农村人均纯收入比全国平均水平低2615.58元，比全省平均水平低2528.43元（见表1-5）。城市居民家庭和农村居民家庭的恩格尔系数分别高达40.0和45.4，均显著高于全省和全国平均水平。另外，城

乡居民收入比为 3.52∶1，收入差距大，城乡基础公共服务均等化程度低。

8. 生态环境脆弱，山洪等地质自然灾害频发

在过去的粗放型经济发展模式中，赣州市在加快经济发展的同时，造成了一系列的生态环境问题，使资源环境压力不断增大。突出表现在：境内的赣江、东江源头地区阔叶林面积连续 10 年减少，涵养水源的能力呈下降趋势；赣江部分河段出现了较为严重的污染，水源涵养、水土保持和环境污染防治任务重。特别值得一提的是，赣州的稀土资源由于长期以来的粗放开发，不仅附加值少，而且对生态环境带来了严重伤害，山洪、滑坡、塌方、泥石流等自然灾害频发。部分地区水土流失、石漠化潜在风险大。以安远为例，目前安远县有水土流失面积 374.2 平方公里，占土地总面积的 15.8%，其中轻度 77.6 平方公里，中度 191.9 平方公里，高度及以上 104.7 平方公里，分别占水土流失总面积 20.7%、51.3%、28%。严重的水土流失，使山上大量的泥沙下泄，淤塞山塘、水圳、河流，造成山地土壤贫瘠，山体支离破碎，崩岗耸立，环境恶化，水质变坏，水涝、旱灾经常发生。

二 欠发达地区生态与经济协调度分析

（一）欠发达地区生态与经济协调发展的辩证关系

欠发达地区经济发展与生态环境保护之间是一种既对立又统一的关系。在社会发展的不同阶段，人们对生态效益与经济效益的评价值是不同的。在经济发展水平较低的阶段，人们一般对生态效益的评价值比较低，而对经济效益的评价值比较高，这就会出现以牺牲生态效益来换取经济效益的行为[①]。但从总的、长远的利益来看，经济效益和生态效益又是统一

---

① 高天流云：《贫困地区经济发展与生态环境保护的辩证关系》，http://blog.sina.com.cn/ s/blog_ 4b5313120100e66z.html。

的，因为生态环境的恶化会阻碍生产的发展，降低产品的市场价格，从而影响其经济效益。同时，经济效益和生态效益的统一性还表现在随着欠发达地区经济社会的发展，人民对生态环境的社会评价值及要求也随之提高。由此对生态环境的重视和保护程度也会加强，破坏生态效益的生产方式会被否定和淘汰，而有利于生态效益与经济效益协调发展的生产方式则会得到社会的进一步鼓励和支持。所以，从长远及理性的角度来看，经济发展同生态环境优化完全有整合的可能性和必要性。

1. 生态环境与经济发展相互关系分析

众所周知，生态环境是经济发展的前提条件，它为人类的生产和生活提供能源、原材料，同时消解和转化人类经济活动所产生的废弃物质和能量，实现人类活动与自然界的物质循环和能量循环的融合。经济发展与生态环境之间是一种紧密的相互影响、相互制约关系。经济的可持续发展要以生态环境的良性循环为基础，离开了生态环境系统创造的物质流与能量流，经济系统就不可能正常运行，经济持续发展更无从谈起。只有以良好的生态环境作坚实的基础，才能实现经济社会的可持续发展。

（1）生态环境对经济发展的影响

生态环境是指由生物群落及非生物自然因素组成的各种生态系统所构成的整体，包括森林、土壤、植被、空气、水源、动植物及其他自然资源。生态环境对经济发展有着重大而深远的影响，这种影响至少表现在以下几个方面。

第一，生态环境制约着经济发展的速度和水平。人类所进行的各种经济活动都是在一定的生态环境中进行的，生态环境不仅要为各种经济活动的进行提供必要的空间和场所，而且要为各种经济活动的进行提供必不可少的物质条件。生态环境的状况无疑会对各种经济活动的开展产生重大影响。如果一个地区自然环境恶劣、土地贫瘠、干旱少雨、山高路陡，其将严重制约农业生产的发展，尽管这里的农民付出加倍的劳动与艰辛，也难以获得较好的收成。如果一个地区的空气、水源、土壤被污染，这不仅会影响农副产品的质量，而且会直接或间接地影响工业产品的质量，特别是影响以农副产品为原料的工业产品质量，从而制约经济社会发展。① 此外，生态环境恶化，迫使人们不得不耗费大量的人力、物力和财力去治理，这就意味着增加生产成本，减少经济效益，严重影响经济社会发展的速度和水平。

第二，生态环境制约着经济发展要素的聚集程度。历史与现实告诉我们，一个国家或一个地区的经济发展受到资金、技术、人才、市场、交通等多种要素的影响和制约。当这些要素能较多地聚集于某一国家或某一地区时，这个国家或地区经济发展就快。相反，当这些要素较少地存在于某一国家或某一地区时，这个国家或地区的经济发展就会比较缓慢，这不仅会反过来制约影响经济发展的要素向该国或该地区的集聚，甚至会引起这个国家或地区本来就显得很薄弱的经济发展要素向发展较快、发展程度较高的国家或地区流动，从而进一步制约经济发展缓慢的国家或地区的经济社会发展，拉大国家与国家、地区与地区之间经济社会发展水平的差距。影响经济社会发展要素向一国或向某一地区聚集程度的因素很多，除政治因素、体制因素、市场因素外，生态环境也是一个非常重要的因素。因为生态环境不仅关系人们生存的条件和生活的质量，而且常常关系经济活动得以开展的程度和效益。一般说来，生态环境比较好的国家或地区通常更适合人们的生存，同时具备发展经济的良好条件，从而更有利于各种生产要素的聚集，可以有力地促进这些国家或地区的经济社会发展。相反，生态环境恶劣的国家或地区，通常缺乏生产要素聚集的吸引力，经济社会发展因而会受到制约。

第三，生态环境的破坏会影响一个国家或地区的经济发展潜力，影响经济的可持续发展。生态环境是经济发展的基础，自然生态环境的状况不

---

① 高天流云：《贫困地区经济发展与生态环境保护的辩证关系》，http://blog.sina.com.cn/s/blog_ 4b5313120100e66z.html。

仅是确保某些产品质量（如绿色食品等）的必备条件，而且会对经济社会系统造成影响。生态环境恶化会减少对经济活动的资源供应，减弱甚至丧失自然生态资源所具有的调节功能，从而造成自然灾害面积的加大和遭灾程度的加重，最终造成经济损失。同时，某些生态资源的不可逆性会影响后人对资源的利用，破坏经济的可持续发展。如非洲的马达加斯加、埃塞俄比亚和象牙海岸等，过去因拥有丰富的遗传基因资源而成为非洲国家中少有的对外资具有吸引力的地区，在国家自然保护组织的推动下，它们依靠特有的生态资源吸引了大量外资，尤其是在遗传基因资源保护区的周边地区，许多发展项目得到外部资金的支持。然而，由于不注重自然生态环境的保护，许多珍稀濒危物种相继灭绝。随着自然生态的不断恶化，外部投资者逐渐失去了投资兴趣。[①]

（2）经济发展对生态环境的影响

生态环境与经济发展之间是一种相互影响的对立统一关系，生态环境对经济发展进行制约的同时，经济发展也对生态环境的保护和优化产生影响。经济发展使生态环境局部退化，并在气候变化、人类活动和生态环境之间形成复杂的反馈效益，导致生态环境越发恶化。

第一，遵循生态环境运动变化规律的经济发展对生态环境有积极作用，能促进生态环境的保护和优化。众所周知，生态环境的保护和优化必须有直接或间接的成本支出，也就是说良好生态环境的维持与发展，都离不开经费的支持，因而也就离不开经济的发展。只有经济发展达到一定程度时，人们才有能力提供足够的财力来支撑环境的维持与保护。同时，在生态环境脆弱地区，生态环境的自我调节功能十分有限，遭到破坏后必须通过经济发展所能提供的科技和物质手段，逆转生态退化所必须解决的一系列生态学、生物学难题。也就是只有通过经济的快速发展，欠发达地区才有可能在生态环境问题比较严重的区域相应地推广旱作节水技术，禁止

---

① 尚兴娥：《正确处理经济增长与生态环境的矛盾关系》，《经济问题》2006 年第 2 期。

毁林毁草开荒，采取植物固沙、沙障固沙、引水拉沙造田、建立农田保护网、改良风沙农田、改造沙漠滩地、人工垫土、绿肥改土、普及节能技术和开发可再生能源等各种有效措施，实现生态环境保护与优化。① 当然，应该指出的是，我们肯定经济发展对生态环境有积极作用，绝不等于主张走"先污染、后治理"的发展道路。实践证明，"先污染、后治理"的做法是得不偿失的，对于我国广大的与生态脆弱高度相关的欠发达地区来说，绝不能重复发达国家和地区已经走过的"先污染、后治理"老路。

第二，不合理的经济发展会破坏和阻碍生态环境的保护和优化。经济社会活动必须遵循自然生态系统固有的生态规律，不合理的经济活动会对生态系统产生干扰，如果这种干扰超过了生态系统的调节及补偿能力，造成了生态系统的结构破坏、功能受阻，正常的物质、能量、信息的循环与交流就会被打破，从而使整个生态系统衰退或崩溃。这也就意味着一方面，生态环境系统结构失调，如大面积的森林被砍伐，不仅使原来的森林生态系统的主要生产者消失，而且各级依赖于森林的消费者也因栖息地的破坏、环境改变和食物短缺而被迫逃离或消失。另一方面，生态环境系统的功能失调，表现为结构组成部分的缺损使能量在系统内的某一营养层次上受阻或物质循环的正常途径中断，从而造成初级生产者的第一生产力下降，能量转化效率降低，无效能增加。如受污染的水体与富营养化的水体，因蓝藻、绿藻的数量增加，使鱼类难以生存及缺乏饵料造成产量的下降。也就是说，如果单纯追求暂时的经济利益，而选择掠夺式的技术和经济手段，违背了生态环境运动变化的内在规律，会导致生态环境破坏，甚至出现生态危机。②

生态环境与经济发展的对立统一关系告诉我们，我们不能杞人忧天式

① 汪中华：《我国民族地区生态建设与经济发展的耦合研究》，东北林业大学博士论文，2005。

② 尚兴娥：《正确处理经济增长与生态环境的矛盾关系》，《经济问题》2006 年第 2 期。

地担心经济发展对生态环境的破坏，也不能陶醉于经济发展的成就，要时刻警惕自然界对我们的"报复"①。如果人们只顾发展经济，不顾资源与环境的保护，无度地向自然界索取，只考虑当时的、短期的经济效益，不管长远的社会效益和环境效益，那么结果是经济虽然获得了快速发展，却造成了资源与环境的严重破坏，我们最终会付出沉重的代价。

2. 生态环境与经济发展的对立与统一

遵循生态环境运动变化规律的经济发展能为生态环境保护和优化提供资金和技术支持，但如果经济活动不遵循生态环境的运动变化规律，就会破坏生态环境。生态环境与经济发展之间是一种对立统一关系。正确认识和深入分析把握生态环境保护与经济发展之间的对立统一关系，具有非常重要的意义。

（1）欠发达地区生态环境保护与经济发展的对立

对于欠发达地区来说，那里的人们世代都深知生态环境的重要性，他们采取了各种诸如村规、民约等有效措施严格保护影响他们生命及财产安全的树林、水源和耕地②。但是欠发达地区在脱贫致富过程中，特别在市场经济条件下，其经济发展与生态环境保护却不能很好地得到统一，破坏生态环境的现象层出不穷。这一现象的根本原因在于欠发达地区经济发展与生态环境保护之间的对立关系。

首先，欠发达地区都有对富裕的追求及面临脱贫致富的压力，实现经济增长必然成为第一目标。而且欠发达地区能在短时间内开发并创造效益的优势资源必然是当地的自然资源，这就使欠发达地区在脱贫致富的初期普遍存在破坏生态资源环境的冲动。③

---

① 杨勇：《简论资源、环境与经济间可持续发展关系》，《云南地质》2003 年第 3 期。
② 麻朝晖：《论欠发达地区经济发展与生态环境优化整合》，《自然辩证法研究》2007 年第 3 期。
③ 麻朝晖：《贫困落后地区工业经济发展与生态环境保护整合探析》，《黑龙江社会科学》2008 年第 8 期。

其次，生态环境具有明显的公共物品特性，而公共物品的破坏或改善并不会直接或全部计入具体个人生产者的成本或收益中。这就会使生产者为了取得自己的经济效益而不惜损害生态效益，以外部不经济的行为方式向外部环境转嫁成本或索取生态效益以达到个人经济效益的最大化。①

再次，市场经济是一种利益经济。在市场经济条件下生产经营者的目的是取得尽可能多的利润，生产经营者的行为处处受到经济利益的调节和驱动，如果一种产品生产虽然破坏生态环境但能给生产者带来更多的直接利润，那么就会有人进行生产，结果损害了生态环境。在市场经济条件下，只有当有利于生态效益提高的产品生产能够提供更高，至少是足够高的经济效益时，生产者才会进行生产，并同时改善生态环境。否则就会排斥这种生产，恶化生态环境。

最后，在发达地区，由于经济的发展和生活水平的提高，人们对生态环境重要性的认识大大增强，环境问题比较容易得到重视且能用较多的人力、财力和物力进行治理。而在欠发达地区，由于生产力水平低下，对生态环境的评价值比较低，且严重缺乏治理所需的资金和技术，生态环境往往得不到保护与优化。

（2）欠发达地区生态环境保护与经济发展的统一

欠发达地区生态环境保护与经济发展之间又是一种统一关系。即从总的、长远的利益来看，经济效益与生态效益是统一的，因为良好的生态环境是经济发展的基础，生态环境的恶化会阻碍经济的发展。同时，随着经济的发展、生活水平的提高及健康意识的增强，人们对生态环境及其生态效益的重视和保护程度也会加强。

首先，生态环境是经济发展的基础。经济发展是在生态环境的基础上建立和发展起来的，社会生产归根到底是从环境中获取自然资源，加工成

---

① 麻朝晖：《贫困落后地区工业经济发展与生态环境保护整合探析》，《黑龙江社会科学》2008 年第 8 期。

生产和生活资料。在生产过程中，一部分资源转化为产品，另一部分资源变成废弃物返回到环境中。良好的生态环境能降低经济发展成本，为经济持续发展提供动力支持。而生态环境一旦遭到破坏，就会使经济发展受到影响，同时又对生态环境造成进一步的影响。保护生态环境可以促进生态系统良性循环，使资源再生能力提高，为经济发展提供良好的生态环境，促进经济的可持续发展。[1]

其次，经济发展有利于生态环境的保护和优化。一是经济发展有利于提高人们对生态效益的评价值，支持以牺牲经济效益来换取生态效益的行为，实现生态环境保护和优化。二是经济发展了，就可以拿出更多的资金用于保护和改善生态环境，为保护生态环境创造物质条件，并运用科学技术和宏观经济手段去保护、改善生态环境，增强生态环境系统的稳定性和耐受力。没有经济的发展，人类的物质条件、生活条件和生态环境就无从改善。三是通过对自然环境的合理开发利用，将自然环境改变为人工环境，按照人类发展的要求，建立一个比较理想的生产环境和生态环境。[2]

最后，良好的生态环境有利于促进经济发展。良好的生态环境能降低经济发展的成本，有利于旅游业的发展，有利于人们的身心健康，有利于引进外资，促进经济的可持续发展，从而形成良性循环。一旦生态环境遭受破坏，生态环境恶化会通过经济发展情况反映出来，使经济发展受到影响，而落后的经济又进一步影响生态环境，两者形成恶性循环。

3. 欠发达地区生态环境保护与经济发展整合的可能性与现实性

综上所述，欠发达地区的生态环境保护与经济发展之间是相互影响的对立统一关系。在短期内，欠发达地区往往为了经济发展而破坏生态环境。但从总的、长远的利益来看，经济效益和生态效益是统一的。因为良

---

① 林琳：《区域生态环境与经济协调发展研究》，《学术论坛》2010 年第 2 期。

② 陆明、李江：《区域经济与生态环境协调发展研究——以上海闵行区低碳化建设为例》，《生态经济（学术版）》2012 年第 10 期。

好的生态环境是经济发展的基础，生态环境的恶化会阻碍经济的发展，从而降低其经济效益。同时，在市场经济条件下，经济效益和生态效益的统一还表现在随着经济的发展、人们生活水平的提高及健康意识加强，人们对生态产品的需求量及社会评价值会随之提高。由此，社会对生态环境的重视和保护程度就会加强，其采取的惩罚性措施就会使得生态效益负值的生产方式变得无利可图，而生态效益与经济效益协调发展的生产则变得更加有利可图，并会得到社会的进一步鼓励和支持。所以，从长远及理性的角度来看，经济发展同生态环境保护完全有整合的可能性和必要性。①

但是，在当前条件下，实现欠发达地区生态环境保护与经济发展的整合并不是一件简单的事。我们必须清醒地认识到在经济社会发展的不同阶段，人们对生态效益与经济效益的评价值是不同的。一般在经济发展水平较低的阶段，人们对生态效益的评价值也比较低，相反对经济效益的评价值就比较高。在这个阶段，追求经济效益就会成为生产者的主要目标。这就必然会产生以牺牲生态效益来换取经济效益的行为。其实，这种行为的产生并不是人们不关心生态效益、生态环境和缺乏理性，而相反恰恰其是在理性指导下的行为结果。因此，在欠发达地区的脱贫致富过程中，我们绝不能简单化、理想化地认为经济效益与生态效益之间具有完全一致性，生态效益的提高必然伴随着经济效益的提高。欠发达地区在脱贫致富过程中，要早日实现生态效益与经济效益的统一，首先必须要大力发展经济，提高其生产效益。发展是解决问题的真正关键，欠发达是保护生态环境最主要的制约因素，是生态环境破坏的罪魁祸首。如果为了保护欠发达地区现存的生态环境和资源，而抑制其经济发展，在思想上民众无法接受，在实践上也根本行不通。真正的出路就是要针对欠发达地区的具体实际，建立一种新的、比原有的传统生产方式更为稳定、更有利可图的生态生产方

---

① 叶秀球、麻朝晖：《农业生产中经济效益与生态效益的对立与统一——试论生态示范区条件下的我市农业发展》，《丽水师范专科学校学报》2002 年第 2 期。

式，在实现经济发展的同时保护和优化生态环境。

（二）欠发达地区生态与经济协调度的评价指标

1. 欠发达地区生态与经济协调发展的评价指标体系依据

目前，国内已有一些相关的典型的指标体系，例如：由经济力、科技力、军事力、社会发展程度、政府调控力、外交力、生态力等 7 类 85 个具体指标构成的可持续发展综合国力指标体系。2007 年，国家环保总局发布《生态县、生态市、生态省建设指标（修订稿）》，提出建设生态县的评估指标体系涉及 22 个指标，建设生态市的评估指标体系涉及 19 个指标，建设生态省的评估指标体系涉及 16 个指标；同年，国家发改委、环保总局、统计局联合编制发布循环经济评价指标体系，从资源产出、资源消耗、资源综合利用和废物排放四个方面入手，在宏观和工业园区两个层面分别规定了 22 个和 14 个循环经济评价指标。[①] 本文在综合国内已有生态与经济相关指标的基础上，构建生态与经济协调发展的评价指标体系，以中、西部省份为例，综合反映欠发达地区生态与经济协调发展水平。

2. 基本原则

依据生态与经济协调发展的理念，生态与经济协调发展的评价指标体系的构建必须遵循以下原则。

（1）科学性和可操作性原则

指标体系要准确反映和体现生态与经济协调发展的本质内涵和实质，重点突出生态与经济协调发展，层次清晰、合理。在选择指标时，统筹考虑指标的重要性、相对独立性和代表性，确保重要信息不重不漏，指标体系简明扼要。评价方法力求科学、严谨、规范。生态与经济协调发展的评价指标体系应当反映和体现生态与经济协调发展的内涵，使人们能从科学

---

① 李志萌、张宜红：《鄱阳湖流域生态与低碳经济发展综合评价研究》，《鄱阳湖学刊》2011年第 2 期。

的角度系统而准确地理解和把握生态与经济协调发展的实质。

生态与经济协调发展的评价指标体系的设计要严格按照生态与经济协调发展的内涵，能够对生态与经济协调发展水平进行合理、较全面地描述，同时要注重指标之间的可对比性，具有可推广和可应用的性质。指标体系建立的目的主要是对目前的生态与经济协调发展进行评测，因此，该指标体系应是一个可操作性强的方案，设计的指标体系要尽可能地利用现有统计数据和便于收集到的数据，对于目前尚不能统计和收集到的数据和资料，暂时不纳入指标体系。

（2）全面性与主导性原则

建立一套指标评价体系不可能涵盖所有生态指标与经济发展指标，但必须全面反映当前国民经济发展中迫切需要解决的关键问题。因此，选取指标时需选择那些有代表性、信息量大的指标。评价指标的设计要有一定的超前性、激励性，又应该符合实际，在应用中能够对生态与经济协调发展产生导向性作用。生态与经济协调发展是一项复杂的系统工程，指标体系选取不但应该分为不同的子系统，从各个不同角度反映出被评价系统的主要特征和状况，而且要有相同子系统不同主体间相互联系、相互协调的指标，从而有利于对评价对象进行整体性的度量。

构建生态与经济协调发展的指标体系，既要成为考核评价地区生态与经济协调发展能力水平的基本工具，更要成为引导地区经济发展与生态环境协调发展的一面旗帜，同时也是考核经济发展不足的一面镜子。构建的指标体系作为一个整体应当能够较好地反映生态与经济协调发展的主要方面和主要特征。

（3）系统性与层次性原则

指标体系作为一个整体，应该较全面地反映生态与经济协调发展的具体特征，即反映经济发展、生态环境的主要状态特征及动态变化、发展趋势。在确定各方面的具体指标时，必须依据一定的逻辑规则，体现出合理的结构层次。系统性原则要求充分认识评价指标体系是一个复杂系统，只

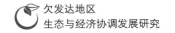
有形成一个相互依存、相互支持的完整的指标体系才能充分体现系统的这一特征。

确定指标体系时应该从系统的角度出发，把一系列与生态环境、经济发展有关的指标有机地联系起来，注意指标体系的层次性，也要注意同级指标之间的互斥性，以及实现上一级目标时的全面性。指标体系既要综合反映生态与经济协调发展的总体要求，又要突出反映生态与经济协调发展所具备的重要条件和要素，还要避免指标之间信息重叠交叉。

生态与经济协调发展模式是一个复杂的巨系统，是由许多同一层次中具有不同作用和特点的功能团以及不同层次中复杂程度、作用程度不一的功能团所构成的，应根据系统的结构分解出不同类别支持子系统，同时这些子系统既相互联系、又相互独立。因此选择的指标也应具有层次性，即高层次的指标包含描述低层次指标不同方面的指标，高层次的指标是低一层次指标的综合并指导低一层次指标的建设；低层次的指标是高层次指标的分解，是高一层次指标建立的基础。

（4）定性与定量相结合原则

指标体系和评价体系应具有可测性和可比性，定性指标应有一定的量化手段，评价指标应尽可能采用量化的指标，但有些指标很难量化，可将它分成若干个等级，将定性指标定量化。

生态与经济协调发展评价指标体系的定量分析是以历史的和当前的数据为基础，在确定区域生态与经济协调发展的指标时一定要充分考虑数据的状况，例如：数据能否采集到，数据的口径是否可以满足分析的需要等因素。同时，进行区域生态与经济协调发展评价的目的是解决实际问题，所以评价指标体系的选择应切实可行，容易掌握和容易使用，具有较强的可操作性。

（5）动态性与稳定性原则

生态与经济协调发展是动态过程，这主要表现在两方面：一是指标设置的动态性，即指标应随着经济、社会、科技的发展作适当的调整；二是指标权重动态性，同时指标体系在一定时期内要相对稳定。稳定性就是指评价指标体系一经建立，指标的含义、指标的类型、指标体系的层次、指标的个数等在一定时期内应该保持不变，这样做的目的是便于比较和分析生态与经济协调发展水平变化的动态过程，更好地分析其发展变化规律与趋势。所以，设计指标体系需兼顾静态指标和动态指标平衡。

（6）前瞻性与政策相关性原则

评价指标应能够反映评价对象发展的趋向性，它不但要能揭示历史的发展情况，并且能够为未来的发展提供间接信息。综合评价指标必须能够反映出政策的关注点或政府的目标。即在对评价对象综合能力进行评价时，所选的指标体系及其目标值要符合本地区经济发展的各类方针政策，要求一方面符合政策的规定性，另一方面有利于促进政策的实施。

3. 欠发达地区生态与经济协调发展评价指标体系设置

生态与经济协调发展综合评价是一个复杂的系统工程，必须综合各方面的因素才能真正客观、正确地反映生态与经济协调发展的本质。生态与经济协调发展水平评价指标体系将向着主体多元化、指标综合化的方向发展。生态与经济协调发展评价的程度受人为主观因素的影响，如何构建有机合理、简单易行的指标体系，使之充分反映生态与经济协调发展的要求，以及如何选择适当的评价方法，对欠发达地区生态与经济协调发展程度做出客观的评价，是急需解决的问题。

（1）评价指标的优选

指标体系的初选过程虽然已经构建了一个指标体系，但指标体系的科学性、合理性、实用性又是获得正确结论的基础和前提条件。为了保证其科学性，在指标体系的初选完成以后，还必须有针对性地对其科学性进行检验，即对初选指标体系进行完善化处理。这一检验过程主要包括两个方面的内容：单体检验和整体检验。

单体检验时检验每个指标的可行性和正确性。可行性主要是检验单体指标（或整体指标体系）符合实际的情况，分析指标数值的可获得性；正确性分析是对指标的计算方法、计算范围及计算内容的正确与否的分析。

整体检验是对指标体系的指标的重要性、必要性和完整性进行检验。重要性的检验是根据区域特征来分析应保留哪些重要的指标，剔除哪些对评价结果无关紧要的指标。一般利用德尔菲法对初步拟出的指标体系进行匿名评议。必要性的检验是对所拟出的评价指标从全局出发考虑是否都是必不可少的，有无冗余现象。一般采用定量方法来检验。完整的检验是对评价指标体系是否全面、毫无遗漏地反映了最初描述的评价目标与任务的检验，一般通过定性分析来进行判断。

（2）建立具体的评价指标体系

在评价指标优选后，还要通过专家咨询法、主成分分析法和独立性分析把所得的指标进一步筛选。

专家咨询法是在初步提出评价指标的基础上，进一步咨询有关专家意见，对指标进行调整；主成分分析法是通过恰当的数学变换，使新变量主成分成为原变量的线性组合，并选取少数几个在变差总信息量中比例较大的主成分来分析事物的一种多元统计分析方法；独立性分析是验证各个指标是否具有相关性，删除一些不必要的指标，简化评议指标体系。通过以上筛选，选择内涵丰富又相对独立的指标，最终构成具体的生态与经济协调发展的评价指标体系。

（3）评价指标和指标参考标准的确定

由各层次的评价目标确定各级评价指标，同时结合生态水平与经济发展阶段设置指标参考标准。

第一，指标值的量化和标准化处理。定量指标属性值的量化，由于指标属性值间具有不可共度性，没有统一的度量标准，不便于分析和比较各指标。因此，在进行综合评价前，应先将评价指标的属性值进行统一量化。各指标属性值量化的方法随评价指标的类型不同而不同，一般主要分为效益型、成本型和适中型，在综合评价模型中可以建立各类指标量化时所选择的隶属函数库。量化后的指标具备了可比性，为综合评价创造了必要条件。定性指标属性值的量化，在评价指标体系中，有些指标难以定量描述，只能进行定性的估计和判断。对此可采取专家评议的方法来进行处理，具体处理方式视评价方法而定。针对选取好的评价指标体系进行各项数据的收集、整理工作。对于已选定的指标体系，由于各个指标的计量单位及数量级相差较大，所以一般不能直接进行简单的综合。必须先将各指标进行标准化处理，变换成无量纲的指数化数值或分值，再按照一定的权重进行综合值的计算。常用的标准化方法主要有标准化变换法、指数化变换法等。

第二，指标权重的确定。各个指标权重的确定。确定指标权重的方法一般有主观赋权法、客观赋权法和组合赋权法等。主观赋权法由专家组对每个指标进行打分，然后综合指标权重；客观赋权法主要采用数理统计方法，如因子分析法、主成分分析法、聚类分析法……计算得出每个指标的权重；组合赋权法则是主观赋权法和客观赋权法的综合。然而，主观赋权法的定量依据不足，且有可能带来先入为主的概念；而用数理统计方法计算出的指标权重，可能会出现经济意义上不可解释的轻微误差。所以最佳方案是先以客观赋权法算出权重，然后由专家组进行微调。

第三，指标值的综合合成方法。指标值的综合合成方法较多，如线性加权法、乘法合成法、加乘混合合成法等，其中线性加权法是使用广泛、操作简明且含义明确的方法。数据准备工作完成后，确定综合处理各指标值的方法，准确执行指标数据的处理构成，分析指标数据的处理结果，得出生态与经济协调发展的综合评价目标结果。

（4）指标体系的基本框架

根据生态与经济协调发展的评价指标体系的总体思路、基本原则及指标选取的方法，根据现有研究对近年来生态环境、经济发展的设计指标进行频率统计，选出研究中使用频率较高的指标，并结合地区生态环境系统的实际特点确定特有指标。最后筛选出 6 类 15 个二级因子（表 1-6），对生态与经济环境协调发展状况进行分析。

表 1-6　生态与经济协调发展指标体系

约束层	一级指标	二级指标	指标属性
经济发展指标（X）	经济实力（X1）	X11：人均 GDP（元）	+
		X12：人均社会消费品零售总额（元）	+
		X13：人均地方财政收入（元）	+
		X14：农民人均纯收入（元）	+
	经济效益（X2）	X21：社会劳动生产率（万元/人）	+
		X22：规模以上工业增加值率（%）	+
	经济结构（X3）	X31：第三产业产值占 GDP 比重（%）	+
		X32：出口贸易额占贸易总额比重（%）	+
生态环境指标（Y）	水环境（Y1）	Y11：人均水资源量（m^3）	+
		Y12：境内主要河流断面 Ⅰ～Ⅲ水质占比（%）	+
	固体废弃物（Y2）	Y21：工业固体废弃物综合利用率（%）	+
	生态状况（Y3）	Y31：森林覆盖率（%）	+
		Y32：单位耕地化肥施用量（t/hm^2）	−
		Y33：城市人均公共绿地（m^2）	+
		Y34：自然保护区面积占全省国土面积比重（%）	+

　　第一，经济发展水平的具体指标选取。经济发展是生态与经济协调发展的物质基础。欠发达地区发展的重点是经济，关键是转变发展方式，生态与经济协调发展是欠发达地区快速崛起的重要途径，只有经济发展了，才能实现真正意义上生态与经济协调发展。大力发展经济，做大经济总量，转变发展方式，提高经济效益，优化经济结构，是实现欠发达地区生态与经济协调发展的内在要求。本文选取了"人均 GDP""人均社会消费品零售总额""人均地方财政收入""农民人均纯收入""社会劳动生产率""规模以上工业增加值率""第三产业产值占 GDP 比重""出口贸易额占贸易总额比重"等 8 个指标。

　　第二，生态环境水平的具体指标选取。保持良好的生态环境是生态与经济协调发展的重要目标。森林覆盖率既是生态环境水平的重要指标，也是碳汇的重要资源。水体、空气的质量是生态与经济协调发展的直接标志，工业固体废弃物排放是直接影响水体和空气质量的主要因素。因此，本文生态环境水平选择了"人均水资源量""境内主要河流断面Ⅰ~Ⅲ水质占比""工业固体废弃物综合利用率""森林覆盖率""单位耕地化肥施用量""城市人均公共绿地""自然保护区面积占全省国土面积比重"等7个指标。

（三）欠发达地区生态与经济协调度的分析与评估

1. 协调发展概念

该研究运用协调度及协调发展度模型对全国和中、西部地区生态与经济协调发展状况进行模拟。协调指的是2种或者2种以上系统或系统要素之间保持一种良性的相互联系，是系统之间或系统内要素配合得当、和谐一致、良性循环的关系。协调度就是度量系统或要素之间协调状况好坏程度的度量指标。但协调度反映的只是区域经济与环境的协调状况，而对整个区域来说，却难以反映出区域的整体发展实力状况，即本区域是处于高水平协调发展还是处于低水平协调发展。基于此，引入协调发展度，它是度量区域生态环境与经济协调发展水平高低的定量指标，能表征区域生态环境与经济整体功能或发展水平的大小。

2. 计算模型

（1）协调度模型

根据对协调及协调度的定义，设正数 X_1，X_2，X_3，$\cdots$，X_m 为描述某区域经济特征的 m 项指标，正数 Y_1，Y_2，Y_3，$\cdots$，Y_n 为描述该区域环境特征的 n 项指标，则分别称函数：$f(X) = \sum_{i}^{m} a_i \overline{X_i}$ 与 $g(Y) = \sum_{i}^{n} b_i \overline{Y_i}$ 为区域综合经济效益函数和综合环境效益函数。其中，a_i 和 b_j 分别为区域经济系统和环境系统各评价指标在本系统中的权重值，X_i 和 Y_j 分别为该区域经济指

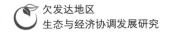
标与环境指标的隶属度值。经济与环境协调度模型计算公式如下式所示：

$$C = \left\{ \frac{f(X) \times g(Y)}{\left[\frac{f(X) + g(Y)}{2} \right]^2} \right\}^K$$

其中，C 为区域经济发展与环境协调度，K 为调节系数，$K \geqslant 2$。为了更好地反映欠发达地区协调度的区分度，将 K 取为 2。协调度 C 取值在 $0 \sim 1$，最大值亦即最佳协调状态；反之，协调度 C 越小，越不协调。

（2）协调发展度模型

$$D = \sqrt{C \times T}$$

$$T = \alpha \times f(X) + \beta \times g(Y)$$

其中，D 为协调发展度；T 为环境与经济效益的综合评价指数，反映环境与经济的整体效益；α、β 为待定权数，因为经济发展与环境保护同等重要，因此 α、β 均取 0.5。

（3）协调度等级划分（见表 1–7）。

表 1–7　协调度等级划分

协调发展度 D	$0 \sim 0.09$	$0.1 \sim 0.19$	$0.2 \sim 0.29$	$0.3 \sim 0.39$	$0.4 \sim 0.49$
协调等级	极度失调	严重失调	中度失调	轻度失调	濒临失调
协调发展度 D	$0.5 \sim 0.59$	$0.6 \sim 0.69$	$0.7 \sim 0.79$	$0.8 \sim 0.89$	$0.9 \sim 1.00$
协调等级	勉强协调	初级协调	中度协调	良好协调	优质协调

3. 数据处理

（1）评价指标隶属度值的确定

考虑到生态环境、经济评价指标体系中既有正向指标又有逆向指标，指标间的"好"与"坏"在很大程度上带有模糊性，因此采用模糊隶属度函数法对各指标进行量化。指标值越大对系统发展越有利时，采用正向指标计算公式进行处理，即：

$$z_{ij} = \frac{x_{ij} - \min(x_j)}{\max(x_j) - \min(x_j)}$$

指标值越小对系统发展越好时，采用负向指标计算公式进行处理，此时，

$$z_{ij} = \frac{\max(x_j) - x_{ij}}{\max(x_j) - \min(x_j)}$$

（2）评价指标权重系数的确定

评价指标权重值反映了评价指标在整个指标体系中的相对重要性，这里采用主成分分析法与因子载荷分析法来加以确定。通过求出的主成分载荷矩阵，利用方差极大正交旋转法，可以求出因子载荷矩阵。再利用原始数据的相关系数矩阵与每一列因子载荷向量建立回归方程，可求出各个系数主成分分量贡献值，根据其与对应方差贡献的组合，便可以求得各个评价指标的权重值，详见表1-8、表1-9。

表1-8 中、西部地区经济评价指标权重

地　区	X_{11}	X_{12}	X_{13}	X_{14}	X_{21}	X_{22}	X_{31}	X_{32}
全　国	0.1516	0.1516	0.1513	0.1515	0.1516	0.0045	0.1467	0.0914
湖　南	0.1903	0.1901	0.1899	0.1901	0.1904	0.0035	0.0078	0.0379
湖　北	0.1679	0.1679	0.1662	0.1679	0.1673	0.0205	0.0000	0.1422
河　南	0.1902	0.1899	0.1843	0.1900	0.1900	0.0002	0.0319	0.0235
安　徽	0.1723	0.1728	0.1746	0.1732	0.1704	0.0004	0.0016	0.1347
江　西	0.1506	0.1521	0.1598	0.1507	0.1501	0.0004	0.0729	0.1634
山　西	0.1951	0.1944	0.1936	0.1942	0.1946	0.0258	0.0017	0.0006
陕　西	0.1554	0.1553	0.1535	0.1555	0.1561	0.1370	0.0000	0.0873
广　西	0.1695	0.1689	0.1685	0.1693	0.1697	0.1249	0.0067	0.0225
重　庆	0.1491	0.1492	0.1483	0.1493	0.1490	0.1147	0.0121	0.1283
云　南	0.1653	0.1646	0.1643	0.1648	0.1654	0.0103	0.1495	0.0158
贵　州	0.1362	0.1340	0.1461	0.1359	0.1425	0.0615	0.1071	0.1367
四　川	0.1687	0.1688	0.1677	0.1687	0.1688	0.0105	0.0027	0.1442
青　海	0.1640	0.1642	0.1625	0.1635	0.1640	0.1447	0.0035	0.0335
内蒙古	0.1679	0.1680	0.1674	0.1682	0.1675	0.1418	0.0012	0.0181
甘　肃	0.1507	0.1465	0.1424	0.1475	0.1529	0.0258	0.1463	0.0879
宁　夏	0.1672	0.1669	0.1666	0.1668	0.1668	0.1336	0.0216	0.0106
新　疆	0.1512	0.1569	0.1670	0.1590	0.1461	0.0058	0.1446	0.0694

表 1-9　中、西部地区生态环境评价指标权重值

地　区	Y_{11}	Y_{12}	Y_{21}	Y_{31}	Y_{32}	Y_{33}	Y_{34}
全　国	0.0755	0.1830	0.1845	0.1666	0.0370	0.1833	0.1702
湖　南	0.0654	0.1890	0.1907	0.1702	0.0211	0.1894	0.1742
湖　北	0.0861	0.1759	0.1949	0.2002	0.0012	0.1832	0.1586
河　南	0.0398	0.1918	0.2215	0.1068	0.0014	0.2187	0.2199
安　徽	0.0247	0.1981	0.1748	0.1939	0.0057	0.2043	0.1985
江　西	0.1832	0.1231	0.1546	0.2086	0.0020	0.1743	0.1543
山　西	0.1415	0.1731	0.1733	0.1661	0.0003	0.1766	0.1691
陕　西	0.0260	0.1979	0.1848	0.2068	0.0026	0.1875	0.1944
广　西	0.1080	0.1852	0.1905	0.1326	0.1785	0.2034	0.0019
重　庆	0.0476	0.1871	0.1860	0.1707	0.1292	0.1794	0.0999
云　南	0.0523	0.2094	0.1743	0.1955	0.0045	0.1799	0.1840
贵　州	0.0744	0.0201	0.2317	0.2435	0.0037	0.2288	0.1979
四　川	0.1068	0.1736	0.1937	0.1914	0.0023	0.1424	0.1898
青　海	0.0938	0.0841	0.2172	0.2103	0.0046	0.2009	0.1890
内蒙古	0.2426	0.1223	0.1222	0.2226	0.0050	0.2131	0.0722
甘　肃	0.0106	0.2774	0.2603	0.1414	0.0045	0.2390	0.0668
宁　夏	0.1709	0.1710	0.1656	0.1703	0.0027	0.1794	0.1402
新　疆	0.0368	0.0708	0.1810	0.2018	0.0747	0.1668	0.2682

4. 协调发展分析

根据经济发展与生态环境评价指标的隶属度值和权重值，可分别计算出六省的综合经济效益、综合环境效益、经济与环境效益综合评价指数、协调度以及协调发展度。按照协调发展度的大小，对照区域经济与环境协调发展分类体系及其判别标准，结合综合经济效益 $f(X)$ 和综合环境效益 $g(Y)$ 的对比关系，得出中、西部地区生态与经济协调发展状况（见表 1-10）。

表 1-10　中、西部地区协调度和协调发展度

地　区	$f(X)$	$g(Y)$	T	C	D
全　国	0.3804	0.5862	0.4833	0.91139	0.6637
湖　南	0.3561	0.5782	0.4672	0.89017	0.6449

续表

地 区	f（X）	g（Y）	T	C	D
湖　北	0.4391	0.5923	0.5157	0.95636	0.7023
河　南	0.3399	0.5056	0.4228	0.92466	0.6252
安　徽	0.3124	0.5463	0.4294	0.85711	0.6066
江　西	0.3189	0.6038	0.4614	0.81841	0.6145
山　西	0.3537	0.3727	0.3632	0.99863	0.6022
陕　西	0.3628	0.3505	0.3567	0.99941	0.5971
广　西	0.3284	0.4931	0.4108	0.92123	0.6151
重　庆	0.4493	0.5539	0.5016	0.97838	0.7005
云　南	0.2803	0.4805	0.3804	0.86631	0.5741
贵　州	0.2677	0.4367	0.3522	0.88819	0.5593
四　川	0.3267	0.4104	0.3686	0.97438	0.5993
青　海	0.3402	0.3763	0.3583	0.99493	0.5970
内蒙古	0.3434	0.3616	0.3525	0.99867	0.5933
西　藏	0.2938	0.3423	0.3181	0.98841	0.5607
甘　肃	0.2738	0.3813	0.3276	0.94687	0.5569
宁　夏	0.3748	0.3512	0.3630	0.99789	0.6019
新　疆	0.3691	0.4159	0.3925	0.99290	0.6243

从表 1-10 分析可知，中、西部地区生态与经济协调发展状况可概括如下。

（1）总体上看，除湖北和重庆两个地区外，中、西部其他地区生态与经济协调发展水平均比全国平均水平低，基本上没有良好和优质协调发展类区域。这说明中、西部地区不仅经济发展水平较低，生态环境保护也比较滞后，一方面是由于国家早期实施的区域化差异战略，在产业、基础设施等方面的重大项目布局相对少，另一方面受自身自然条件制约，自身科技进步缓慢，资源综合利用率较低。

（2）具体到中部地区。除湖北经济发展水平高于全国平均水平外，其他地区均低于全国平均水平；湖北、江西生态环境水平高于全国平均水平，湖南、河南、安徽、山西生态环境水平则低于全国平均水平。

（3）具体到西部地区。除重庆经济发展水平高于全国平均水平外，其他地区均低于全国平均水平，生态环境水平没有一个地区高于全国平均水平。

（4）具体到协调类型。中、西部地区，湖北省和重庆市生态与经济协调发展状况属于中度协调发展类区域，这主要得益于湖北两型社会建设和重庆市的城乡统筹改革、丝绸之路经济带、绿色新政等战略的实施，两省的生态与经济发展水平都较高；中部地区生态与经济协调发展状况总体属于初级协调发展类区域，湖南、安徽、江西、河南属于经济滞后型区域，山西属于环境滞后型区域；西部地区除广西、宁夏、新疆属于初级协调发展类区域外，其他省份生态与经济协调发展总体属于勉强协调发展类区域，其中，甘肃和宁夏既属于经济滞后型区域又属于环境滞后型区域，青海、内蒙古、西藏三省属于环境滞后型区域，陕西、广西、云南、贵州、四川和新疆六省份属于经济滞后型区域。

（5）从区域协调发展的趋势看。"十三五"时期，随着国家大力实施"一带一路"战略和全国生态文明先行示范区试点建设，中、西部地区经济发展水平将大幅度提高，生态水平也将进一步增强，生态与经济协调发展水平将进一步提高，全部达到全国平均水平；到2030年，生态与经济协调发展水平将有明显提高，有部分地区生态与经济协调发展水平达到良好和优质的状态；到2050年，中、西部地区生态与经济协调发展将全面达到良好或优质的状态。

（四）欠发达地区生态与经济协调度案例分析

案例一：重庆的"绿色新政"

1. 情况简介

重庆市位于长江中上游，生态地位重要。2008年，重庆市提出"五个重庆"的发展思路，即"宜居重庆、畅通重庆、森林重庆、平安重庆、健康重庆"。其中"森林重庆"被称为"绿色新政"。

2010年，全国绿化委员会、国家林业局、重庆市人民政府等单位共同发起"绿化长江，重庆行动"，以充分动员社会力量，为各方参与绿化长江搭建一个很好的平台。活动启动以来，各地在长江两岸积极开展植树造林活动，取得了显著成效。截至2012年底，重庆市森林面积达347.23万公顷，林木蓄积量达19039.64万立方米，乔木林单位面积蓄积量达63.5立方米，森林覆盖率达42.1%，位居西部第四。按照国家有关标准测算，重庆森林植被总碳储量达到1.38亿吨，森林生态系统年涵养水源量达到87.81亿立方米，年固土量达到1.25亿吨，年保肥量达到0.065亿吨，年吸收二氧化碳达到0.148亿吨，年滞尘量达到0.89亿吨，仅这6项生态服务系统功能年价值就达1776亿元。

2. 做法

一是积极调动农民种树的积极性。重庆万州区是实施绿色新政的典型，因为其拥有80公里长的长江两岸，需新栽种30万亩树木。在30万亩绿化长江新栽林中，有15万亩被规划为栽种经济林。以建经济林、富裕峡江的思维绿化长江，调动起了长江两岸农民和移民栽种柑橘、龙眼、笋竹、枇杷等致富林木的积极性。

二是用经济手段绿化长江。万州区绿化长江要新栽种的30万亩森林，需要投入资金8亿元。这样大的投入，单靠政府投入和社会捐赠，是难以解决的。然而，通过经济手段可以很好解决这一难题。万州的重庆万竹科技发展公司、重庆浩林生物质能源有限公司、重庆双祥林业开发公司，分别认建1万亩的笋竹、速丰林、黄连木等树。认建的公司或大户，也有回报，这就是通过所认建的经济林，为其提供原料，获得加工生产的收入。在15万亩经济林的造林中，政府投入并不多，绝大多数是业主或农民自己投入。用经济手段来绿化长江，还较好地降低了栽树后的管理成本。不管是认建的经济林，还是农民栽种的经济林，基本上都是自己管理，不需要政府投入管理人员和资金。

三是将绿化工作纳入政绩考核。为推进"森林重庆"这一"绿色新政",重庆市成立了森林工程建设领导小组,组长为历任重庆市长。市政府把绿化工作纳入了绩效考核。重庆开展各区县党委、政府的绩效考核,总分为100分,2007年前,林业指标是2~3分,2009年,一下增加到5分,考核的内容也增加了许多。2007年前,园林工作在党委、政府考核中没有严格的指标规定,2010年后,主城区园林,占5~6分,郊县占3~4分。这些分值的考核直接决定每个区县的排名先后。

3. 经验

纵观"森林重庆"的"绿色新政",之所以被人们津津乐道,其经验主要有以下几点。

首先,切合时代大背景。这个时代背景就是"人居环境和可持续发展已成为一个国家经济命脉的重要组成部分"。事实上,日趋激烈的区域经济竞争很大程度上实为环境的竞争,谁的环境好,谁就能让更多的各类生产要素汇聚本地,从而获得更好更快的发展,人们常说的"筑巢引凤"道理即在于此。可见,环境就是资源,就是资本。

其次,因地制宜、分门别类实施造林计划。在海拔175~300米段,栽种垂柳、黄葛树、小叶榕等景观树,把这一带建成景观带;在海拔300~600米段,栽种果树等经济林,建成富裕移民和农民的经济林带;在海拔600米以上和泥地较差的地方,栽种适宜生长的生态林树,建成生态林带。针对不同地段,以功能分区为目标,形成不同的林带。这种巧妙的造林布局,不仅能有效提高苗木存活率,更能最大限度地调动造林者的积极性。

再次,巧用市场手段聚集投资。8亿元巨额资金投入的难题,通过精明的运作化解了。公司认建的经济林也好,农民栽种的经济林也罢,只需明确"谁投资,谁受益"的原则,足见市场手段对于发展具有重大的作用。

最后,严格有效的绩效考核机制。好的思路尚需有效的执行,绿化这个长期不被重视的指标,只有纳入考核范围,成为党委、政府工作的风向标，才能有效执行，起到应有作用。

案例二：洱海"双赢"在何方

1. 情况简介

洱海是云南省第二大淡水湖泊，位于大理白族自治州，湖面面积253平方公里，被当地群众称为"母亲湖"。从20世纪90年代开始，洱海遭受污染导致湖水富营养化，1996年和2003年，洱海曾两次暴发大面积蓝藻，水质一度降到Ⅳ类。大理从2003年起运用上海交通大学全国水利专项重大项目技术研究成果，先后投入20多亿元实施湖滨生态修复、环湖治污和截污、流域内农村湖源污染治理等措施，已经取得明显成效。云南省2012年环境状况公报显示：洱海水质类别Ⅱ类，水质良好，达到水环境功能要求，生态环境得到明显改善，是全国城市近郊保护最好的湖泊之一。

随着洱海生态环境的改善，水产品的种类、产量不断增加。2008年，仅洱海渔业产量一项，全年起捕量就达7320吨，起捕量连续两年增长10%以上，扭转了以前负增长的态势。同时，洱海自然环境的改善，也吸引了众多候鸟落户洱海，洱海的魅力不断增强。随着洱海环境的改善，许多有识之士和实力雄厚的商家已经瞄准了大理这块宝地，慕名前来旅游度假和投资兴业。2012年洱海流域生产总值达302.5亿元，占大理州的45%，人均生产总值达2万元。洱海的治理与保护，真正实现区域经济发展与环境保护"双赢"的目标，被环境保护部推广为"洱海保护模式"。

2. 做法

一是大力加强工业结构调整，依法对下关、大理两城区及洱海周边高耗能、高污染的云南人造纤维板厂、大理造纸厂、大理市化工厂等一批企业实施关闭，促进大理市洱滨纸厂、大理水泥厂、华能水泥厂、大理市上和水泥厂、大理红山水泥厂等一大批企业完善污染治理设施并实现达标排放；在洱海下游和下关城区下风口的凤仪片区规划 47.32 平方公里的大理创新工业园区，用排污管线与环洱海排污干渠实现连接，建立严格的环境评价准入制度，重点发展新型工业和物流产业，新建和搬迁了滇西纺织印染厂、力帆骏马、金穗麦芽、大理民塑等一大批大中型企业。

二是率先在全省采用 BOT 方式，由私营企业投资建设污水处理设施，依靠社会力量治理污水。

三是立足实际，调整完善治理思路。以"在保护中发展，在发展中保护、可持续发展"为目标，实施了洱海北部生态经济示范镇建设，把占洱海 70% 入湖水量的北部"两江一河"生态湿地建设作为生态经济示范镇建设的一项重要内容，提升入湖河流水质，发展生态农业经济，通过区域环境改善促进区域经济产业的发展，实现集聚环境互动补偿。

四是建立洱海流域规划建设项目审查机制，严格流域项目审批，对凡是浪费资源、污染洱海、污染环境的项目坚决不予引进发展，一切开发建设和发展都服从于、服务于洱海保护。

五是加大流域综合监管力度，建立综合执法巡逻机制，实行滩地管理承包责任制，坚持每日巡查制度，查处各类环境违法案件 2 万余起。完善了以市级行政主管部门为主体的多层级流域基础管理模式；告别了长期以来垃圾入湖的习惯，创建了农村垃圾清运模式；创新了"环境管理风险抵押金制度"，将环境质量目标责任制落实到人；实施"洱海水量生态调度制度"，使水量调度与污染防治有机结合在一起。

3. 经验

洱海实现区域经济发展与环境保护"双赢"的目标，主要是坚持统筹兼顾的科学理念，完善治理规划，提出洱海保护要实现"三个转变"，即：坚持从湖内治理为主向全流域保护治理转变；从专项治理向系统、综合治理转变；从以专业部门为主向上下结合、各级各部门密切配合协调治理转变。同时，提出一整套行之有效的治理机制。

三 欠发达地区生态与经济协调发展的后发优势

追赶和超越是人类文明史上的重要现象。19世纪初，英国赶超荷兰，成为世界上第一个工业化的国家；19世纪末20年代初，美国取代英国跃居世界工业第一强国；日本在德川幕府时代赶上中国，第二次世界大战结束20年后，又赶上德国等先进的资本主义国家，成为世界第二大经济体；2010年，中国经济总量又赶超日本，成为世界第二大经济体。可见，只要存在先进与落后的差距，就必然会有赶超。"后发赶超"是欠发达国家和地区的共同愿望，能否成功实现赶超，关键在于能不能挖掘和利用"后发优势"，实现弯道超越。在实现生态与经济协调发展方面，我国欠发达地区同样具有后发优势，如何认识这种后发优势，并将这种潜在的优势转变为现实的优势，是欠发达地区在建设生态文明社会过程中面临的重要课题。

（一）后发优势理论概述

后发优势（Late‑developing Advantage）理论是美国经济史学家亚历山大·格申克龙（Alexander Gerchenkron，1904‑1978）在总结德国、意大利等国经济追赶成功经验的基础上，于1962年创立的。格申克龙在对19世纪德国、意大利、俄国等欧洲较为落后国家的工业化过程进行经验分析后，指出："一个工业化时期经济相对落后的国家，其工业化进程和特征在许多主要方面表现出与先进国家（如美国）显著不同。"他把这些差异归纳为八个对比类型，即当地型与诱发型、自发型与强压型、生产资料中心型与消费资料中心型、通货膨胀型与通货稳定型、数量变化型与结构变化型、连续与非连续型、农业发展型与农业停滞型、经济动机型与政治目的型等。在这八个对比类型中，每一项对比类型相互之间的组合形态是由各国的落后程度来决定的①。通过对各个组合形态的研究，格申克龙得出了六个重要结论：（1）一个国家的经济越落后，其工业化的起步往往越缺乏连续性，因而呈现出一种由制造业的高速成长所致的突然的大冲刺进程；（2）一个国家的经济越落后，在其工业化进程中对大工厂和大企业的强调也就越明显；（3）一个国家的经济越落后，就越强调生产资料而非消费资料的生产；（4）一个国家的经济越落后，其工业化进程中国民消费水平越低；（5）一个国家的经济越落后，其工业化所需资本的动员和筹措越带有集权化和强制特征；（6）一个国家的经济越落后，其工业化中农业就越不能对工业提供市场支持，农业越受到抑制，发展越慢②。

格申克龙认为工业化前提条件的差异将影响发展的进程，相对落后程度愈高，其后的增长速度就愈快。之所以如此，究其原因在于这些国家具有一种得益于落后的"后发优势"。这种后发优势是由后发国地位所致的特殊有利条件，在先发国是不存在的，并且后发国也无法通过自身的努力创造，完全是与其经济的相对落后性共生的，来自于落后本身的优势。故此，后发优势也常被称作"后发性优势"、"落后优势"或"落后的有利性"等。后发展是相对于先发展而言的，因而后发优势涉及的主要是时间维度，与传统的比较优势相关，至于国家之间在人口规模、资源禀赋、国土面积等方面的差异则不属于后发优势范畴。虽然格申克龙没有给后发优势作过清晰和完整的界定，但其观点可以归纳为以下几个方面：（1）相对落后会造成紧张状态。格申克龙指出，一个相对落后的国家，会产生经济发展的承诺和停滞的现实之间的紧张状态，激起国民要求工业化的强烈愿望，以致形成一种社会压力。这种紧张会激发制度创新，并促进以本地适当的替代物填补先决条件的缺乏。（2）替代性的广泛存在。这一替代性是指工业化过程中不存在必须具备的一系列标准条件，或者是必须克服的一

---

① 郭熙保、胡汉昌：《后发优势研究述评》，《山东社会科学》2002 年第 3 期。

② 郭熙保、胡汉昌：《后发优势研究述评》，《山东社会科学》2002 年第 3 期。

系列标准化的障碍，在吸收先进国家的成功经验和失败教训的基础上，后进国家在形成和设计工业化模式时具有可选择性和创造性。格申克龙强调指出，由于缺乏某些工业化的前提条件，后进国家可以、也只能创造性地寻求相应的替代物，以达到相同的或相近的工业化结果。替代性的意义不仅在于资源条件上的可选择性和时间上的节约，更重要的在于使后进国家能够也必须根据自身条件，选择有别于先进国家的不同发展道路。（3）引进先进国家的技术、设备和资金。格申克龙指出，引进技术对于正在进入工业化的国家而言是获得高速发展的首要保障因素。后进国家引进先进国家的技术和设备可以节省科研费用和时间，快速培养人才，在一个较高的起点上推进工业化，同时资金的引进也可解决后进国家工业化中资本严重不足的问题①。

格申克龙后发优势假说提出后，欧美许多学者对这一理论进行了深化。美国社会学家 M. 列维从现代化的角度将后发优势理论具体化。列维认为后发优势有五点内容：（1）后发国对现代化的认识要比先发国在现代化起步阶段时对现代化的认识丰富得多。（2）后发者可以大量采用和借鉴先发国成熟的计划、技术、设备以及与其相适应的组织结构。（3）后发国家可以跳过先发国家的一些必经发展阶段，特别是在技术方面。（4）先发国家的发展水平已达到较高阶段，可使后发国家对自己现代化的前景有一定的预测。（5）先发国家可以在资本和技术上对后发国提供帮助。列维特别提到资本积累问题。他认为先发式现代化过程是一个逐步进化的过程，因而对资本的需求也是逐步增强的。后发式现代化因在很短的时间内迅速启动现代化，对资本的需求会突然大量增加，故此后发国需要特殊的资本积累形式。实行这种资本积累，必然要有政府的介入②。

继列维之后，1989 年，阿伯拉莫维茨（Abramoitz）又提出了"追赶

① 武冰：《马克思世界历史理论与中国后起发展》，武汉大学硕士学位论文，2005。

② 张平：《青海藏区经济社会可持续发展研究》，西北农林科技大学硕士学位论文，2009。

假说",即不论是以劳动生产率还是以单位资本收入衡量,一国经济发展的初始水平与其经济增长速度都是呈反向关系的。阿伯拉莫维茨同时指出,这一假说的关键在于把握"潜在"与"现实"的区别,因为这一假说是潜在的而不是现实的,只有在一定的限制下才能成立。第一个限制因素是技术差距,即后发国与先发国之间存在技术水平的差距,这是经济追赶的重要外在因素,技术差距的存在使得经济追赶成为可能。即,生产率水平的落后,使经济的高速发展成为可能。第二个限制因素是社会能力,即通过教育等形成不同的技术能力,以及具有不同质量的政治、商业、工业和财经制度,这是经济追赶的内在因素。即,与其说是处于一般性的落后状态,不如说是处于技术落后但社会进步的状态,才使一个国家具有经济高速增长的强大潜力①。

1993年,伯利兹、保罗·克鲁格曼等(Brezis,Paul Krugman)在总结发展中国家成功发展经验的基础上,提出了基于后发优势的技术发展的"蛙跳"(Leap - flogging)模型。它是指后进国在技术发展到一定程度、具备一定的技术创新能力后,可以直接选择和采用某些处于技术生命周期成熟前阶段的技术,以高新技术为起点,在某些领域、某些产业实施技术赶超。

1995年,罗伯特·巴罗和萨拉易马丁(Robert J. Barro,Sala - i - mar-tin)假定一国进行技术模仿的成本是该国过去已经模仿的技术种类占现有技术总数量比例的增函数,也就是说,一国过去模仿的技术越多,其继续实行技术模仿的相对成本就越高。

1996年,范·艾肯(R. Van Elkan)在开放经济条件下建立了技术转移模仿和创新的一般均衡模型,他的研究结论是经济欠发达国家可以通过技术的模仿、引进或创新,最终实现技术和经济水平的赶超,转向技术的自我创新阶段。

---

① 李占魁:《宁夏回族自治区特色经济研究》,兰州大学博士论文,2010。

综上所述，格申克龙的后发优势理论，首次从理论高度揭示了后发国家工业化存在着比先进国家有取得更高时效的可能性，同时也强调了后发国家在工业化进程方面赶上乃至超过先发国家的可能性。列维则强调了现代化进程中，后发国家在认识、技术借鉴、预测等方面所具有的后发优势。阿伯拉莫维茨提出的"追赶假说"，伯利兹、克鲁格曼等提出的"蛙跳模型"，都指出后发国家具有技术性后发优势，并讨论了后发优势"潜在"与"现实"的问题。巴罗和萨拉易马丁以及范·艾肯等人则从计量经济学的角度，验证了经济欠发达国家通过技术的模仿、引进或创新，最终实现技术和经济水平赶超的可能性①。后发优势理论的提出和发展研究，为后发地区的加速发展提供了理论依据和现实途径。

表 1-11　后发优势相关理论、代表人以及主要贡献

时　间	代表人	主要贡献
1962	格申克龙	从理论高度展示了后发国家工业化存在着相对于先进国家而言取得更高时效的可能性，同时也强调了后发国家在工业化进程方面赶上乃至超过先发国家的可能性。
	列维	从现代化的角度将后发优势理论具体化
1989	阿伯拉莫维茨	提出"追赶假说"
1993	克鲁格曼	提出"蛙跳"模型
1995	巴罗和萨拉易马丁	从计量经济学的角度，验证了经济欠发达国家可以通过技术的模仿、引进或创新，最终实现技术和经济水平的赶超
1996	范·艾肯	提出一般均衡模型

20 世纪 80 年代以来，随着日本和亚洲新兴工业化及国家经济的高速增长，罗索夫斯基（rosovsky）、南亮进和大川一司等人将格申克龙后发优势理论应用于日本工业化过程并加以分析。日本学者南亮进（1992）以日本为背景，探讨了日本的后发优势从产生到消亡的过程。他认为日本 20 世

①　赵光华：《后发优势理论对我国西部后发地区的现实意义》，《西安建筑科技大学学报》2005 年第 3 期。

纪 50～60 年代的高速增长主要是从后发优势中受益。特别是日本在现代经济增长之前，或与现代经济增长并行时，已经具有了阿伯拉莫维茨所说的很强的消化和掌握现代技术的"社会能力"，具体体现为丰富的人力资源、现代化的经营组织、发达的信息产业和装备产业，这是日本发挥后发优势、实现经济追赶的必要条件，从而印证了阿伯拉莫维茨的有关观点。他指出，以 20 世纪 70 年代为转折点，随着技术差距的缩小或消失，日本依靠引进技术、实施追赶的机会日渐减少，失去了所谓的"后进性利益"。由于日本没有从根本上将其模仿能力改造为真正自主创新的能力，经济发展失去了动力和方向。当美国利用信息技术革命推动经济增长，并进入"新经济"的时候，日本（以及其他大部分发达国家）与它的差距又扩大了①。

渡边利夫则运用这一理论分析了韩国经济，这些研究都在很大程度上验证了后发优势理论的客观性，由此引发了人们更多的关注，并经常用来分析发展中国家的经济发展问题。

基于中国经济快速发展的现实，20 世纪 90 年代以来，中国学术界对后发优势理论的研究也迅速升温。中国学者的研究主要从以下七个方面展开：一是从发展经济学角度进行研究，如郭熙保（1992）从发展经济学的基本理论出发，深入探究了西方经济追赶理论，对涉及后发优势与后发劣势的各种流派和观点进行了总结和归纳，并对全球化与信息化条件下后发优势与后发劣势的新变化了有益的探索。二是从政治经济学角度开展研究，如陆德明（1999）初步形成了基于后发优势的"发展动力理论"框架，提出了后发国家的发展动力转换假说，他认为通过学习型追赶，后发国家与先发国家的发展差距逐步缩小，但始终有一恒定差距无法消除，要超越这一"最后最小差距"，后发国家的发展动力必须更新转换，即从原来的主要由后发利益驱动的引进学习转向主要由先发利益驱动的自主创新。三是从现代化理论角度进行研究，如罗荣渠（1993）归纳了后发优势

---

① 王必达：《后发优势与区域发展》，复旦大学博士学位论文，2003。

与后发劣势的表现形式，并论证了它们在现代化发展历程中的重要作用和重要影响。四是从技术经济学角度开展研究，如傅家骥、施培公（1999）关注了作为后发优势重要表现的技术模仿创新问题，从资源积累的角度对模仿创新造就后发优势的内在机理进行了探讨。五是从制度经济学的角度展开研究，如胡汉昌博士（2004）从制度变迁的角度探讨了制度模仿的必要性与可行性，以及制度模仿的内在机理与实现途径问题。六是从增长经济学角度进行研究，如黄先海（2003）运用"南北贸易与增长优势"、"蛙跳增长模型"探索了后发国家的非均衡、超常规发展的问题①。七是从实证分析的角度开展研究，具体探讨我国某个欠发达省份的后发优势。总体说来，国内对欠发达地区后发优势的研究尚处于分散状态和前期探索阶段，还没有形成完整的理论体系。

（二）欠发达地区生态与经济协调发展的后发优势

从以上后发优势理论的概述可以知道，前人对后发优势的研究主要集中在后发国这个层面，对于后发国家的欠发达地区的研究仅有一些实证分析，没有系统的理论阐述，而从生态与经济协调发展这个角度研究欠发达地区的后发优势，基本上处于空白状态，但是他们的研究为本课题的研究提供了一个分析方法。我们认为，在经济全球化和我国建设生态文明社会的大背景下，我国欠发达地区实现生态与经济协调发展，其后发优势也是客观存在的。

1. 生态资源、能源富集的优势

我国欠发达地区，其中一类处于相对封闭状态的边远山区，生态良好，资源富集，环境资源容量大，生态优势明显；另一类处于荒漠地区，但蕴含着丰富的石油、天然气、煤矿，风力大，太阳光照时间长，有利用新型能源的富矿。利用这些资源优势，该地区在经济全球化、环保国际化

---

① 冯怀珍：《后发优势与新疆区域经济跨越式发展》，新疆师范大学硕士论文，2007。

的大趋势下，增强生态产品服务功能，发展生态产业、新能源产业，欠发达地区发展将迎来发展机遇。

2. 新兴产业、环境友好型产业快速植入的优势

在建设"美丽中国"的时代背景下，各地区亟待转变发展方式，调整优化产业结构，建立以资源能源消耗少、环境影响小的高新技术产业与环境友好型产业为主导的生态产业体系，以减少经济发展对生态环境的破坏，实现经济发展与生态退化"脱钩"。我国的发达地区，由于工业化进程较快，业已形成以传统产业为主导的完整的工业产业体系，要"腾笼换鸟"，实现产业转型和产业结构调整，不仅耗资巨大，耗时也将很漫长。因为有厚重的工业体系需要改造和转型，这就要投入相当的精力、人力、物力来改造传统产业。产业转型、结构调整必然会增加企业的投入，由此造成企业局部的、眼前利益的受损。因此，发达地区产业转型升级不可避免地会受到强大的人为阻力，付出巨大的成本代价。以江苏为例，据余力、余建荣等人（2013）的研究，如果江苏要实现高碳经济向低碳经济转变，每年大约需要 70 亿美元来支撑，这样的巨额投入，显然是江苏的沉重负担。

而欠发达地区正好相反。欠发达地区由于工业化基础薄弱，传统产业规模小，高碳产业调整负担轻，产业转型调整的压力相对就小，面对国内外产业低碳化、生态化的发展趋势，可通过引进一批新兴产业、环境友好型产业，快速建立起以高效低碳产业为主导的产业体系，直接实现产业结构的合理化。这就像一张白纸一样，没有负担，好写最新最美的文字，好画最新最美的画图。

这样的例子有很多。如贵州省的贵安新区紧紧抓住新兴产业蓬勃发展的机遇，以国家级新区获批为契机，引进了云计算、新一代电子信息产业、航空设备等几个大项目，通过快速植入一些新兴产业和先进制造业，走上了发展低碳经济的道路。这个例子充分表明，欠发达地区由于传统高碳产业基础薄弱，在发展高效低碳产业、实现产业结构转型方面，与发达地区相比，具有转型成本低、转型速度快的后发优势。

3. 技术知识输入的后发优势

"科学技术是第一生产力"，欠发达地区要在不破坏生态环境的前提下，实现经济社会跨越式发展，在 2020 年与全国同步建成全面小康社会，首先要依靠先进的科学技术。只有以过硬的技术作保障，才能不断降低单位生产总值的能耗和排放水平，减少经济发展对生态环境的负面影响，实现库兹涅茨的倒"U"形曲线拐点的前移。

在先进技术、低碳技术的输入方面，欠发达地区具有明显的后发优势。这主要缘于以下几个原因：首先，发达地区在技术研发方面远远走在欠发达地区前面，储备了大量的节能减排和低碳技术，如新的水泥生产方法、新的钢铁生产方法，以及新的汽车驱动途径和二氧化碳的埋存和捕获技术等。而这些先进技术是一种典型的公共物品，具有明显的溢出效应，欠发达地区通过引进外资、机器设备和国际技术转让，只需要花费很小的成本和时间就可以将这些先进科技直接运用到生产中去，而不必像发达国家（地区）那样耗费巨资和漫长时间进行研发，从而在较短的时间内实现技术应用和提升，进入科技的较高层次与较高阶段。许多研究表明，即便是用购买专利这种成本较高的方式引进先进技术，其成本也只是原来开发成本的 1/3 左右。而且，购买的技术一定是已经证明成功的、具有商业价值的技术，这样无形中节省了许多"沉淀成本"，跳过了先发国所经历的漫长、曲折的知识创造和积累阶段，快速缩短与先发国的科技差距。"东亚奇迹"就是技术后发优势的明显例证。亚洲"四小龙"在 20 世纪 60 年代以前，一直是经济比较落后的国家和地区，20 世纪 70 年代以来，通过发挥后发优势创造了"东亚奇迹"，成为许多国家学习的榜样。日本从战败的阴影中走出来，其经济从 1955 年开始进入快速发展阶段，仅用了近十年的时间便一跃成为仅次于美国的经济大国，也是得益于技术后发优势。其间，日本以 60 亿美元的支出获得了全世界近半个世纪以来的几乎全部先进技术，迅速赶上国际先进水平，节约了 2/3 的时间和 9/10 的研究资金，成为技术后发优势说的最佳例证。其次，后发国在技术模仿的同时还可以适时推动科技自主创新，在一定条件下跨越科技发展的某些阶段直接进入某些科技前沿领域与先发国展开竞争。例如，日本的现代化就是绕过了蒸汽动力阶段而直接进入大规模水力电气阶段，因而只用了 50 年左右的时间就完成了西方现代国家 200 年才完成的历程①。

4. 制度设计和运用的后发优势

制度是指用以约束个人行为的一系列规则的总和。它既可以是指一项制度安排也可以是指制度结构。制度可分为三种类型：一是宪法秩序，即政权的基本规则；二是制度安排，包括法律、规章、社团和合同；三是规范性行为准则。欠发达地区可学习、模仿和借鉴先发国家、地区的先进制度，并经过本土化改造产生发展效率。

首先，从成本—收益的角度来看，欠发达地区的制度变迁相比先发地区成本小、风险小、确定性强、收益大，这是由于拥有发达地区的范本，欠发达地区的制度变迁具有选择的优势。一种有效制度的形成，是一个需要支付高额代价的不断试错的过程，经过反复、动荡、危机等才能形成。而制度是一种公共物品，如果先发地区的制度经过长期实践证明是行之有效的，欠发达地区可以避免试错的高额成本支付，通过比较和鉴别，辨清其缺陷和不足，选择成功的制度进行移植、模仿和改造，降低制度变迁的风险性②，以较小的社会成本获取较大的收益。

其次，发达地区随着经济发展，很容易积累并产生制度僵化现象。这就使得制度演进过程中的后来居上不仅是存在的，而且有某种必然性。"从古典文明、中世纪文明和资本主义文明在外缘地区的诞生来看，每一种社会制度趋于腐朽且被新的社会制度所淘汰的时候，率先发生转型的大多不在中心地区富裕的、传统的、板结的社会里，而是发生在外缘地区原

---

① 卫功兵：《后发优势与后发劣势理论比较的现实启示》，《中国集体经济》2007 年第 7 期。
② 邹东颖：《后发优势与后发国家发展路径研究》，辽宁大学博士学位论文，2006。

始的、贫困的、适应性的社会里"[1]。

在建设生态文明社会、实现生态与经济协调发展方面，发达国家（地区）有许多好的制度设计和安排，如循环经济立法、绿色 GDP 考核制度、绿色税收制度、资源价格形成机制、排污权交易制度等。欠发达地区结合本地实际情况适当移植和模仿，可扬长避短，通过一种好的制度安排，充分发挥生态优势，大力培育、发展一批以生态保护为特色的产业群，走出一条具有区域特色的发展道路，把潜在后发优势转化为现实优势，把资源优势转化为经济优势和市场优势，带动经济持续、快速、健康发展。如欠发达地区可通过学习发达地区的绿色财政税收机制，鼓励企业节约资源、降低能耗，发展循环经济。通过开征环境保护税，限制高耗材、高耗能、高污染行业的发展；通过对环保项目、资源综合利用产业实行税收等优惠政策，促进节能环保产业的发展；通过扩大资源税征税范围和改革计征方法，提高资源的利用效率。总之，制度性后发优势使后发地区能提高资源配置的效率、改变激励机制、降低交易费用和风险，从而促进经济增长。

5. 政策支持（顶层设计）的优势

经过改革开放 30 多年的发展，我国的综合国力不断增强，国家有能力解决区域发展不平衡问题，国家的区域政策随之调整和完善，由改革开放之初的鼓励一部分地区和一部分人先富起来，到 21 世纪以来越来越注重区域发展的平衡。从沿海特区的开放开发到西部大开发再到中部崛起政策的出台，从新时期集中连片特困地区扶贫开发到沿边开放开发，国家对区域发展不平衡问题的重视和全面建成小康社会的决心凸显。我国的欠发达地区主要集中在中、西部地区，其中相当一部分还属老、少、边、穷地区，在全面建设小康社会的新征途中，这些地区的发展，是党和政府特别关注的问题。因为只有欠发达地区实现小康，全国才能实现小康。同时，苏

---

① 侯高岚：《后发优势理论分析与经济赶超战略研究》，中国社会科学院研究生院博士论文，2003。

区、革命老区人民为中国的解放事业做出了巨大的贡献也付出了极大的牺牲，对这些地区的支持再多也不为过，而沿边地区、少数民族地区的发展，事关中华民族的长治久安和各民族的繁荣富强。因此，新世纪以来，国家出台了数十部涉及中、西部欠发达地区发展的区域性经济政策。这些区域性经济政策主要分三大类：国家级新区、改革开放试验区和区域规划。

（1）国家级新区。包括两江新区、兰州新区、西咸新区、贵安新区和天府新区，这些新区是国家重点支持开发的区域。

（2）改革开放试验区。与国家级新区相比，国务院批准设立的改革开放试验区及相关试验区（合作区）范围比较大，主要包括：成都和重庆城乡统筹试验区、武汉和长株潭资源节约型和环境友好型社会综合配套改革试验区、山西省资源型经济转型综合配套改革试验区、宁夏内陆开放型经济试验区、广西东兴沿边重点开放开发实验区、云南瑞丽沿边重点开放开发实验区、柴达木循环经济试验区等。

（3）意见和区域规划。国务院近年来也出台了诸多带有"指导意见""若干意见"字眼的与区域相关的文件，包括《国务院关于进一步推进西部大开发的若干意见》《国务院关于支持赣南等原中央苏区振兴发展的若干意见》《国务院关于支持河南省加快建设中原经济区的指导意见》《国务院关于进一步促进贵州经济社会又好又快发展的若干意见》等。此外，还有若干规划，这些规划包括《广西北部湾经济区发展规划》《关中—天水经济区发展规划》《鄱阳湖生态经济区规划》《皖江城市带承接产业转移示范区规划》《青海省柴达木循环经济试验区总体规划》等（详见表1-12）。

从上述区域政策可以看出，国家对中、西部地区的扶持政策既有覆盖经济社会全局性的综合性政策，也有促进中、西部地区生态与经济协调发展的专项规划，无论是哪种政策，都对欠发达地区的功能定位和发展目标有明确的设计，都能够促进该地区的经济社会发展，而其中有关循环经济、"两型社会"建设、资源型经济转型、生态经济区建设的意见或专项规划，对欠发达地区生态与经济协调发展意义更为重大。

表 1-12 国家近年出台的扶持中、西部欠发达地区发展政策一览

序号	政策名称	发布时间	发布主体
1	国务院关于进一步推进西部大开发的若干意见	2004	国务院
2	关于大力实施促进中部地区崛起战略的若干意见	2012	国务院
3	国务院关于支持赣南等原中央苏区振兴发展的若干意见	2012	国务院
4	国务院关于进一步促进贵州经济社会又好又快发展的若干意见	2010	国务院
5	甘肃省循环经济总体规划	2009	国家发改委
6	国务院关于进一步促进广西经济社会发展的若干意见	2009	国务院
7	广西北部湾经济区发展规划	2008	国家发改委
8	成都和重庆统筹城乡发展实验区	2007	国务院
9	青海省柴达木循环经济试验区总体规划	2010	国务院
10	中共中央国务院关于推进新疆跨越式发展和长治久安的意见	2010	国务院
11	国务院关于支持喀什霍尔果斯经济开发区建设的若干意见	2011	国务院
12	国务院批准设立国家级新疆准东经济技术开发区	2012	国务院
13	重庆两江新区总体规划方案	2009	国家发改委
14	兰州新区	2012	国务院
15	武汉和长株潭资源节约型和环境友好型社会综合配套改革试验区	2007	国家发改委
16	山西省资源型经济转型综合配套改革试验区	2010	国家发改委
17	宁夏内陆开放型经济试验区规划	2012	国家发改委
18	国务院关于支持河南省加快建设中原经济区的指导意见	2011	国务院
19	鄱阳湖生态经济区规划	2009	国家发改委
20	皖江城市带承接产业转移示范区规划	2010	国家发改委
21	新时期集中连片特困地区扶贫开发	2011	国务院
22	武汉城市圈资源节约型和环境友好型社会建设综合配套改革试验总体方案	2008	国家发改委
23	长株潭城市群资源节约型和环境友好型社会建设综合配套改革试验总体方案	2009	国家发改委
24	西咸新区	2014	国务院
25	贵安新区	2014	国务院
26	天府新区	2014	国务院

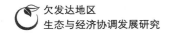
6. 资本和劳动力后发优势

一般来说，发达地区的资本比较丰富，劳动力素质水平高但劳动力数量通常没有欠发达地区丰富；欠发达地区一般劳动力资源丰富但资本比较短缺。由于资本的边际收益递减规律，只要地区之间资本流动性的障碍不存在或者很小，资本就会从发达地区流向资本相对短缺的欠发达地区。因此欠发达地区，可以利用资本后发优势，依靠引进外资以解决地区工业化、现代化起步阶段的资本积累严重不足的问题，从而实现借鸡生蛋的目的。同理，欠发达地区的劳动力资源丰富且成本低廉，只要通过引进外资和技术，大力发展科技和教育，利用知识的溢出效应，提升人力资本的素质和水平，就可以产生较大的劳动力后发优势。

欠发达地区的资本和劳动力后发优势为欠发达地区发展生态经济提供了现实可能性。欠发达地区可充分利用经济全球化、区域经济一体化时代资本流动性加快的机遇和劳动力成本相对低廉的优势，通过引进国内、省外资金，发展本地区有资源优势、有市场前景的生态产业，加快追赶发达地区经济的速度，在缩短与发达地区经济社会发展水平差距的同时，走出一条生态与经济协调发展的道路。2010年，河南引进劳动密集型企业富士康，就是欠发达地区充分利用资本和劳动力后发优势的一个典型范例。郑州出口加工区通过引进富士康企业，吸引和带动了多个配套企业的入驻，不仅直接解决了50万人的就业问题，还较大地增加了地方财政收入，促进了产城融合和地方经济发展。

（三）后发优势的实现条件

需要指出的是，欠发达地区生态与经济协调发展所具备的后发优势只是一种潜在的优势，要使潜在的优势变为现实的优势，就需要创造出一系列新的条件，对此欠发达地区要有清醒的认识，不要陷入后发优势的误区，错失发展时机。

后发优势的实现条件包括宽松自由的外部环境和当地政府的政策扶持

两个方面。只有拥有自由的国内外环境，欠发达地区才能抓住世界性的新技术革命的机遇，利用与先发国和先发地区的"经济落差"与"技术落差"得到大量"溢出"，实现生态与经济协调发展。当地政府的扶持政策主要包括贸易政策和产业政策。在产业政策的制定上，为了实现欠发达地区生态与经济协调发展，欠发达地区在承接国内外产业转移时，一定要制定产业准入"门槛"，将产出效益低、资源能源消耗多、环境损害严重的企业拒之门外。同时，要对当地的环境承载量进行全面评估，并结合主体功能区的要求，在重点开发区、限制开发区实行不同的产业准入标准，只有这样，才能保证经济社会的可持续发展。

（四）案例分析

案例：安徽池州生态与经济协调发展经验借鉴

池州市位于安徽省西南部，东邻铜陵，南接黄山，西接江西，北与安庆市隔江相望，下辖三县一区和九华山风景区，全市总面积 8271.7 平方千米，总人口 160 万人，是长江下游南岸重要的滨江港口城市，省级历史文化名城，皖江城市带承接产业转移示范区城市，也是安徽省"两山一湖"（黄山、九华山、太平湖）旅游区的重要组成部分。作为欠发达地区，池州充分利用后发优势，较好地实现了生态与经济协调发展。1997 年被国家计委列为实施中国 21 世纪议程 6 个地方试点之一，1998 年被联合国环境规划署确定为中国地方 21 世纪议程能力建设项目 6 个重点实施单位之一，2000 年经国家环保局正式批准为国家级生态经济开发区，2004 年成为安徽生态省建设的三大综合示范基地之一，2008 年获得安徽省人居环境奖，2009 年获得国家住建部授予的国家级园林城市称号。池州实现生态与经济协调发展的案例具有一定的典型意义，值得其他欠发达地区学习借鉴。

1. 池州生态环境与经济社会发展的总体状况

（1）生态环境和自然资源状况

池州地处东经 116°38′~118°05′E，北纬 29°33′~30°51′，属亚热带季风气候区，光照充足，气候温暖，四季分明，雨量丰富，无霜期长。年均日照率 45%，年平均气温 16.5℃，春秋季短，气温变化幅度大，冬夏季长，气温变化幅度小。年降水量 1400~2200 毫米之间。例如贵池，1954 年降水量为 2285.2 毫米，1978 年为 888.7 毫米，最多年份为最少年份的 2.57 倍。平均初霜日 11 月上中旬，平均终霜日在 3 月中下旬，年均无霜期 220~286 天，农作物可一年两熟。

池州物产丰富，农副产品有 300 多种，盛产水稻、棉花、油菜、芝麻、茶叶、蚕茧、木材、水产品等，是国家重要的商品粮、优质棉、红茶和速生林基地。矿产资源不仅品种多、分布广，而且储量大、品位高、埋藏浅、易开采，有良好的开发前景。其中，石灰石、白云石、方解石矿不仅储量大、质量好，而且大多分布在沿江地带，水陆运输极为方便。

池州生态环境优美，旅游资源丰富。全市森林覆盖率 57.5%，城市植被率 43%，全年大气质量优、良天数达到 365 天，主要河流水质均为优或良。各类自然保护区占全市土地面积比例达 10%，11 条主要河流水质均达到 II~III 类标准。主城区滨江环湖、一城五区、城在山水中、山水在城中。生态旅游资源丰富。境内有动植物自然保护区牯牛降、国家级珍稀水禽自然保护区升金湖等名山名水，各类景区景点 300 多个，其中 A 级以上景区 28 个，4A 级景区 9 个，辖区内的九华山是全国首批 5A 级旅游景区，国家四大佛教名山之一。市内还有诸多的省级风景名胜区，如享有"千载诗人地"美誉的齐山和"秋浦仙人境"的秋浦河，晚唐诗人杜牧《清明》诗境的贵池杏花村、晋代大诗人陶渊明种菊南山的东流文化古镇、"五朵金花"地下艺术宫殿溶洞群、"舜耕地"大历山，至今仍保留完好的匈奴民族居住风貌的东至南溪古寨和明清时代的石台古民居等。

（2）经济发展和产业结构状况

池州目前在安徽省经济发展水平中大体是总量居后、人均居中。2012年，地区生产总值417.4亿元，人均生产总值29471元（约合4678美元）；财政总收入71.7亿元，其中地方财政收入52.8亿元；固定资产投资总额370亿元；城镇居民人均可支配收入21386元，农村居民人均纯收入7986元。

池州的产业结构呈现明显的"二、三、一"特征。2012年，第一、二、三产业增加值分别为62.2亿元、204.2亿元、151.1亿元，三次产业比例为14.9：48.9：36.2。与同年安徽省三次产业比例12.7：54.6：32.7相比，第一、三产业比例分别高2.2、3.5个百分点，第二产业比重低5.7个百分点。与全国三次产业比例10.1：45.3：44.6相比，池州第一产业比重高4.8个百分点，第三产业比重低8.4个百分点。工业为池州的主导产业，但工业化水平并不高，2012年规模以上工业增加值118.5亿元（见表1-13）。

表1-13　池州主要经济指标与全国、安徽省的比较（2012）

单位：元

区　域	人均GDP	三次产业比例	城镇居民人均可支配收入	农村居民人均纯收入
全　国	38420	10.1：45.3：44.6	24564.72	7916.58
安徽省	28841	12.7：54.6：32.7	21024.27	7160
池　州	29471	14.9：48.9：36.2	21386	7986

2. 池州利用后发优势，实现生态与经济协调发展的主要做法

（1）利用转型成本低的后发优势，大力发展"两高一首"产业

为了推进产业结构调整优化，近年来池州以项目建设为载体，大力发展高新技术产业、高端服务业、电子信息首位产业等"两高一首"产业。加快推进了九华国际动漫产业园、池州国际会展中心、杏花村生态文化旅游区等项目，并按照首位产业、首位支持的要求，引进建成了年产180万台平板电脑的磊鑫科技一期、年产60万盏大功率LED灯具的勤上光电、年产5万平方米LED显示屏、4英寸晶圆的四通光电产业园等项目。通过

快速植入新兴产业，以较短的时间、较低的转型成本，实现了产业结构的优化升级。2012年，全市高新技术产业产值突破百亿元，增幅居全省第3位，高新技术产业增加值占规模以上工业增加值的比重超过全省平均水平。信息服务、文化创意、节庆会展等高端服务产业也异军突起，呈现较好的发展势头。

（2）利用生态环境优势，发展绿色生态农业

池州以绿色食品标准化基地建设和农产品品牌创建为抓手，加快发展名优茶、特色水产、畜禽、蚕茧、蔬菜、中药材、食用菌、苗木花卉等高效特色农业，推广"畜禽—沼—果、鱼、粮、油、菜"循环农业模式，积极创建农产品品牌。目前，全市已有"安徽名牌"农产品10个，省著名商标23个，安徽天方茶业（集团）有限公司的"天方""雾里青"双双荣获中国驰名商标，安徽国润茶业有限公司"润思"牌祁门红茶入选了上海世博会十大名茶，池州梅里生态米业有限公司"富达"大米连续两次获得全国稻博会金奖。还成功创建2个全国绿色食品标准化原料基地，9个省级农业标准化生产基地，125个农产品获无公害农产品、绿色食品、有机食品认证，4个县区中有3个建成全国无公害农产品生产基地县、2个建成省级农业生态示范县。通过发展生态高效农业，池州既提高了农业的比较效益，又实现了农业的可持续发展。

（3）利用技术后发优势，引进适用技术发展循环经济、低碳经济

循环技术、低碳技术是发展绿色、低碳产业，实现经济发展方式转型的前提和关键。池州充分利用国内外成熟的循环技术、低碳技术，发展环境友好型产业。首先，引进了具有先进技术的三二五发电有限公司25MW生物质发电项目，该项目为国家发展改革委批准的中国清洁发展机制项目，2010年被德国复兴银行看中，德方以每年1000多万元人民币的价格购买项目所产生的核证二氧化碳减排量指标。其次，为建设绿色园区，池州开发区与市城投公司共同出资成立金能供热公司，投资3000万元，利用九华电厂发电余热，建设区域供热干管，逐步关闭企业自用小锅炉，重点

片区实现集中供热全覆盖。最后，坚持以循环技术改造提升传统产业，降低生产能耗。池州经济技术开发区支持九华冶炼厂余热发电工程，最大限度地提高能源的利用效率，彻底解决了园区二氧化硫排放问题，对该厂10万吨铅项目实行富氧底吹技术改造，并实行布袋收尘、雨水收尘等综合回收措施，使铅回收率和二氧化硫转换率达到国际先进水平。促进安徽铜冠有色金属（池州）有限责任公司加大技改投入，投资1200余万元先后实施了硫酸高压变频改造、反射炉富氧燃烧、蒸汽余热利用等项目，进一步降低了能耗，实现洁净生产。据统计，目前开发区固体废物综合利用率为85%，"三废"处理达标率达到90%以上①。

（4）利用制度后发优势，建立生态文明保障制度

促进生态与经济协调发展，制度是保障。池州借鉴发达地区建设生态文明制度的成功经验，建立和完善了一系列生态文明制度。首先，围绕生态环境、生态产业、生态人居、生态文化、生态制度等五大体系，制定了40项指标、16项配套政策，为生态文明建设保驾护航。其次，在2012年3月出台了《关于加快推进生态文明建设的决定》，提出要以国家生态市建设为目标，全面实施生态立市战略，争创生态工业示范园区、国家生态旅游示范区、国家宜居城市、国家环保模范城市、国家森林城市"五大品牌"，推进环境保护工程、产业振兴工程、城乡建设工程、生态文化工程、和谐幸福工程"五大工程"，构建生态环境体系、生态产业体系、生态人居体系、生态文化体系、生态制度体系"五大体系"，加快推动形成有利于节约环保的空间格局、产业结构、生产方式、生活方式，推动池州生态文明建设向更高层次迈进。并具体制定了考核评价制度、资源有偿使用和生态补偿制度、市场化机制等13项配套政策。最后，建立招商引资准入制度。在招商过程中提高准入门槛，对总投资2亿元以下、投资强度每亩

---

① 潘海苗：《发展循环经济　推进低碳发展　池州开发区探索绿色崛起新路径》，《池州日报》2011年6月27日。

150 万元以下非主导产业类项目不单独供地，不符合环保、节能和财税贡献要求的项目一律不予引进。通过精准务实招商，一批绿色项目、龙头项目纷纷进驻池州经济技术开发园区。

3. 经验与启示

池州促进生态与经济协调发展的成功经验充分证明，欠发达地区在建设生态文明方面的后发优势是十分明显的，欠发达地区只要充分利用好这一后发优势，大力引进并发展绿色生态产业，是可以实现经济社会可持续发展的。

（1）发展生态产业是欠发达地区可持续发展的重要途径。作为农业比重偏高、工业化进程较慢的欠发达地区，池州土壤、空气、水质条件较好，具备发展绿色生态农业和绿色食品加工业的后发优势。池州市充分利用这一优势条件，通过发展特色优势农产品以及加工业，发展乡村旅游、休闲农业旅游，成功地将资源环境优势转化成了经济优势。我国相当一部分欠发达地区与池州一样具备良好的生态环境优势，如果能因地制宜，将生态产业做大做强，就能走出一条欠发达地区生态与经济协调发展的新路子。

（2）植入新兴产业是欠发达地区绿色发展的重要抓手。工业基础薄弱，传统产业发展不充分的池州，通过引进资源能源消耗少、经济效益好的环境友好型产业在短时间内建立起绿色生态工业体系，区域产业竞争力得到极大提升。这一经验启示我们，欠发达地区的产业转型升级的成本较低、阻力较小，在绿色低碳产业迅速兴起的当下，欠发达地区要以工业园区为载体，通过招商引资，大力吸引物联网、云计算、3D 打印、节能环保等新兴产业入驻，通过植入新兴产业，实现区域产业转型升级。

（3）学习借鉴发达国家和地区的制度安排是欠发达地区赶超发展的重要保证。国内外发达地区在实现生态与经济协调发展方面有许多好的制度安排，如利用价格机制促进资源节约利用与配置优化，利用财政政策、产业政策、金融政策引导产业转型升级，利用政绩考核机制创新引导经济发展模式从粗放型向集约型转变。池州通过学习借鉴，减少了试错成本，在较短的时间内建立起生态文明的制度安排。其他欠发达地区同样可以通过学习借鉴，尽快建立起生态与经济协调发展的体制机制，以此为绿色发展、科学发展提供制度保障。

（4）用好用足国家扶持政策是欠发达地区科学发展的关键环节。为了全面建成小康社会，促进区域协调发展，国家对欠发达的中、西部地区制定了一系列的政策措施，帮助其加快发展。地处安徽省的池州市较好地利用了国家促进中部地区崛起、支持皖江城市带承接产业转型示范区建设的各项扶持政策，在促进生态与经济协调发展方面建立起自己的新优势。其他欠发达地区也应注意用好用足国家各项扶持政策，借助各种财税政策、产业投资政策、金融政策、土地利用政策等，化政策优势为经济优势，实现科学发展、绿色崛起。

第二章
欠发达地区生态与经济协调发展主要制约因素及原因分析

当前欠发达地区面临着经济增长与生态保护的双重压力，压力之下妥善处理二者关系，实现生态与经济协调发展，是这些地区必须面对的现实难题。对此，有三种代表性的观点：一是走先生态保护、后经济增长之路。持此论者认为当前我国日益恶化的环境问题主要是由于我国工业化和城镇化发展得太快了。要促进经济持续健康发展，必须优先保护生态环境，主张"去快速工业化""去快速城镇化"，甚至"经济零增长"。二是走先经济增长、后生态保护之路。这种观点认为我国环境持续恶化的根源在于我们的发展速度太慢了。要从根本上解决环境污染问题，最重要的是要继续保持高速经济增长，让我们尽快进入以现代服务业为主的高收入阶段。该观点的理论依据是20世纪90年代由美国经济学家格鲁斯曼等人研究提出的环境库兹涅茨曲线假说。此假说认为环境污染与经济增长之间是一种倒"U"形关系，即经济的起步阶段，环境污染程度随着经济增长不断加重；发达阶段，则随着经济的增长逐步减轻。发达工业化国家曾经选择"先经济，后环境"（或"先污染，后治理"）所带来的环境变迁过程与环境库兹涅茨曲线非常吻合，因而这条曲线也是发达工业化国家发展路径的真实历史写照。三是走生态与经济协调发展之路。经济增长与生态保护不是对立的关系，而是矛盾统一体。可以在自然资源与生态环境承载力的基础上实现经济的增长，也可以在不牺牲后代人利益的基础上进行发展。经济增长和环境保护相辅相成。这种发展路径有利于实现经济效益和生态效益的双赢，是欠发达地区经济赶超的绿色之路。

毫无疑问，追求生态保护与经济增长的协调发展是当前我们国家欠发达地区的最优选择，但为什么这条最优路径在推进中碰到种种现实的阻碍，没有被时下人们全面接受，没有成为欠发达地区普适性选择呢？为什么在我国一些欠发达地区仍然存在重经济增长、轻生态保护的行为，一些地方政府为什么仍然选择先开发、后治理，先破坏、后修复的发展道路呢？这些欠发达地区肯定清楚"先污染后治理"发展模式将带来的发展代价，但为什么明知如此，仍然这么"非理性"地"义无反顾"呢？我们认为要回答这些问题，关键是要找寻影响欠发达地区经济行为选择的因素以及选择背后的原因。唯其如此，才能更好阐释欠发达地区道路选择的"非理性"行为，也更有利于全面推进欠发达地区生态环境与经济增长的协调发展。出于此考虑，我们以欠发达地区生态与经济协调发展的制约因素为研究对象，通过问卷调查、探索性因子分析等多种研究方法，对我国欠发达地区生态与经济协调发展的关键性制约因子进行数据挖掘和分析，在此基础上，利用统计分析方法对挖掘出来的这些制约因子是否科学进行验证，力求深入揭示制约我国欠发达地区发展路径选择的影响因素，并对这些制约因素形成的深层次原因进行解析。

一　欠发达地区生态与经济协调发展的主要制约因素的挖掘和识别

（一）欠发达地区生态与经济协调发展制约因素调查问卷的编制

1. 问卷编制目的

为了有效识别制约欠发达地区生态与经济协调发展的主要影响因素，了解当前管理者和企业对影响因素的认知性，进一步探索如何调动各影响

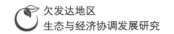
因素积极性以寻找适合欠发达地区生态与经济协调，促进欠发达地区经济赶超，并实现其永续发展的对策和措施，为欠发达区域管理者及企业更好地实施管理提供理论依据和可行方法。

2. 问卷编制原则

问卷编制遵循下列原则：①合理性原则：问卷紧扣调查主题，每个问题都与主题紧密相关；②明确性原则：问卷的语句通顺、通俗易懂；③简洁性原则：语言简练，问卷格式美观；④逻辑性原则：问卷设计问题与问题之间有一定的逻辑关系，单个问题本身也不要出现逻辑上的错误；⑤整体性原则：问卷要尽可能涵盖所需了解的主要问题或情况。

3. 问卷编制步骤

通过对国内外关于生态与经济协调发展的相关文献进行系统梳理后，可发现国内外学者极少运用调查问卷的方法来对欠发达地区生态与经济协调发展的制约因素进行实证研究，因此，为了使调查问卷具有较高信度和效度，本研究报告在借鉴国外成熟调查问卷的基础上，结合既有文献研究内容，采用科学的方法形成调查问卷。

第一，形成调查问卷初稿。按照以上调查问卷设计的原则，首选通过对国内外期刊、论文、学术会议报告、论著等进行文献综述，找出制约欠发达地区生态与经济协调发展影响因素，形成调查问卷初稿。

第二，在确定问卷初稿之后，进行了问卷测试，以评估问卷语意表达的准确性和完整性。首先，在由课题组成员组成的学术讨论会上，对问卷中测量条款的合理性和用词准确性等方面进行专门讨论；其次，与相关研究的学者、咨询行业的专家，以及部分从事经济与环境管理方面的实际工作者进行访谈，共同探讨问卷内容的合理性和布局等。

第三，结合学者、专家和实际工作者的意见和建议，对调查问卷做进一步的修改和补充，问卷设计和内容力求简洁明了，从而得到最终调查问卷。

本调查问卷共包括 16 项测量条款。为保持度量口径的一致，调查问卷采用国际主流的五点式利克特量表（Five Points Likert ScaleS），测量条款的结果被量化成 5——很强、4——较强、3——一般、2——较弱、1——很弱五个级别。各测量条款的来源如表 2-1 所示。

表 2-1　欠发达地区生态与经济协调发展的制约因素测量条款来源

题号	测量条款	测量条款来源
F1	欠发达地区经济发展所处阶段的刚性，使得经济和生态很难兼顾，往往有所侧重，注重快速城市化和工业化，造成经济结构的先天高碳性；长期依赖的粗放型经济增长方式仍然没有根本改变。	朱仁崎、陈晓春（2010）
F2	以 GDP 为核心的领导干部政绩考核体系，过于强调经济增长、工业化、城镇化等 GDP 指标的评价，弱化了生态环境指标、健康指标等的评价；地区分割，导致生态环境保护方面的责权利不统一；无序、不规范的地方过度竞争；分部门的多头管理不仅使生态建设和环境保护的行动难以协调一致，而且容易出现政出多门、政策冲突和政策盲区。	郭杰忠（2008）游德才（2008）邹满玲（2011）
F3	污染治理技术、废物利用技术、节能减排技术和清洁生产技术等有利于生态环境保护的技术创新力度不足；技术提供方缺乏全球公共视野和技术接收方法律不完善等阻碍了国际技术的迅速扩散、转让。	庄贵阳（2009）夏　劲（2012）马艳、吴莲（2013）
F4	我国"富煤、贫油、少气"的能源结构决定了以煤炭等石化燃料为主的能源结构在今后相当长的一段时期内不会发生根本性改变，温室气体排放进一步增加趋势很难得到彻底性扭转；我国能源利用率低下，再生能源开发不足。	郭志达（2009）于　林（2011）
F5	信息披露制度、碳汇制度、激励制度等政府环境规制建设滞后；环保法律法规建设不健全，执行不力、监督不到位，导致注重生态与经济协调发展的外在压力和内在动力严重不足。	卢现祥（2011）许　慧（2014）
F6	民生诉求的单一性，考虑收入分配、福利保障、住房建设、贫富差距等方面因素过多，而缺乏宜居生态环境方面的诉求。	刘传江（2010）
F7	生态与经济协调发展实质上是一种发展模式选择，而这种选择的与否执行在很大程度上取决于政府领导者的意愿与倾向，取决于政府对循环经济、绿色经济、生态经济、低碳经济等新型经济模式的倡导、贯彻执行和政策引导。	汪中华（2005）曾国平（2010）

题号	测量条款	测量条款来源
F8	现在的环境危机，是由我们的贪婪、过度利己主义以及认为科学技术可以解决一切的盲目自满造成的，换句话说，是我们的价值体系导致了这一场危机；传统的发展观，偏重于物质财富的增长，忽视人的全面发展和社会的全面进步，简单地把GDP的增长作为衡量经济社会发展的核心标尺，忽视人文的、资源的、环境的指标，将经济发展和生态保护对立起来；绿色消费观念、可持续消费模式没有形成。	剧宇宏（2009） 蒋长流（2012）
F9	多年来一味地"环保靠政府"，不仅使环保投资主体单一化，也使计划经济时代的计划机制在环保投入领域延续下来。基本建设资金、城市维护费、更新改造资金和超标排污费是最主要的环保投资渠道，资金主要靠各级政府预算资金和预算外资金。但是，政府财政资金有限，导致政府现行的投融资供给能力不足。	王关区（2008） 高　翔（2009）
F10	随着人民生活水平的提高，欠发达地区人口死亡率大幅下降，在一些地区不同程度地出现了人口超载现象，如资料显示，云南、贵州、西藏、甘肃、青海都是土地人口承载力超载区，四川、新疆、陕西为土地人口承载力临界区；欠发达地区是我国的贫困人口聚集地，加剧了对资源的掠夺性开发，使原来脆弱的生态环境进一步恶化。	杨继瑞（2006） 任正晓（2008）
F11	缺乏有效的市场运作机制和价格体系，资源价格不能反映其真实的价值、环境污染得不到等量补偿；污染排放没有按照市场机制运行。	史东明（2011）
F12	参与经济发展和生态环境保护中的各方博弈，比如中央政府与地方政府、企业与政府、企业与公众、官员与官员、这一代与下一代之间等责任行为主体之间的利益博弈，影响欠发达地区生态与经济协调发展。	冯　刚（2008） 秦绪娜（2011） 郑晶等（2013）
F13	新一轮国际产业结构调整过程中，中国承接了相当部分劳动、资本密集型、高消耗、高污染的产业；国家的产业转移政策，使得污染严重的产业从发达的沿海或东部地区向欠发达的中西部转移。	鲍健强等（2008） 金乐琴、刘瑞（2009）

续表

题号	测量条款	测量条款来源
F14	欠发达地区日益恶劣的生态环境，如，工业废气中的二氧化硫、烟尘、工业粉尘等，工业废水中氨氮、化学需氧量、挥发酚等，工业固体废物中钢铁废渣和粉煤灰等超标，物种生存条件恶化；森林和草地锐减，导致严重的水土流失和土壤沙化；水资源严重短缺等。	王晓军、王艳（2007）董立延（2009）
F15	发展中国家遵循发达国家发展的路径；欠发达地区没有因地制宜，照搬照抄发达地区的经济发展模式等。	郭熙保（2013）
F16	人才资源是第一资源。生态与经济协调发展需要有高素质、专业化的人力资本支撑，需要开发、培养和塑造出环境和生态系统的基础设施建设、清洁技术、可再生能源、废物管理、生物多样性、绿色建筑和可持续交通等领域的各类专业技术人才，但欠发达地区受工资、环境等因素的制约，人才"东南飞"的现象非常突出。	李宝元（2011）

4. 设计调查问卷

根据调查问卷设计的原则，本研究对欠发达地区生态与经济协调发展制约因素测量条款进行简化、概括和提炼，设计如表2-2的调查问卷。问卷问题的结果被量化成5级，即用1到5的任何一个数字衡量制约因素的强弱程度：选择5，表示该问项制约欠发达地区生态与经济协调发展的程度很强；选择4，表示该问项对欠发达地区生态与经济协调发展的影响较强；选择3，表示该问项一般；选择2，表示较弱；选择1，表示很弱。

表2-2　欠发达地区生态与经济协调发展的制约因素调查问卷

序号	欠发达地区生态与经济协调发展的制约因素	备选量级				
		1	2	3	4	5
1	经济水平					
2	体制障碍					
3	技术创新					
4	能源禀赋					
5	制度管理					
6	民生诉求					

续表

序号	欠发达地区生态与经济协调发展的制约因素	备选量级				
		1	2	3	4	5
7	政策环境					
8	文化观念					
9	环保投入					
10	人口增长					
11	市场机制					
12	利益博弈					
13	顶层设计					
14	环境污染					
15	路径依赖					
16	人才约束					

5. 问卷调查对象

根据我国欠发达地区的分布情况，结合样本的代表性和调查数据的可获得性，从比较分析角度，本研究选取中部的江西、安徽、湖南、湖北、河南、山西等 6 个省份，西部的四川、贵州、宁夏、陕西、新疆、云南、青海等 7 个省区，还有东部的江苏、山东、天津及东北的辽宁等 4 个省份作为调查样本，调查的省区市规模达到 17 个，涵盖了全国大部分省份。本次调查时间历时 3 个月。调查的对象主要分为三个层面，一是各高校及研究机构研究生态与经济协调发展的主要专家和学者；二是政府的政策研究者与制定者；三是典型企业中的中高层管理者。问卷调查中调查对象的选择是有根据的：一是高校及研究机构中研究生态经济、低碳经济、绿色经济等方面的专家和学者，他们有着深厚的理论基础，同时他们也是这方面制度制定者的参谋；二是政府的政策研究者与制定者，他们有丰富的实践经验；三是中高层管理者，他们不仅来自生产管理的一线，了解欠发达地区生态与经济协调发展的理论问题，同时是这方面的践行者。

调查方式的选择是如何将设计好的问卷发放和收回。由于样本分布在不同省区市，因此调查方式主要有两种：一是选择省外高校及相关的研究机构、政府政策研究者与制定者，还有一些典型企业的，主要通过 Email

的方式完成调研问卷的发放、填写和收回工作；二是选择省内样本的，主要采取书面问卷、Email、直接面对面交流等相结合的方式获取信息。这种调查方式不仅可以提高问卷调查的效率，同时还可以最大限度地保证信息的真实性和可靠性。为了解被调查者的真实想法和感受，本问卷采用不记名的方式填写。

（二）欠发达地区生态与经济协调发展制约因素的描述性统计

本次问卷调查共发放 260 份问卷，经过整理筛选获取了 214 份有效问卷，有效问卷回收率达到 82.31%。其中，问卷的筛选和处理主要是根据以下原则进行的：一是问卷如果存在漏答，即没有全部填写完的问卷，一律不采用；二是问卷答案如果呈现规律性的作答，一律不采用；三是如果问卷答案中全部选择一个量级值的问卷，一律不采用；四是针对问卷表中的全部 16 个制约因素，如果答案都仅仅选择很弱、较弱或者很强、较强这两个极端量值的问卷，一律不采用。

问卷中各测量条款的极值、均值、标准差等描述性统计量如表 2-3 所示。均值反映了变量所有取值的平均水平，并代表样本数据的集中趋势，本研究以算术平均数为计算标准。通过表 2-1，我们可以看出"F1：欠发达地区经济发展所处阶段的刚性，使得经济和生态很难兼顾，往往有所侧重，注重快速城市化和工业化，造成经济结构的先天高碳性；长期依赖的粗放型经济增长方式仍然没有根本改变""F2：以 GDP 为核心的领导干部政绩考核体系，过于强调经济增长、工业化、城镇化等GDP 指标的评价，弱化了生态环境指标、健康指标等的评价；地区分割，导致生态环境保护方面的责权利不统一；无序、不规范的地方过度竞争；分部门的多头管理不仅使生态建设和环境保护的行动难以协调一致，而且容易出现政出多门、政策冲突和政策盲区""F3：污染治理技术、废物利用技术、节能减排技术和清洁生产技术等有利于生态环境保护的技术创新力度不足；技术提供方缺乏全球公共视野和技术接收方法律不完善等阻碍了国际技术的迅速扩散、转让""F5：信息披露制度、碳汇制度、激励制度等政府环境规制建设滞后；环保法律法规建设还不健全，执行不力、监督不到位，导致注重生态与经济协调发展的外在压力和内在动力严重不足""F7：生态与经济协调发展实质上是一种发展模式选择，而这种选择与否和执行在很大程度上取决于政府领导者的意愿与倾向，取决于政府对循环经济、绿色经济、生态经济、低碳经济等新型经济模式的倡导、贯彻执行和政策引导"等测量条款对欠发达地区生态与经济协调发展影响较大。

标准差可以反映调查样本数据的分散程度。标准差越小，代表样本数据的同构型越高，即数值越集中在平均数的附近；反之，标准差越大，代表样本数据同构型越低，越具有异质性，即数值越分散。从表2－1中，可以看出"F4：我国'富煤、贫油、少气'的能源结构决定了以煤炭等石化燃料为主的能源结构在今后相当长的一段时期内不会发生根本性改变，温室气体排放进一步增加趋势很难得到彻底性扭转；我国能源利用率低下，再生能源开发不足""F9：多年来一味地'环保靠政府'，不仅使环保投资主体单一化，也使计划经济时代的计划机制在环保投入领域延续下来。基本建设资金、城市维护费、更新改造资金和超标排污费是最主要的环保投资渠道，资金主要靠各级政府预算资金和预算外资金。但是，由于政府财政资金有限，导致政府现行的投融资供给能力不足""F10：随着人民生活水平的提高，欠发达地区人口死亡率大幅下降，在一些地区不同程度地出现了人口超载现象，如资料显示，云南、贵州、西藏、甘肃、青海都是土地人口承载力超载区，四川、新疆、陕西为土地人口承载力临界区；欠发达地区是我国的贫困人口聚集地，加剧了对资源的掠夺性开发，使原来脆弱的生态环境进一步恶化""F13：新一轮国际产业结构的调整过程中，中国承接了相当部分劳动、资本密集型、高消耗、高污染的产业；国家的产业转移政策，使得污染严重的产业从发达的沿海或东部地区向欠发达的中、西部转移""F14：欠发达地区日益恶劣的生态环境，如，工业废气中的二氧化硫、烟尘、工业粉尘等，工业废水中氨氮、化学需氧量、挥发酚等，工业固体废物中钢铁废渣和粉煤灰等超标，物种生存条件恶化；森林和草地锐减，导致严重的水土流失和土壤沙化；水资源严重短缺等"五项测量条款评价值的标准差均大于1，这表明这些测量条款的评价值比较分散，不同调查人员对这些测量条款的评分存在较大差异。

表2-3　各测量条款调查统计数据分析表

测量条款	最小值	最大值	平均值	标准差
F1	3	5	4.40625	0.744117556
F2	2	5	4.21875	0.738849401
F3	3	5	4.25	0.707106781
F4	1	5	3.5	1.118033989
F5	2	5	4.0	0.790569415
F6	2	5	3.5625	0.863767185
F7	2	5	3.96875	0.809489615
F8	2	5	3.8125	0.881670999
F9	2	5	3.71875	1.007297591
F10	1	5	3.03125	1.424876639
F11	2	5	3.9375	0.863767185
F12	1	5	3.71875	0.874441786
F13	2	5	3.8125	1.013579671
F14	2	5	3.8125	1.157516199
F15	2	5	3.40625	0.963696497
F16	2	5	3.5625	0.826797285

（三）欠发达地区生态与经济协调发展主要制约因素的 F-A 分析

1. F-A 分析法

在社会、经济等领域的研究中往往需要对反映事物的多个变量进行大量的观察，收集大量的数据以便进行分析，寻找规律。在大多数情况下，许多变量之间存在一定的相关关系。因而，有可能用较少的综合指标分析存在于各变量中的各类信息，而各综合指标之间彼此是不相关的，代表各类信息的综合指标成为因子。F－A 分析法就是用少数几个因子来描述许多指标或因素之间的关系，以较少几个因子反映原始资料大部分信息的统计学方法。F－A 分析的出发点是用较少的相互独立的因子变量来代替原来变量的大部分信息，可以通过如下的数学模型来表示：

$$\begin{cases} x_1 = a_{11}F_1 + a_{12}F_2 + \cdots + a_{1k}F_m + \omega_1 \\ x_2 = a_{21}F_1 + a_{22}F_2 + \cdots + a_{2k}F_m + \omega_2 \\ \qquad\qquad \cdots \\ x_p = a_{p1}F_1 + a_{p2}F_2 + \cdots + a_{pk}F_m + \omega_p \end{cases} \tag{2.1}$$

其中，x_1，x_2，$\cdots$，x_p 为 p 个原有变量，它们是均值为零、标准差为 1 的标准化变量，$F_1, F_2, \cdots, F_m$ 为 m 个因子变量，m 小于 p，表示成矩阵形式为 $X = AF + a\varepsilon$。

其中，F 为因子变量或公共因子，可以将它们理解为在高维空间中互相垂直的 m 个坐标轴。A 为因子载荷矩阵，a_{ij} 为因子载荷，是第 i 个原有变量在第 j 个因子变量上的负荷。如果把变量 x_i 看成 m 维因子空间中的一个向量，则 a_{ij} 为 x_i 在坐标轴 F_j 上的投影，相当于多元回归中的标准回归系数。ε 为特殊因子，表示原有变量不能被因子变量所解释的部分，相当于多元回归分析中的残差部分。下面解释因子分析中的几个重要概念。

（1）因子载荷：即在各个因子变量不相关的情况下，因子载荷 a_{ij} 即第 i 个原有变量和第 j 个因子变量的相关系数，表 x_i 在第 j 个公共因子变量上的相对重要性。因而，a_{ij} 绝对值越大，则公共因子 F_j 和原有变量 x_i 关系越强。

（2）变量共同度：也称公共方差，反映全部公共因子变量对原有变量 x_i 的总方差解释说明的比例。原有变量 x_i 的方差可以表示成两部分：h^2 和 ε_i^2。第一部分 h^2 反映公共因子对原有变量方差的解释比例，第二部分 ε_i^2

反映原有变量的方差中无法被公共因子表示的部分。因此，第一部分越是接近于1，就说明公共因子解释原有变量的信息越多。其中 $h_i^2 = \sum\limits_{j=1}^{m} a_{ij}^2$。

（3）公共因子 F_j 的方差贡献：公共因子 F_j 的方差贡献定义为 $S_i = \sum\limits_{i=1}^{p} a_{ij}^2$，反映该因子对所有原始变量总方差的解释能力，其数据值越高，说明因子重要程度越高。F – A 分析的基本步骤：一是进行 F – A 适用性分析；二是共同度分析；三是公共 Factor 的萃取，四是利用旋转使得 Factor 变量更具有可解释性；五是进行公共 Factor 的命名和解释。本部分以下内容按该逻辑步骤进行。

本研究对调查问卷收集到的数据使用经济社会科学领域使用频率最高的统计软件包 SPSS19.0 进行 F – A 分析，从调研数据中对欠发达地区生态与经济协调的制约因素进行归类，提取主要制约因素来简化问题分析。

2. KMO 和 Bartlett 检验

F – A 分析的前提是变量之间的相关性。只有变量之间相关性较高，才适合进行 F – A 分析。变量间相关性检验的方法主要有：一是 KMO 样本测度。它是指所有变量的简单相关系数的平方和与这些变量之间的偏相关系数的平方和之差，用来检验当前 F – A 分析的样本数量是否足够，是检验数据样本是否适合进行 F – A 分析的指标。一般而言，KMO 在 0.9 以上，认为是非常适合因子分析；0.8 ~ 0.9，很适合；0.6 ~ 0.8，可以；0.5 ~ 0.6，不太合适；0.5 以下，不适合进行因子分析。二是 Bartlett 检验。Bartlett 检验统计值的概率显著性小于等于 0.001 时，拒绝原假设，可以做因子分析。

对本研究选取的 16 个变量进行 KMO 和 Bartlett 检验，数据处理结果如表 2 – 4 所示。样本的 KMO 测试系数为 0.842；同时，Bartlett 检验结果看，样本分布的球形 Bartlett 卡方检验值为 875.010，Sig 值为 0.000 小于 0.001，这表明总体相关矩阵并不是恒等矩阵，可以对样本数据进行 F – A 分析。

表 2 – 4　KMO 和 Bartlett 检验

KMO 测试系数		0.842
Bartlett 检验	Chi – Square 值	875.010
	Sig.	0.000

3. 共同度分析

对整体数据进行 F – A 分析，如表 2 – 5 所示，给出了 16 项欠发达地区生态与经济协调发展制约因素测量条款的初始共同度和提取 4 个主要制约因素之后的再生共同度。其中，F6 变量的最终共同度只有 0.384，意味着这个变量的信息有所丢失，但整体看变量信息丢失的程度较低。

表 2 – 5　欠发达地区生态与经济协调发展制约因素测量条款共同度

测量条款	初始变量共同度	最终变量共同度
F1	1.000	0.625
F2	1.000	0.777
F3	1.000	0.584
F4	1.000	0.845
F5	1.000	0.641
F6	1.000	0.384
F7	1.000	0.721
F8	1.000	0.708
F9	1.000	0.849
F10	1.000	0.817
F11	1.000	0.733
F12	1.000	0.639
F13	1.000	0.569
F14	1.000	0.683
F15	1.000	0.800
F16	1.000	0.837

4. 方差分析

在表 2 – 5 数据的基础上做进一步分析，表 2 – 6 给出了主要制约因素

的初始和经旋转后的特征值、方差贡献率和累计方差贡献率。根据公共因
子特征值大于 1 的选取原则，提取前 4 个因子为公共因子。经过方差最大
旋转后，被提取出来的 4 个公共因子特征值分别为 3.967、3.036、2.287、
1.920，方差贡献率分别为 24.793%、18.974%、14.296%、12.001%，累
计方差贡献率为 70.065%。显然这 4 个公共因子能够较好解释 16 项测量
条款的大部分方差，因此，可以把它们当作欠发达地区生态与经济协调发
展的关键制约因素。

表 2 - 6 公共因子及解释方差总和

公共因子	初始特征值			旋转平方载荷总和		
	特征值	方差贡献率（%）	累计方差贡献率（%）	特征值	方差贡献率（%）	累计方差贡献率（%）
GF1	5.507	34.419	34.419	3.967	24.793	24.793
GF2	2.684	16.776	51.195	3.036	18.974	43.768
GF3	1.773	11.080	62.275	2.287	14.296	58.064
GF4	1.246	7.790	70.065	1.920	12.001	70.065
GF5	0.884	5.523	75.588			
GF6	0.819	5.118	80.706			
GF7	0.799	4.994	85.700			
GF8	0.534	3.335	89.035			
GF9	0.520	3.250	92.285			
GF10	0.340	2.125	94.410			
GF11	0.330	2.060	96.470			
GF12	0.218	1.361	97.831			
GF13	0.134	0.840	98.670			
GF14	0.093	0.582	99.252			
GF15	0.084	0.523	99.775			
GF16	0.036	0.225	100.000			

5. 载荷分析

表 2 - 7 显示的是旋转前的因子载荷矩阵。因子载荷矩阵中给出每一个
变量在两个因子上的载荷。从表中可以看出，在旋转前的载荷矩阵中，所

有变量在一个因子上的载荷都比较高，即与第一个因子的相关程度较高，第一个因子解释了大部分变量的信息；而其他因子与原始变量的相关程度较小，对原始变量的解释效果不明显。可见，这种载荷矩阵虽然保证了因子之间的正交性，但因子对变量的解释能力比较弱，不容易解释和命名。

表 2 - 7　旋转前因子载荷矩阵

测量条款	Component			
	GF1	GF2	GF3	GF4
F1	0.411	− 0.499	0.045	0.453
F2	0.073	0.250	0.785	0.306
F3	0.575	0.483	0.014	− 0.144
F4	0.637	− 0.631	− 0.200	− 0.039
F5	0.278	0.435	0.500	− 0.353
F6	0.522	0.277	− 0.085	− 0.165
F7	0.636	0.477	0.293	0.055
F8	0.658	− 0.280	− 0.291	− 0.334
F9	0.859	− 0.221	0.246	0.045
F10	0.680	− 0.515	0.129	0.269
F11	0.463	− 0.415	0.191	− 0.557
F12	0.504	0.476	− 0.154	0.367
F13	0.673	0.320	− 0.111	0.033
F14	0.677	− 0.256	0.381	− 0.114
F15	0.738	0.132	− 0.358	0.330
F16	0.533	0.522	− 0.514	− 0.128

为了能够更好地解释各个因子的经济含义，同时在保持原有指标与公共因子内在结构不变的前提下，本研究对初始载荷矩阵进行因子旋转。这里选择斜交旋转法，旋转后使得每个指标只在少数公共因子上有较大载荷，而且每个公共因子上各指标的载荷系数向 0 和 1 两极转化，从而使得公共因子有更好的现实意义。旋转后累计方差贡献率仍然不变，即反映原始变量的信息比重没有变。旋转后得到的载荷矩阵如表 2 - 8 所示。

表 2 - 8　旋转后因子载荷矩阵

测量条款	Component			
	GF1	GF2	GF3	GF4
F1	- 0. 131	0. 853	- 0. 112	0. 050
F2	- 0. 110	0. 197	- 0. 233	0. 902
F3	0. 703	- 0. 194	0. 127	0. 161
F4	- 0. 029	0. 610	0. 451	- 0. 333
F5	0. 235	- 0. 396	0. 362	0. 528
F6	0. 554	- 0. 111	0. 196	- 0. 002
F7	0. 380	0. 023	0. 008	0. 719
F8	0. 589	0. 147	0. 277	- 0. 393
F9	0. 220	0. 549	0. 360	0. 249
F10	- 0. 041	0. 833	0. 178	0. 097
F11	- 0. 199	0. 030	0. 903	- 0. 050
F12	- 0. 433	0. 170	0. 784	0. 129
F13	0. 709	0. 078	0. 023	0. 049
F14	0. 004	0. 387	0. 504	0. 310
F15	0. 746	0. 435	- 0. 225	- 0. 156
F16	0. 966	- 0. 281	- 0. 024	- 0. 327

6. 因子的命名与解释

从表 2 - 8 中的数据可以看出，将 F3、F6、F8、F13、F15、F16 归为关键制约因子 GF1，其因子载荷分别为 0. 703、0. 554、0. 589、0. 709、0. 746、0. 966，其中，F16 因子载荷值最大，可以判断出 GF1 关键制约因子与 F16 的相关性最高。根据 F16 测量条款的内容，我们把 GF1 命名为人力资源开发因子。其具体情况如表 2 - 9 所示。

将 F1、F4、F9、F10 归为关键制约因子 GF2，其因子载荷分别为 0. 853、0. 610、0. 549、0. 833，其中，F1 因子载荷值最大，可以判断出 GF2 关键制约因子与 F1 相关性很强。根据 F1 测量条款的内容，我们把 GF2 命名为经济发展阶段因子。其具体情况如表 2 - 10 所示。

表 2-9　人力资源开发因子的命名与解释

	题号	测量条款	人力资源开发因子解释
人力资源开发因子	F3	污染治理技术、废物利用技术、节能减排技术和清洁生产技术等有利于生态环境保护的技术创新力度不足；技术提供方缺乏全球公共视野和技术接收方法律不完善等阻碍了国际技术的迅速扩散、转让。	人力资源是第一资源，是经济社会发展的内生动力，是最具活力和创造力的生产要素。无论是经济发展理念的提出、发展路径的选择，还是科技创新，都必须以人力资源的开发为重要支撑，需要高素质的创新人才。事实表明，人力资源是发展中国家或者欠发达地区实现经济赶超、经济生态协调发展的重要保证。
	F6	民生诉求的单一性，考虑收入分配、福利保障、住房建设、贫富差距等因素过多，而缺乏宜居生态环境方面的诉求。	
	F8	现在的环境危机，是由我们的贪婪、过度利己主义以及认为科学技术可以解决一切的盲目自满造成的，换句话说，是我们的价值体系导致了这一场危机；传统的发展观，偏重于物质财富的增长，忽视人的全面发展和社会的全面进步，简单地把 GDP 的增长作为衡量经济社会发展的核心标尺，忽视人文的、资源的、环境的指标，将经济发展和生态保护对立起来；绿色消费观念、可持续消费模式没有形成。	
	F13	新一轮国际产业结构调整过程中，中国承接了相当部分劳动、资本密集型、高消耗、高污染的产业；国家的产业转移政策，使得污染严重的产业从发达的沿海或东部地区向欠发达的中西部转移。	
	F15	发展中国家遵循发达国家发展的路径；欠发达地区没有因地制宜，照搬照抄发达地区的经济发展模式等。	
	F16	人才资源是第一资源。生态与经济协调发展需要有高素质、专业化的人力资本支撑，需要开发、培养和塑造出环境和生态系统的基础设施建设、清洁技术、可再生能源、废物管理、生物多样性、绿色建筑和可持续交通等领域的各类专业技术人才，但欠发达地区受工资、环境等因素的制约，人才"东南飞"的现象非常突出。	

表2-10　经济发展阶段因子的命名与解释

题号	测量条款	经济发展阶段因子解释
经济发展阶段因子	F1	欠发达地区经济发展所处阶段的刚性，使得经济和生态很难兼顾，往往有所侧重，注重快速城市化和工业化，造成经济结构的先天高碳性；长期依赖的粗放型经济增长方式仍然没有根本改变。	城市化和工业化是衡量经济发展阶段的重要指标；能源结构也与经济发展的阶段呈高度相关关系，随着经济不断发展，新型能源将不断涌现；而财力不足、环保投入过低、人口贫困化等是经济发展水平欠发达的典型表现。
	F4	我国"富煤、贫油、少气"的能源结构决定了以煤炭等石化燃料为主的能源结构在今后相当长一段时期内不会发生根本性改变，温室气体排放进一步增加趋势很难得到彻底性扭转；我国能源利用率低下，再生能源开发不足。	
	F9	多年来一味地"环保靠政府"，不仅使环保投资主体单一化，也使计划经济时代的计划机制在环保投入领域延续下来。基本建设资金、城市维护费、更新改造资金和超标排污费是最主要的环保投资渠道，资金主要靠各级政府预算资金和预算外资金。但是，政府财政资金有限，导致政府现行的投融资供给能力不足。	
	F10	随着人民生活水平的提高，欠发达地区人口死亡率大幅下降，在一些地区不同程度地出现了人口超载现象，如资料显示，云南、贵州、西藏、甘肃、青海都是土地人口承载力超载区，四川、新疆、陕西为土地人口承载力临界区；欠发达地区是我国的贫困人口聚集地，加剧了对资源的掠夺性开发，使原来脆弱的生态环境进一步恶化。	

将 F11、F12、F14 归为关键制约因子 GF3，其因子载荷分别为 0.903、0.784、0.504。根据上述因子载荷值大小与关键制约因子的相关性强弱判断原则，我们可以认为 GF3 与 F11 所测量的内涵关系最为紧密，可把它命名为资源环境市场因子。其具体情况如表 2-11 所示。

表 2 - 11　资源环境市场因子的命名与解释

	题号	测量条款	市场运行机制因子解释
资源环境市场因子	F11	缺乏有效的市场运作机制和价格体系，资源价格不能反映其真实的价值、环境污染得不到等量补偿；污染排放没有按照市场机制运行。	市场在资源配置过程中起决定性作用。而生态环境保护中的各方之间展开的利益博弈，以及生产过程中人们的经济自利行为，导致的各种环境污染、生存条件恶化等负外部性，都是资源环境市场价格机制没有建立的具体体现。
	F12	参与经济发展和生态保护中的各方博弈，比如中央政府与地方政府、企业与政府、企业与公众、官员与官员、这一代与下一代之间等责任行为主体之间的利益博弈，影响欠发达地区生态与经济协调发展。	
	F14	欠发达地区日益恶劣的生态环境，如，工业废气中的二氧化硫、烟尘、工业粉尘等，工业废水中氨氮、化学需氧量、挥发酚等，工业固体废物中钢铁废渣和粉煤灰等超标，物种生存条件恶化；森林和草地锐减，导致严重的水土流失和土壤沙化；水资源严重短缺等。	

将 F2、F5、F7 归为关键制约因子 GF4，其因子载荷值分别为 0.902、0.528、0.719。我们把这个关键制约因子命名为生态文明体制因子。具体情况如表 2 - 12 所示。

表 2 - 12　生态文明体制因子的命名与解释

	题号	测量条款	生态文明体制因子解释
生态文明体制因子	F2	以 GDP 为核心的领导干部政绩考核体系，过于强调经济增长、工业化、城镇化等 GDP 指标的评价，弱化了生态环境指标、健康指标等的评价；地区分割，导致生态环境保护方面的责权利不统一；无序、不规范的地方过度竞争；分部门的多头管理不仅使生态建设和环境保护的行动难以协调一致，而且容易出现政出多门、政策冲突和政策盲区。	生态文明体制需要完善的发展成果考核评价体系，纠正单纯以经济增长速度为评定政绩的偏向，加大资源消耗、环境损害、生态效益等指标的权重；
	F5	信息披露制度、碳汇制度、激励制度等政府环境规制建设滞后；环保法律法规建设不健全，执行不力、监督不到位，导致注重生态与经济协调发展的外在压力和内在动力严重不足。	

	题号	测量条款	生态文明体制因子解释
生态文明体制因子	F7	生态与经济协调发展实质上是一种发展模式选择，而这种选择与否和执行在很大程度上取决于政府领导者的意愿与倾向，取决于政府对循环经济、绿色经济、生态经济、低碳经济等新型经济模式的倡导、贯彻执行和政策引导。	还需要建立系统完整的生态文明制度体系；改革生态环境保护管理体制等。政府应在文明生态体制改革深化中发挥更重要的作用。

（四）欠发达地区生态与经济协调发展主要制约因素的信度、效度检验

上述研究的原始资料来源于问卷调查，那么问卷调查获取的数据是否有效呢？解决这个问题就必须对问卷质量进行度量，而衡量一份问卷质量的两个重要指标是信度（Reliability）和效度（Validity）。信度是测量的一致性，说明该问卷可靠性程度；效度则是指测量的真实性和准确度，也就是能够有效测量出所要问卷内容的程度。一个效度高的问卷信度必然高，但一个信度高的问卷效度不一定高；反之，问卷信度低，效度必然低，但问卷效度低，信度却不一定低。在检查问卷调查的效度和信度时，研究者应在确保效度的前提下，努力提高问卷的信度。只有信度和效度都有保证的问卷调研得到的数据才有决策价值。

1. 信度分析

在心理测量学中，信度（Reliability）也称可靠性，它被定义为在一组测验分数中，真分数变异数和实得分数变异数的比值。它指的是心理测验或量表的可靠性，即测量的一致性或稳定性程度。量表标准化的重要指标之一是信度检验，它是指测验分数的特性或测量结果，而非指测验或测量工具本身，检验量表的信度即检验量表的可靠性程度或测量的一致性程度。Cronbach's α 系数是度量信度的一种重要方法，它是利用各题得分的方差、协方差矩阵，或相关系数的矩阵来计算同质性，得出唯一的信度系数，得出的 Cronbach's α 系数越高，则代表其测量的内容越趋于一致，量

表越稳定。除 *Cronbach's* α 模型以外，还有拆半信度系数模型（Split – Half Rellability）、Guttam 模型、Parallel 模型等。虽然不同研究者对信度系数的界限值有不同的看法，但大多数观点认为，0.60 ~ 0.65 是不可信；0.65 ~ 0.70 是最小可接受值；0.70 ~ 0.80 相当好；0.80 ~ 0.90 非常好。

本研究信度检验分别采用 *Cronbach's* α 系数模型和拆半信度系数模型（Split – Half Rellability）对整个量表信度进行测度、对比检验，信度系数见表 2 – 13。

表 2 – 13　信度分析的 *Cronbach's* α 系数

Cronbach's Alpha	N of items
0.861	16

从信度分析 *Cronbach's* α 系数来看，信度系数为 0.861，大于 0.8；拆半信度系数中，*Correlation Between Forms*（是拆分两部分量表总分的相关系数），为 0.764，总体上该调查评估表编制的内在信度是比较理想的。

表 2 – 14　信度分析的拆半信度系数

Cronbach's Alpha Part1 Value	0.644
N of items	8 （A）
Cronbach's Alpha Part2 Value	0.822
N of items	8 （B）
Total N of items	16
Correlation Between Forms	0.764
Spearman – Brown Equal Length	0.866
Coefficient Unequal Length	0.866
Guttman Split – Half Cofficient	0.823

A　The Items are：Factor1，Factor2，Factor3，Factor4，Factor5，Factor6，Factor7，Factor8

B　The Items are：Factor9，Factor10，Factor11，Factor12，Factor13，Factor14，Factor15，Factor16

2. 效度分析

本问卷的效度检验采用结构效度。结构效度是指测量结果能够反映所要测量的某个潜在变量的程度，也就是指测验在多大程度上验证了测量变量的理论结构，结构效度的检验主要通过因素分析的方法得以实现。一般情况下，由因子分析得到的各因子累计方差解释率达到60%以上，就表明量表具有良好的结构效度。根据以上探索性因子分析的结果，4个公共因子累计方差的解释率为70.065%，说明问卷的结构效度良好。

二 欠发达地区生态与经济协调发展的主要制约因素及制约原因分析

（一）欠发达地区人力资源因素制约生态与经济协调发展的原因分析

已有的研究表明，阻碍经济社会发展的最主要障碍并不是自然资源，也不是物质资本、制度资本，而是人力资本。人力资源发展的滞后使得物质资本与自然资本不能够有效充分运用，使得先进的技术无法实施，先进的制度安排、具有前瞻性的经济社会发展思想无法诞生。因此，人力资源已成为许多发展中国家或地区经济社会发展的"瓶颈"或"短边"生产要素。人力资本理论之父、诺贝尔经济学奖获得者舒尔茨所做的关于"穷人经济学"的演讲中，指出穷国贫困的关键因素不是别的，而是人力资源，进行人力资源开发，改善人口质量，提升人力资本存量，可以显著地转变穷人的观念，提高穷人的经济前途和福利。因此，欠发达地区生态与经济协调发展的主要制约因素是人力资源因素，而制约欠发达地区人力资源开发的原因主要有以下几个方面。

1. 欠发达地区人力资源开发力度严重不足，人口整体素质重心偏低

第一，从人口受教育程度统计指标来看，中、西部欠发达地区人口受教育程度重心偏低，初中后的教育发展滞后。比如，2012年全国6岁及以上人口受教育程度抽样调查中，未上过学的人口占比全国的平均水平为5.29%，中部地区（5.36%）和西部地区（7.00%）均高于全国平均水平；小学教育

程度人口占比全国的平均水平为 26.88%，中部地区和西部地区分别为
26.36%、33.19%，均高于全国平均水平；初中教育程度人口占比全国的平
均水平为 41.11%，中部地区为 43.01%，高于全国平均水平，西部地区为
37.03%，低于全国平均水平；高中教育程度全国的平均水平为 16.12%，中
部地区为 16.48%，仅比全国高 0.36 个百分点，西部地区为 13.71%，低于
全国平均水平；大专以上受教育程度全国的平均水平为 10.59%，中部地区
和西部地区分别为 8.78%、9.07%，均低于全国平均水平，这表明中、西部
地区人口受教育程度不高，特别是西部地区初中后教育严重不足，高素质人
才短缺，人力资源结构性矛盾突出。如表 2 - 15 和 2 - 16 所示。

表 2 - 15　2012 年分地区人口受教育程度分布情况

单位:%

地　区	未上过学	小　学	初　中	高　中	大专以上
全　国	5.292094	26.88142	41.11207	16.1224	10.59201
东　部	4.639621	23.73103	41.74488	17.54819	12.33678
中　部	5.36161	26.35791	43.01272	16.48227	8.784406
西　部	6.99687	33.18643	37.03278	13.71023	9.074748
东　北	2.579725	22.68812	45.32489	16.21199	13.19756

注：本表数据是 2012 年全国人口变动情况抽样调查样本数据，抽样比为 0.831‰，抽样调查
样本数据年龄是 6 岁及以上人口；数据经过计算处理，表 2 - 16 同。

表 2 - 16　分地区人口受教育程度分布情况

单位:%

地　区	未上过学	小　学	初　中	高　中	大专以上
北　京	1.647717	9.892382	28.85633	22.24722	37.35028
天　津	2.657718	16.86801	35.7047	21.92394	22.84564
河　北	4.267244	24.81556	50.70196	14.43127	5.787551
山　西	2.853318	21.27307	46.02297	20.3114	9.535719
内蒙古	4.403511	24.46168	41.88693	17.19053	12.06246
辽　宁	2.576764	20.06073	44.3158	14.54963	18.49991
吉　林	2.201936	24.49654	45.66723	18.66599	8.968301
黑龙江	2.852196	24.42499	46.24281	16.37807	10.1052

续表

地　区	未上过学	小　学	初　中	高　中	大专以上
上　海	2.44825	12.62478	40.60103	21.2567	23.0745
江　苏	5.611441	23.62365	39.53399	17.77599	13.45493
浙　江	5.505371	26.89153	37.09368	15.55504	14.95437
安　徽	8.036665	28.39115	40.86535	12.45249	10.25435
福　建	5.551139	31.90695	38.94438	15.77892	7.818603
江　西	3.93036	29.79213	40.19157	17.80016	8.285781
山　东	6.540532	25.80812	42.59632	15.28732	9.767707
河　南	5.494017	24.79803	48.53141	14.51514	6.660004
湖　北	5.978851	23.46538	38.72398	19.60584	12.22372
湖　南	4.575432	29.7951	41.17693	17.11579	7.336738
广　东	3.014788	23.01041	43.34168	20.87124	9.761882
广　西	4.072758	34.34702	42.87338	12.2268	6.482876
海　南	4.606526	22.41252	45.50421	17.23018	10.24657
重　庆	5.379843	34.12296	35.68051	14.84229	9.974402
四　川	6.897153	32.9726	37.08269	13.13359	9.915548
贵　州	11.41227	36.94346	34.87124	10.21098	6.565808
云　南	8.355316	41.30731	31.34979	12.22059	6.769778
西　藏	34.30532	42.92453	13.37907	5.102916	4.245283
陕　西	5.341468	23.1859	41.97594	18.81715	10.67616
甘　肃	8.822359	33.79749	33.01671	15.46151	8.90193
青　海	14.47667	36.54282	28.13774	11.25963	9.583145
宁　夏	7.317073	33.13848	37.71417	12.71921	9.111066
新　疆	3.719692	31.70905	37.95387	13.18155	13.43584

　　第二，从人均受教育年限指标来看，中部地区基本能与全国水平持平，但西部地区人均受教育年限明显低于全国的平均水平。平均受教育年限是评价一个地区人口受教育水平的重要指标。考虑到各级教育阶段受教育年限变动方面的因素，这里将大学、高中（包括中专）、初中、小学教育阶段分别按15年、11年、8年和5年计算，不识字和识字很少者则按1.5年计算，这样根据加权平均数方法可以得到目前我国各地区15岁及以

上人口平均受教育年限，如表 2 - 17 所示。从中可知，2012 年全国 15 岁
以上人口平均受教育年限达到 9.1 年，而西部地区除陕西和新疆外，重庆、
四川、贵州、云南、西藏、甘肃、青海和宁夏均低于全国平均水平。

表 2 - 17　2012 年全国各地区受教育年限与高等教育毛入学率情况

地区	15 岁以上人口平均受教育年限（年）	高等教育毛入学率（%）	地区	15 岁以上人口平均受教育年限（年）	高等教育毛入学率（%）
全　国	9.1	30	河　南	8.9	27.22
北　京	11.7	不计算	湖　北	9.0	37.37
天　津	10.4	57	湖　南	9.2	30
河　北	9.1	未公布	广　东	9.2	28.2
山　西	9.7	32.5	广　西	9.2	24
内蒙古	10.7	31.2	海　南	8.8	28.06
辽　宁	9.3	48	重　庆	8.7	34.1
吉　林	8.8	41	四　川	8.4	28.4
黑龙江	9.0	38.75	贵　州	7.7	25.5
上　海	9.0	不计算	云　南	7.8	24.3
江　苏	9.6	47.1	西　藏	5.2	27.4
浙　江	9.2	49.5	陕　西	9.4	未公布
安　徽	9.5	30.6	甘　肃	8.2	24
福　建	9.5	33.5	青　海	7.9	31.59
江　西	9.4	29.5	宁　夏	8.8	28.09
山　东	8.3	未公布	新　疆	9.3	27.29

注：人均受教育年限为人口普查指标，按各省第六次人口普查公报计算，该指标每 10 年公布
一次；高等教育毛入学率教育部未统一测算，由各省自行测算，部分省不公布不测算。

第三，从高等教育毛入学率指标来看，中、西部地区高等教育发展严
重不足，与沿海发达地区相比存在较大差距。高等教育毛入学率是指高等
教育在学人数与适龄人口之比。高等教育毛入学率通常作为衡量一个国家
高等教育发展的相对规模。国际上通常认为，高等教育毛入学率在 15% 以
下时属于精英教育阶段，15% ~ 50% 为高等教育大众化阶段，50% 以上为
高等教育普及化阶段。从表 2 - 17 可知，2012 年我国高等教育毛入学率达

到30%，表明我国已经进入了高等教育大众化发展阶段，其中，天津市高等教育毛入学率为57%，北京市虽然没有统计，但该指标肯定要高于50%；江苏、浙江两省的高等教育毛入学率也接近50%，意味着东部这些发达地区部分进入了高等教育普及阶段；而欠发达的中、西部地区，尤其是西部地区高等教育毛入学率非常低，大多数低于全国平均水平，与东部发达地区存在较大的差距。

2. 欠发达地区存在或轻或重的公共财政教育投入偏低问题，在生均教育经费投入上尤为明显

人力资源是第一资源，是经济社会发展的内生动力。经过多年的努力，我国已成为人力资源大国，但还不是人力资源强国。为了建成人力资源强国，近年来，我国教育总体投入不断增加，如2011年，全国公共财政教育投入16149.74亿元，2012年达到20314.17亿元，增长了25.79%。但从各地区公共财政教育投入情况来看，2012年公共财政教育投入靠前的基本是一些经济发达地区，其中，江苏、山东、河南和广东四个省份的公共财政投入均达到1000亿元以上，排名靠后的基本上是我国一些中、西部经济欠发达地区。另外从人均公共财政教育投入指标看，全国人均公共财政教育投入为1500.308元，其中除西藏、青海、宁夏、新疆之外，北京、天津、内蒙古、辽宁、吉林、上海、江苏、浙江、海南、陕西均高于全国平均水平，这些省区市大多数是我国经济发达地区；而低于全国平均水平的则大多数是我国经济欠发达的中、西部地区，如表2-18、2-19所示。因此，要促进中部地区生态与经济协调发展，必须改变公共财政教育支出地域结构失衡状况，向中、西部这些"低处"倾斜。

表2-18　分地区公共财政教育支出情况

单位：亿元

地　区	2011 年	2012 年	增长比例（%）
全　国	16149.74	20314.17	25.79
北　京	528.20	611.92	15.85

续表

地　区	2011 年	2012 年	增长比例（％）
天　津	302.90	378.75	25.04
河　北	594.69	795.83	33.82
山　西	413.15	490.29	18.67
内蒙古	373.29	420.23	12.57
辽　宁	539.00	722.57	34.06
吉　林	332.50	451.05	35.65
黑龙江	361.39	537.53	48.74
上　海	547.63	610.75	11.53
江　苏	1026.42	1263.36	23.08
浙　江	727.66	841.38	15.63
安　徽	561.98	715.42	27.30
福　建	399.84	532.66	33.22
江　西	474.42	616.33	29.91
山　东	1047.94	1311.11	25.11
河　南	816.00	1051.17	28.82
湖　北	437.88	550.84	25.80
湖　南	497.36	712.44	43.24
广　东	1171.05	1415.52	20.88
广　西	454.60	589.78	29.74
海　南	117.51	149.28	27.04
重　庆	306.18	417.50	36.36
四　川	681.90	983.40	44.21
贵　州	365.52	500.94	37.05
云　南	479.01	664.07	38.63
西　藏	75.61	91.33	20.79
陕　西	490.32	650.24	32.62
甘　肃	272.62	362.18	32.85
青　海	129.91	167.08	28.61
宁　夏	97.38	102.89	5.66
新　疆	399.83	462.72	15.73

注：公共财政教育支出包括教育事业费拨款、基建拨款、教育费附加；资料来源于 2013 年 12 月 29 日颁布的 2012 年全国教育经费执行情况统计表。

表 2 – 19　2012 年全国各地区人均公共财政教育投入情况

单位：元

地　区	人均公共财政教育投入	地　区	人均公共财政教育投入
全　国	1500.308	河　南	1118.266
北　京	2913.905	湖　北	949.7241
天　津	2705.357	湖　南	1079.455
河　北	1090.178	广　东	1335.396
山　西	1361.917	广　西	1203.633
内蒙古	1680.92	海　南	1658.667
辽　宁	1642.205	重　庆	1439.655
吉　林	1610.893	四　川	1214.074
黑龙江	1414.553	贵　州	1431.257
上　海	2544.792	云　南	1412.915
江　苏	1599.19	西　藏	3044.333
浙　江	1529.782	陕　西	1711.158
安　徽	1192.367	甘　肃	1393
福　建	1439.622	青　海	2784.667
江　西	1369.622	宁　夏	1714.833
山　东	1351.66	新　疆	2103.273

资料来源：根据 2012 年全国教育经费执行情况统计表和《中国统计年鉴（2013）》计算获得。

3. 我国科技人才地区分布不平衡，欠发达的中、西部地区科技创新人才数量不足、流失严重，且这种分布不平衡，"孔雀东南飞"现象还在加剧

技术创新是经济发展的动力源泉，实现生态与经济协调发展需要技术创新。技术创新水平受制约将难以为欠发达地区实现生态与经济协调发展提供支撑。当前，我国科技技术创新水平低下，技术创新投入产出的效率不高。经济合作与发展组织（OECD）在 2011 年发表的《中国创新政策评估》中指出："中国要想在 2020 年成为真正意义上的创新型国家，除了必须继续加大研发（R&D）方面的资金投入力度之外，更要确保这些投入能够获得合理的回报。""中国单位研发投入的科学发明成果和技术创新成果还远远低于世界的平均水平。中国包括人力、财力等综合因素在内的总的科技投入大约是美国的1/4，科技产出却只有美国的8%～9%，也即中国的研发效率只有美国的1/3左右。"

相比于全国研发水平，我国欠发达地区技术创新投入产出效率更低，深究其原因在于欠发达地区严重缺乏高效率的科技创新人才。具体表现为以下几点：第一，我国科技创新人才分布不平衡，且这种不平衡还将加剧。比如，2011年全国研究与实验发展（R&D）人员数达到401.76万人，其中，东部地区260.79万人，占64.91%；而中部地区86.67万人，西部地区人数更少，只有54.3万人，中、西部地区R&D人员数140.97万人，比东部地区少119.82万人，全国占比仅有35.09%。而从R&D人员学历构成来看，全国具有博士学位的R&D人员23.17万人，东部地区15.26万人，而中部地区只有4.6万人，西部地区仅有3.3万人，如表2－20所示。由此可见，我国科技创新人才主要集中在东部地区，中、西部地区此方面人才严重不足，东部和西部科技创新人才差异明显，且我们可以预判，如果不采取有效调控政策，这种差异还将进一步加剧。

表2－20　2011年研究与实验发展（R&D）人员

单位：人

项　　目	R&D人员数量	博士学位人员数量
全　　国	4017578	231677
东部地区	2607920	152646
中部地区	866695	45980
西部地区	542963	33060

资料来源：通过对《中国科技统计年鉴（2012）》数据整理得出。

第二，中西部地区科技创新人才流失严重。在经济发达地区优越条件的吸引下，很多中、西部省区的科技人才大量外流，有人把这种现象比喻成"孔雀东南飞""一江春水向东流"。在流向经济发达地区的人才中，年轻、职称高和学历高的科技创新人员占较高比例，而这些人才往往正是中、西部地区急需的紧缺人才、拔尖人才和企业骨干。据不完全统计，自

20 世纪 80 年代以来，西部地区人才流出是流入的两倍以上，尤其是中青年骨干人才流失严重。仅青海省调走或者自动离开青海的科技人员估计就在 5 万人以上，新疆调往内地的专业技术人员也达 2 万多人。在 20 世纪 80 年代之前，兰州大学的一些人文社科研究处于全国领先水平，比如，中亚研究、中俄关系史、中国古代史、农民战争史、土地制度史等，但改革开放以后，特别是 20 世纪 90 年代以后，随着人才大量流失和老学者纷纷离休，这种优势慢慢丧失。"过去 10 年，兰州大学流失的高水平人才，完全可以再办一所同样水平的大学。"《中国科学报》2014 年 1 月 23 日刊发的《西部高校拿什么留住人才》指出："上世纪 80 年代末至 90 年代末，西部高校人才流失现象达到一个'高潮'。此后，东部地区对西部一般人才的需求逐渐放缓，取而代之的是向海外人才市场和高端人才市场的开拓。时至今日，伴随着国内高端人才市场的急速扩大，东部高校的人才'原始积累'已经完成。他们不再关注西部高校的一般教师和科技人员，但以长江学者为代表的高端人才依然是东部高校引援的重点目标。"

（二）欠发达地区经济发展水平因素制约生态与经济协调发展的原因分析

经济发展与环境污染之间经常呈现倒"U"形曲线关系，即当一个国家或地区经济发展水平较低的时候，环境污染的程度较轻，但是随着人均收入的增加，环境污染由低趋高，环境恶化程度随经济的增长而加剧；当经济发展达到一定水平后，也就是说，到达某个临界点或称"拐点"以后，随着人均收入的进一步增加，环境污染又由高趋低，其环境污染的程度逐渐减缓，环境质量逐渐得到改善，这种现象被许多学者定义为环境库兹涅茨曲线。美国、英国和日本等发达国家历史经验也表明，在工业化进入重工业加速发展的时期，工业化和经济发展的速度加快，温室气体排放将不断增加，生态环境即受到严重污染。

当前，我国欠发达地区大多数选择走快速工业化和城镇化发展道路，正处于环境库兹涅茨曲线的"爬坡"阶段。这一阶段，欠发达地区为摆脱落后状态，大力发展冶炼、化工、钢铁、汽车、造船、机械等重工业，使经济保持了高速增长态势，极大地推动了经济社会的发展。但是，事实已经证明，这种发展模式消耗了大量的物质材料和能源，生态环境受到极大的破坏，资源安全问题已经逐渐摆上重要的议事日程：淡水供应日趋紧张，水源危机已经来临，许多地区淡水供给严重不足，已成为经济增长和粮食生产的重大障碍；耕地面积持续减少，使得我国已经逼近了18亿亩的耕地面积警戒线。在此，我们不禁要问，既然城市化、工业化会消耗大量的能源以及排放大量的温室气体，对生态环境造成不良影响，那么我国大多数欠发达地区为什么仍然要选择走这种快速工业化和城镇化道路，其背后的真正原因到底有哪些。具体来讲，主要有以下几个方面。

1. 经济基础非常薄弱

衡量一国或地区经济基础的宏观经济指标很多，其中，人均GDP最为常用，它是人们了解和把握一个国家或地区宏观经济运行状况的有效工具。从表2-21可知，近年来我国各地区人均GDP取得了显著增长，实现了两位数高速增长。如2008年全国人均GDP达到23708元，2012年38420元，增长了62.06%，其中，欠发达的中、西部地区该指标增速要普遍高于经济发达的东部地区，但是从绝对值来看，中、西部地区与东部地区存在较大差距。如2012年，北京、天津、上海、江苏、浙江、福建等经济发达的东部地区人均GDP大多数超过了5万元，而中、西部地区绝大多数要低于5万元，基本保持在3万元左右，个别地区要更低，比如贵州人均GDP仅有19710元。由此可见，虽然经济欠发达的中、西部地区近年来经济取得了快速发展，人均GDP指标增速很快，远远超过了经济发达的东部地区，但是经济总量与东部地区相比仍存在相当大的悬殊，这说明我国中、西部地区经济基础还非常薄弱，因此，促进经济快速持续增长在相当长时期内仍是这些地区不得不侧重的首要任务，经济发展低水平的刚性阶段短期内难以逾越。

表 2 – 21　2008 年、2012 年全国及各地区人均地区生产总值

单位：元

地　区	2008 年	2012 年
全　国	23708	38420
北　京	64491	87475
天　津	58656	93173
河　北	22986	36584
山　西	21506	33628
内蒙古	34869	63886
辽　宁	31739	56649
吉　林	23521	43415
黑龙江	21740	35711
上　海	66932	85373
江　苏	40014	68347
浙　江	41405	63374
安　徽	14448	28792
福　建	29755	52763
江　西	15900	28800
山　东	32936	51768
河　南	19181	31499
湖　北	19858	38572
湖　南	18147	33480
广　东	37638	54095
广　西	14652	27952
海　南	17691	32377
重　庆	20490	38914
四　川	15495	29608
贵　州	9855	19710
云　南	12570	22195
西　藏	13824	22936
陕　西	19700	38564
甘　肃	12421	21978
青　海	18421	33181
宁　夏	19609	36394
新　疆	19797	33796

资料来源：《中国统计年鉴（2013）》

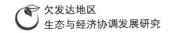

2. 城镇化水平过低

城镇化又称城市化、都市化，是指农村人口向城镇聚集、城镇规模扩大以及由此引起一系列经济社会变化的过程，其实质是经济结构、社会结构和空间结构的变迁。从经济结构变迁来看，城镇化过程也就是农业活动逐步向非农业活动转化和产业结构升级的过程；从社会结构变迁看，城镇化是农村人口逐步转变为城镇人口以及城镇文化、生活方式和价值观念向农村扩散的过程；从空间结构变迁看，城镇化是各种生产要素和产业活动向城镇地区聚集以及聚集后的再分散过程。反映城镇化水平高低的一个重要指标为城镇化率，即一个地区常住于城镇的人口占该地区总人口的比例。城镇化是世界各国工业化进程中必然经历的历史阶段，是现代化的必由之路。从表 2 - 22 可知，2012 年全国城镇化率达到 52.57%，其中，东部地区北京、天津、上海、江苏、浙江、福建、广东等省份均超过了全国平均水平或者与全国水平基本持平；东北地区的辽宁、吉林和黑龙江城镇化率高于全国；中、西部地区除内蒙古、湖北、重庆等省区市略高于全国之外，其他省区市均要低于全国平均水平，由此可见中、西部地区是我国城镇化道路发展亟须突破的重点地区，直接影响着我国城镇化的整体水平。

表 2 - 22　2012 年全国及各地区城镇人口比重

单位:%

地　区	年末城镇人口比重	地　区	年末城镇人口比重
全　国	52.57	河　南	42.43
北　京	86.20	湖　北	53.50
天　津	81.55	湖　南	46.65
河　北	46.80	广　东	67.40
山　西	51.26	广　西	43.53
内蒙古	57.74	海　南	51.60
辽　宁	65.65	重　庆	56.98
吉　林	53.70	四　川	43.53

地　区	年末城镇人口比重	地　区	年末城镇人口比重
黑龙江	56.90	贵　州	36.41
上　海	89.30	云　南	39.31
江　苏	63.00	西　藏	22.75
浙　江	63.20	陕　西	50.02
安　徽	46.50	甘　肃	38.75
福　建	59.60	青　海	47.44
江　西	47.51	宁　夏	50.67
山　东	52.43	新　疆	43.98

资料来源：《中国统计年鉴（2013）》

3. 我国欠发达的中、西部地区尚有大量的贫困重点县和连片特困地区县

贫困与否是影响经济发展道路选择的重要因素。如果一个地区非常富裕，那么它们更容易选择生态与经济协调发展的道路，相反则更可能选择走快速工业化和城镇化道路，经济增长和生态保护这两个方面在不同的发展阶段应有所侧重。迄今为止，全国共有 592 个重点扶贫县，其中，中部地区 217 个、西部地区 375 个、民族八省区 232 个，如表 1－4 所示。可见我国扶贫开发工作重点县完全集中在中、西部地区，除此之外，中、西部地区还存在大量的连片特困地区县。

与贫困县集中于中、西部地区相反，我国百强县主要集中在经济发达的东部地区。比如中国城市竞争力研究会以经济、地理与行政划分为基础，对中国内地的省、区、直辖市所辖县（县级市）的综合竞争力进行系统而全面的研究与评价。该研究会 2013 年中国县（县级市）综合竞争力的总体评价结果显示，我国前 100 强县中，东部地区占据了 59 席，中部、西部和东北分别占 16、14 和 11 席，其中，江苏、山东和浙江三省表现最为抢眼，三个省占据了百强的将近半壁江山：江苏省在百强中占据 18 席，山东省占据 16 席，浙江省占据 14 席，如表 2－23。这有力地表明，江苏、山东和浙江等我国经济发达地区在中小城市和县域经济发展方面走在了全国前列。

表2-23 2013年度中国中小城市综合实力百强县市排行榜

排序	城　　市	排序	城　　市	排序	城　　市	排序	城　　市	排序	城　　市
1	江苏昆山市	21	福建石狮市	41	山东新泰市	61	辽宁开原市	81	山东茌平县
2	江苏江阴市	22	浙江乐清市	42	浙江德清县	62	河南荥阳市	82	江西广丰县
3	江苏张家港市	23	江苏丹阳市	43	浙江温岭市	63	江苏句容市	83	内蒙古霍林郭勒市
4	江苏太仓市	24	浙江富阳市	44	江苏启东市	64	吉林前郭县	84	陕西吴起县
5	浙江慈溪市	25	浙江瑞安市	45	浙江长兴县	65	辽宁东港市	85	安徽肥东县
6	江苏宜兴市	26	江苏扬中市	46	四川郫县	66	浙江永康市	86	江苏赣榆县
7	福建晋江市	27	浙江海宁市	47	河南义马市	67	江苏兴化市	87	江苏沛县
8	湖南长沙县	28	山东寿光市	48	山东肥城市	68	吉林延吉市	88	云南安宁市
9	四川双流县	29	山东滕州市	49	河南新郑市	69	山东蓬莱市	89	山东昌邑市
10	辽宁海城市	30	浙江玉环县	50	辽宁大石桥市	70	广东高要市	90	山东桓台县
11	浙江义乌市	31	福建福清市	51	河北任丘市	71	山西高平市	91	山东乳山市
12	浙江余姚市	32	辽宁庄河市	52	福建龙海市	72	江苏高邮市	92	山东青州市
13	广东增城市	33	江苏海安市	53	江苏大丰市	73	陕西府谷县	93	辽宁辽中县
14	山东龙口市	34	福建南安市	54	山西孝义市	74	安徽宁国市	94	陕西靖边县
15	内蒙古准格尔旗	35	山东莱西市	55	河南禹州市	75	福建安溪县	95	广西平果县
16	山东荣成市	36	福建惠安县	56	江苏邳州市	76	江苏仪征市	96	湖南醴陵市
17	山东邹平县	37	山东莱州市	57	黑龙江安达市	77	安徽肥西县	97	宁夏灵武市
18	浙江诸暨市	38	黑龙江肇东市	58	新疆库尔勒市	78	浙江平阳县	98	青海格尔木市
19	河北迁安市	39	山东招远市	59	内蒙古托克托县	79	江西贵溪市	99	贵州盘县
20	辽宁瓦房店市	40	江苏如皋市	60	江西南昌县	80	安徽当涂县	100	湖北大冶市

（三）欠发达地区资源环境市场因素制约生态与经济协调发展的原因分析

生态与经济协调发展的核心问题是稀缺环境资源的有效配置，而市场经济是迄今为止最能实现稀缺环境资源有效配置的经济体系。微观经济学已经证明了市场运行机制下平等竞争所形成的均衡价格，可以引导稀缺环境资源最佳配置。价格是资源作为商品相对稀缺性的信号和度量，是供给与需求的综合反映，对稀缺环境资源配置起着至关重要的作用。在价格引导下，经济资源在各部门间的流动使得社会资源得到调整，最终实现资源的合理配置。因此，只有当价格是资源环境稀缺性的有效反映时，才能引导稀缺资源环境的合理配置，如果价格不能正确反映资源环境的稀缺程度，则错误的价格信号就会导致市场混乱，资源配置不当。稀缺资源环境的合理市场价格应该等于反映其稀缺程度的相对价格。正是在这种调节过程中，价格机制解决了微观经济学提出的"生产什么"、"如何生产"和"为谁生产"的资源配置问题。目前资源环境问题产生的根源在于资源环境市场失灵，尚未建立健全完善的资源环境市场价格运行机制，致使环境资源的市场价格没能反映其稀缺程度的改变。造成环境资源市场没有建立的重要原因主要在以下两个方面。

1. 环境资源产权不完全或不存在

市场经济就是产权经济。产权是经济所有制关系的法律表现形式，其包括财产的所有权、占有权、支配权、使用权、收益权和处置权。在市场经济条件下，产权清晰是治理环境污染、生态破坏行为的重要前提。欠发达地区的自然资源属国有或集体所有，但是不同种类、不同地域、不同时间的资源普遍存在着国家所有权和集体所有权界定不清和混乱问题。除此之外，产权主体严重缺位。我国大部分欠发达地区"集体"已成"空壳"，集体经济组织已经名存实亡，根本没有具有法人资格的集体所有者来行使所有权。"集体所有"已经成为国家所有，国家所有一般成为政府所有。自然资源所有权主体的缺位，使其就像没有了父母的孩子，没有谁真正关心其成长、好坏，破坏、浪费及污染似乎也成了必然。自然资源产权模糊以及产权主体的缺位，对生态环境保护领域市场机制的引入、利用形成了很大的障碍，给"权钱交易"寻租行为的产生铺设了温床。

环境资源市场价格实质就是环境资源的产权价格。只有当环境资源的市场价格等于其相对价格时，市场价格机制才能在环境资源配置中发挥正常作用。正是资源环境产权界定的不清晰，使得我国资源环境市场价格机制发生了扭曲，从而导致了环境资源稀缺程度与市场价格的脱节，导致了环境资源生产与消费中成本与收益、权利与义务、行为与结果的背离，这是环境恶化的根源。只有当市场价格可以有效地反映资源的稀缺程度时，市场机制才能有效运转。但是，只有在产权明晰的条件下，市场价格才能等于相对价格，等于使用该稀缺资源的边际成本。

2. 资源环境的公共物品属性

《现代经济辞典》中对公共物品的定义是：公共物品，又称"公共产品"、"公共品"，指既没有排他性也没有竞争性的产品和服务。资源环境公共物品与一般公共物品在一些方面存在着差异。资源环境作为一种具有特殊性质和特殊形式的自然和社会的存在，涉及人类社会的方方面面，是整个人类社会赖以存在和发展的基础。随着人类开发自然能力的提高和资源环境本身所具有的各种自然性质，资源环境公共物品呈现出自然和社会方面的多种特性。

自然属性的资源环境公共物品包括自然界自然存在的一切，如阳光、空气等，它们的产生、变化和消亡是不以人的意志为转移的，但是人类在对这些物品使用的过程中，不同程度地对这些物品产生了一些影响，如人类活动所产生的温室效应使全球气候变暖，人类活动会对空气、水造成直接污染。尽管自然属性的环境公共物品大部分是由自然界提供的，但从客观方面来讲它们的基本特征是相同的，即具有非竞争性和非排他性。因此，可以根据自然属性的环境公共物品的基本特性将其分为三类：第一类是纯资源环境公共物品，如阳光、大气、生物多样性等；第二类是消费上具有非竞争性，但是可以做到排他，如原始森林、公园、海滨、沙滩等；第三类在消费上具有竞争性，但是无法有效地排他，如水资源、草原。第二类与第三类可以称为准环境公共物品。这类自然属性的环境物品对于人类和其他生物的生存和发展非常重要。另外，社会属性的资源环境公共物品不同于自然属性的公共物品，它是人类的生活环境条件，主要是由政府、企业和一些非政府组织提供的，比如：居住、交通、绿地、噪声、饮食、娱乐、文化教育、商业和服务业等，其供给的目的是保护环境、利用环境、创造环境。许多社会属性的环境公共物品也体现出公共物品消费的非竞争性和收益的非排他性特征。因此，可以根据环境公共物品的不同表现形态将其分为三类：第一类是实体性的环境公共物品，如人文景观、绿化工程、城市环保设施等；第二类是文化性的环境公共物品，如环保活动、绿色文化等；第三类是服务性的环境公共物品，如文体、教育、商业服务、交通运输、医疗、居住条件等。

正是资源环境公共物品的非排他性和非竞争性的特征，使得消费者也能够不支付费用（成本）而享受这种物品和劳务，形成所谓的"免费搭乘便车问题"。免费搭车者的存在使得无论是私人企业还是个人都缺乏保护环境的内在动力和主动性。正如上文所述，资源环境公共产品分为不同的类型，有纯公共物品和准公共物品，有自然属性的资源环境公共物品，也有社会属性的资源环境公共物品，因此，我们应该根据不同类型的公共物品，建立资源环境市场价格体系，利用市场的"无形"之手配置日益稀缺的资源环境，改变我国当前低碳经济、绿色经济、循环经济等生态与经济协调发展的经济形态只由政府推动的局面。

（四）欠发达地区生态文明体制因素制约生态与经济协调发展的原因分析

诚如上文所述，市场是有效配置资源的重要手段，但市场也会失灵。比如大气环境容量具有天然的产权模糊性，气候变化等环境问题有着明显的外部性。某个经济主体的生产消费活动引起的温室气体排放过量会产生负的外部性，而对于温室气体排放采取的控制行为则会产生正的外部性。当存在外部性时，自由市场难以界定外部环境成本或外部环境收益的归属。所以自由市场经济在温室气体减排中不能发挥理想的作用。由于温室气体减排以及低碳经济发展存在着市场失灵，因此，在引导节能减排和保护环境的过程中，还应充分发挥政府这只"有形"之手的力量，在制定减排政策、选择减排工具、进行产业规划等方面承担重要责任，需要着力建立健全生态文明体制。《中共中央关于全面深化改革若干重大问题的决定》中指出，要紧紧围绕美丽中国深化生态文明体制改革，加快建立生态文明制度，健全国土空间开发、资源节约利用、生态环境保护的体制机制，推动形成人与自然和谐发展的现代化建设新格局。但是，我们也要看到现行法制、体制和机制还不能完全适应生态文明建设的需要，存在较多制约科学发展的体制机制障碍，使得发展中不平衡、不协调、不可持续的问题依然突出。

1. 现有的环境法律、法规体系不够健全

我国环境保护法律法规中主要存在两个方面的不足：一是环保法律修订滞后。尽管我国以《宪法》和《环境保护法》为基础，颁布了一系列环境保护的法律法规以及部门规章，但仍滞后于环境保护实践的需要。比如大气颗粒物 PM2.5，在社会舆论的强烈推动下，2011 年才纳入监测体系，控制目标和措施严重滞后；又如森林的碳汇功能，在现行森林法中没有得到相应体现和落实。二是法治震慑力不足，且执行过程中自由裁量空间太大，执法不严。例如刑法第 338 条明确规定，只有当排污行为造成重大污染事故，致使公私财产遭受重大损失或者人身伤亡的严重后果时，才有可能定罪。对于造成污染事故、损失一般的排污行为，刑法并无论及。且环境污染处罚的最高金额是 100 万元，这对现代化的大规模企业缺乏威慑力，导致一年一度的"环保风暴"和"行政处罚"收效甚微。"统计数据显示：我国环境违法成本平均不及治理成本的 10%，不及危害代价的

20%。"相反，违法成本低于守法成本的悖论刺激了一些守法企业向违法轨道的转移。除此之外，相关法律法规在执行中可塑性太强，自由裁量空间太大，造成法规执行随意性强，"按需落实"、"按人执行"，对违法企业的处罚力度、执法力度不足，甚至执法违法，降低了法规的权威性和实际执法的效果。三是相关法规存在"碎片化"甚至相互抵消的情况。如固体废弃物资源化利用的相关规定在清洁生产促进法、循环经济法、环境保护法等法规中均有涉及；污染控制和节约能源的法规相对独立，造成为了污染控制而忽略节约能源，为了节约能源而弱化环境保护。许多污水处理厂和工厂脱硫设施建好后闲置而不运行除了经济利益考虑外，法规的不同指向也是一个重要原因。四是相关法规条文原则性强、操作性弱。相关条文需要经过细则、条例、政策来细化、落实，而这些细则和政策多具有临时性，忽略长远性，造成政策多变，政策不连续，令投资商和生产企业无所适从，难以从长计议。如 2005 年我国颁布的《可再生能源法》全文不足 4000 字，基本不含操作层面的细则，而美国参议院 2010 年发布的《美国电力法（草案）》明确规定二氧化碳最低交易限价为 12 美元（通货膨胀率每年增长 3%），最高限价 25 美元（通货膨胀率每年增长 5%），十分具体。

2. 环保管理体制不完善

我国环境保护实行的是各级政府对当地环境质量负责，环境保护行政主管部门统一监督管理，各有关部门依照法律规定实施监督管理的管理体制。在这种管理体制下，我国政府加大了环境保护和污染治理的力度，各地高度重视环境保护工作，取得了一系列成绩，但全国环境形势非常严峻，尤其是近几年雾霾等重大污染事件的相继发生，使得我国环境严峻形势进一步加剧，现有的环境保护管理体制显得力不从心。之所以会力不从心是由于我国环境保护管理体制还存在诸多的问题，这些问题正是制约我国生态文明体制建立的主要原因。

第一，地方政府控制当地环保部门的人事权和财政权，使得地方环保部门面临双重领导的制约，难以发挥应有作用。当前，我国的地方政府手握当地环保部门的人事权、财政权，以此为条件指令环保部门按当地政府意图行事，否则便对其实行"制裁"。许多地方政府的领导给那些严格执法的环保部门领导扣上"妨碍招商引资"的帽子。由于环保部门的干部人事权、机构编制权、财政支配权都掌握在同级政府手里，因此，地方环保部门处在对法律负责还是对地方政府负责的两难境地中，事实上不得不以听命于地方政府为主。于是就出现了环境保护工作有法难依、执法不严、违法难究的现象，使国家在环境保护上的各项法律法规形同虚设，环保政策无法落实。

第二，环保执法权威难以树立。表现在对建设项目把关难、对违法排污企业的查处难、对排污费的征收难。一是环境监察机构落实建设项目"三同时"管理时缺乏必要的强制手段，不能全面执行建设项目、环境影响评价和"三同时"制度，建设项目不向环保部门申报和不经环保部门审批进行开工建设的现象仍然存在。二是缺乏对污染现场的监督手段，致使企业偷排、漏排污染物的现象严重。目前，基层的许多新建项目都存在先上车后买票现象，有的甚至是上了车不买票；违法排污企业今天查处了，明天又反弹；在排污费的征收上，难以足额征收，上规模的企业均由政府挂牌纳入政府政务中心管理，实行政府定收费额和缴纳时间，在限定的时间内环保部门是无法过问的，一旦企业未缴，环保部门再去执法已经时过境迁，而走执法程序又需要很长一段时间。环保部门缺乏必要的行政强制权，环保执法工作无法得到当地政府的积极配合，环保部门到企业检查、收排污费、处理信访等一系列的正常监督管理工作常因没有当地政府或其他职能部门配合而无法进行。

第三，环保监督管理受到限制。我国环境保护实行的是"环保部门统一监督管理，各部门分工负责"的管理体制。环保部门管理的领域牵涉面广，复杂性强，每做好一件工作，都需要当地政府各个职能部门的密切配合与支持，环保部门无法独立完成。这样，执法的效果总是个未知数，而统一监督管理与联合执法往往无法实现。一是环保部门与有关部门的职责不清、关系不明。"统一监督管理"与"监督管理"具体职责是什么？两者关系如何？环保法未作进一步明确，这容易在实施过程中造成争议。二是环保部门与有关部门同属政府平行部门，不存在领导与被领导、管理与被管理的关系。有关部门能否在环保部门的统一管理下开展环保工作，完全取决于当地政府的意愿，当地政府如果不支持，联合执法便无法实现。有一些县（市）出台"土政策"，规定环保部门不能到企业收取排污费，而由"一个窗口"统一收费，同时限制环保部门每年只能到企业检查一次，而且要事先经过政府批准。这些规定导致的直接后果是排污费数额急剧下降，环境污染纠纷案件得不到及时处理，群众投诉急剧上升，严重影响了污染的治理和环境质量的改善。

第四，环境跨区域污染问题缺乏有效的治理手段和方法。从行政区域角度看，环境的整体性往往被现行的不同行政区所分割。各地经济发展水平有差异、环境保护意识不同，容易造成地方政府在跨区域环境问题上的决策存在差异，各地方政府从自身利益出发，将政策调控范围模糊、难以界定的区域环境问题的治理成本转嫁给其他区域，使跨区域环境保护很难达成一致意见。在我国工业化、城镇化进程中跨区域环境问题层出不穷，主要表现在：一是跨区域污染事件频频发生。我国河流污染问题严重，河水的流动把污染物扩散到区域甚至全域，危害甚大。如淮河、海河、辽河的中下游地区水域污染严重。流域的整体性和人为行政区划分割间的矛盾、排污的外部不经济性，使得地方政府在协调解决环境跨区域的问题上难以合作，在跨行政区水资源管理和水污染防治中低效甚至无效。如近年发生的松花江重大跨行政区水污染事故，大面积雾霾漂移污染事件等都属此类问题。二是行政区污染流转现象突出。由于缺乏区域政府间合作机制及合理的生态补偿机制，我国环境污染转移的现象十分突出。各种污染企业从沿海及东部地区向内陆、西部地区转移，而一些经济欠发达地区基于追求短期利益目的，制定环境优惠政策，吸引一些"三高"企业到本地投

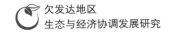

资，出现了污染项目从城市向农村、从发达地区向落后地区转移的趋势。污染企业的转移给当地带来经济效益的同时，严重影响了当地环境，尤其是欠发达的西部地区往往处于流域的上游地带，这就造成了区域性、流域性连片污染。

三　制约欠发达地区生态与经济协调发展的典型案例分析

案例：江西共青城生态与经济协调发展经验借鉴

近年来，江西共青城充分发挥自身优势，把握发展机遇，克服存在的诸多不利因素，大胆先行先试，走绿色发展之路，走出一条生态与经济协调发展的路子，值得学习借鉴。

（一）共青城经济社会发展状况

1. 共青城概况

共青城位于江西省北部，庐山南麓，鄱阳湖西岸。南接南昌，北依九江，与南昌、九江相距各60公里。福银高速贯穿城区，昌九城际铁路在此设立站点，素有"鄱阳湖畔的明珠，京九线上的名城"之美誉。是全国青年创业基地、全国青少年教育基地、国家级生态示范区、国家生态文明教育基地、中国羽绒服装名城、国家级纺织服装产业集群基地、中国绿色名区。

共青城的前身是1955年上海青年志愿者创建的共青社。1992年，共青城被批准成立江西省共青开放开发区；1994年，被江西省政府批准成立江西省共青台商投资区；2002年10月，被确定为九江市人民政府派出机构——共青城开放开发区管委会（副地级局委）；2010年9月，被国务院正式批准为县级市（副地级）。2014年5月28日，江西省委办公厅、省政府办公厅印发《关于开展省直接管理县（市）体制改革试点工作的意见》，

明确在共青城等县（市）开展省直管县（市）体制改革试点。自 2014 年
7 月 1 日起，共青城按照新的管理体制运行，为省直管市。

2. 共青城经济社会发展情况

近年来，共青城围绕加快发展、共建和谐的目标，大力发展和完善社
会事业，经济实力不断增强，人民生活水平显著提高，城市建设稳步推
进，城乡面貌焕然一新，产业升级取得重大突破，走出了一条经济与社会
共同发展、人与自然相互和谐的绿色崛起之路。

（1）经济实力大幅增强。近年来，共青城解放思想，敢于创新，真抓
实干，以狠抓项目、狠抓产业、狠抓园区、狠抓创新为载体，实现了经济
社会跨越式发展。如表 2 - 24 所示，2012 年，全市生产总值达到 58.97 亿
元，人均生产总值 13000 美元，居全省第一；完成财政总收入 8.15 亿元，
总量在全省位次连续三年每年前进 10 位，人均财政总收入 11162 元，居全
省第一；固定资产投资达到 90.1 亿元，增长 38%，获得"全省固定资产
投资增长先进县"；外贸出口 2.89 亿美元，增长 37.3%。省级高新技术企
业增至 5 家，居九江市第一；高新技术产业产值增长 70%，主营业务收入
占比达 55.8%，成为国家新型工业化产业示范基地。纺织服装行业国家级
品牌达到 5 个，自主品牌数量占全省 70% 以上，获得"全省纺织千亿工程
突出贡献奖"。

表 2-24　江西省共青城近年来主要经济指标

单位：亿元

年　份	生产总值	财政总收入	固定资产投资
2006	5.8	0.6	5.2
2010	29.6	3.5	53.2
2011	43.7	5.4	65.3
2012	58.97	8.15	90.1

（2）人民生活水平显著提高。共青城坚持共建共享、和谐发展的原
则，大力提高城乡居民生活质量，人民群众幸福感明显增强，社会保持和

谐稳定。共青城城乡社会保障体系进一步健全，2012 年，城镇养老保险参保人数比 2005 年增长 3 倍，社会保险基金征缴率达到 97% 以上，新型农村合作医疗参合率达 99.8%，城镇职工基本医疗保险实现全覆盖。机关事业单位人员津补贴、义务教育学校教师绩效工资，全部按政策兑现到位；农垦企业退休职工养老金按城镇国有企业标准改办，人均月增资数百元；提高了村干部待遇；将乡村医生纳入全省计划"笼子"；改制企业职工得到妥善安置。2012 年，城镇在岗职工人均收入、农民人均纯收入分别达到 32500 元和 10010 元，城镇人民生活水平显著提高。

（3）城市建设高效发展。共青城大力实施"东西互动、北连南拓、中心提升"的城市发展战略，拉大城市道路框架，着力构建以主城区为核心，青年创业基地、中芬数字生态城为组团，共青城－德安相向发展的城市发展新格局，推进城市建设高效发展。近年来，共青城建设了诸如博阳河大桥、新市医院、中学新校区、昌九高速互通立交、共安大道、火车站广场、体育馆、自来水厂、污水处理厂等一批大项目，还推进中芬数字生态城、南湖大桥、五星级酒店、新市民公寓等项目，大力发展城市建设成效明显。至 2012 年，共青城人均公共绿地面积达到 27.13 平方米/人，城区绿地率达 42.17%；城区面积由 10 平方公里增加到 30 平方公里，扩大了 2 倍；城镇化率由 45% 上升到 60%。

（4）城乡面貌明显改善。在大力推进城市建设的同时，共青城以新农村建设为抓手，切实加强农村基础设施建设，改善农村村民生产生活条件。2012 年新建 40 个省级新农村建设点，建设任务相当于前 4 年总和。截至 2012 年底，共青城"三清七改五普及"任务全面完成，建成了 40 个农村清洁工程垃圾分类屋，3 个农村党员干部远程教育基地项目，12 个农村信息化示范行政村；完成造林绿化 4469.3 亩，义务植树 5 万株；有效完善农田水利设施，除险加固小 II 型病险水库，全面推进江益镇、金湖镇、共青联圩等中小河流防洪工程，农业抗旱涝保丰收能力明显增强；实施城乡管理和公共服务一体化，优化乡镇村庄布局，实施"迁村并居"工程，提升农村环境质量，不断提高农民素质，培育新型农民，发挥农民在统筹城乡发展中的主体作用。

（5）生态环境保护良好。共青城坚持生态与经济协调发展，在推动经济快速发展的同时，注重保护好生态环境。2012 年，共青城万元 GDP 能耗仅为 0.12 吨标准煤，不到全省平均水平的五分之一①，成为中德首批生态示范城和全省低碳经济试点城市。共青城是第一批国家级生态示范区，境内拥有鄱阳湖岸线 50 多公里，水域面积占全区国土面积的 30%，城市绿化率在 50% 以上，森林覆盖率达 78%，人均绿地面积 18 平方米，区内拥有约 5000 公顷的湿地候鸟保护区，是国家级自然保护区的重要组成部分。共青城的空气、水质、植被等各项环境指标均居全省前列。

（二）共青城克服生态与经济协调发展制约因素的主要做法

共青城在坚持生态与经济协调发展的过程中，尽管面临一系列发展机遇，但也面临诸多制约因素，如共青城经济发展总体水平低、技术创新能力不足、人才缺乏等。但是，共青城在较短的时间内实现了经济跨越式发展，同时也保持了良好的生态环境，有效克服了生态与经济协调发展的制约因素，走出了一条绿色发展的路子。

1. 坚持绿色发展理念

共青城经济总量不大，为了做大经济规模，共青城大力招商引资，延伸产业链，壮大产业群，加快推进工业化进程。在工业高速发展进程中，节能减排压力必然很大。为此，共青城坚持"在发展中保护生态、在保护生态中加快发展"的绿色发展之路。一是在园区建设方面，坚持生态优先、合理规划、依形就势的原则进行开发建设，融山、水、园为一体，优化生态环境，完善城市功能，实现人与自然的和谐共处、经济社会与资源环境的协调发展。工业园区建设坚持"七通一不平"，最大限度地保留原

---

① 摘自《共青城市 2013 年政府工作报告》。

有的自然山体、水体和植被。二是在引进项目方面，设立"绿色高压线"，严防企业污染环境。为保护绿水青山，共青城在引进项目过程中，防止以牺牲环境为代价，坚决杜绝高污染、高能耗的企业进入，对原有的高污染企业实行关闭或改造。翔宇、天骏两个印染企业，每年都能上缴不菲的税收，但对环境污染严重。从谋求长远发展、牺牲眼前利益出发，共青城关停了这两家企业。同时，在引进企业中，共青城拒绝了污染项目30多个，如人造汉白玉、皮革加工、电池生产等。"绿色高压线"的设置，不仅有效保护了共青城的生态环境，而且为发展高新产业、培育和构建绿色产业体系腾出了更多资源和空间。三是在污染物排放方面，实施污染物总量减排。2012年，共青城全力推进管理减排、工程减排、结构减排"三大减排举措"，年内共完成化学需氧量削减229.3吨、氨氮16.6吨、二氧化硫98.2吨、氮氧化物2.43吨等目标，万元GDP能耗仅为0.12吨标准煤。

2. 加大产业发展升级力度

共青城坚持在保护中开发、在开发中保护，坚决拒绝高耗能、高污染、低效益项目落户，大力发展电子电器产业、新能源、纺织服装、文化旅游等绿色生态产业。一是通过产品升级、管理创新、提升改造，引进全球最先进设备，使传统产业得到优化，市场份额不断做大，核心竞争力不断提高。众所周知，共青城是中国羽绒服装名城和国家级纺织服装产业集群基地，为了进一步加快纺织服装产业集聚，共青城在提升羽绒服装产业发展水平的基础上，加快引进了一批带动能力强、科技含量高的纺织服装项目。2012年，共青城纺织服装产业主营业务收入达到120亿元，同比增长40.7%。二是引进一批科技含量高、市场前景好、带动能力强的新型节能环保项目，使高新产业呈现出集群发展的态势，大大增强了综合竞争力。三是加快培育新兴产业项目。为抢占大数据时代的发展先机，共青城大力发展互联网信息产业。2012年，总投资100亿元的中通金域云计算中心项目正式落户共青城，建成后将成为中部地区重要的智能数据中心，可带动相关产业产值 500 亿元至 1000 亿元。

3. 不断推动发展方式创新

共青城在生态与经济协调发展进程中，面临技术、资金、人才等因素制约。为此，共青城不断推动发展方式创新。一是注重企业科技创新。共青城出台了《扶持高新技术企业发展专项政策》，财政每年安排不少于全市 GDP 的 3% 作为扶持资金，促进科技、项目、人才、资本紧密结合，以科技创新带动产业转型升级。二是注重金融服务创新。金融资本是产业发展的"血液"。为了解决产业发展的融资难题，共青城大力探索金融创新体系，搭建政、银、企融资平台，促成企业与金融机构开展信托联保；创立全国首家私募基金主题产业园区——共青城私募基金创新园区，做优基金产业平台，努力将园区建设成为国内私募基金首选注册地、国内私募基金孵化基地、私募基金服务实体经济创新基地，吸引全国的基金通过关注共青城来关注江西的发展。三是注重发展技术创新。共青城在政策、资金、人才引进、成果转化等方面为技术创新提供全方位的支持。以全国青年创业基地为平台，依托企业、大学、科研院所，完善紧密型的产学研合作体系，引导企业加快走"自主知识产权、自主品牌、自主创新"相结合的创新之路。同时，加大创新人才的引进力度，吸引更多优秀人才服务共青城，为技术创新提供人才保障。目前，共青城设立了 3 个省级研发中心。

4. 大力营造良好的发展环境

发展环境是经济社会发展的核心要素，其决定着一个区域的生产力、吸引力、竞争力。对于正处于科学发展、绿色崛起关键阶段的共青城来说，必须从全局和战略的高度进一步优化发展环境，奋力打造"环境高地"和"投资洼地"，以良好的发展环境吸引资金、技术、人才等生产要素的加速集聚，在日趋激烈的区域竞争中抢占先机、赢得主动。近年来，共青城推进了南湖大桥、新火车站、共安大道、宏博总部经济基地等一批亮点工程和精品工程建设，不断完善发展的硬环境。与此同时，不断提升发展的软环境，坚持依法高效行政，在行政管理体制采用"大部门"制后，加快理顺了部门之间的行政执法关系，建立了权责明确的行政执法体系，从管理体制上减少了重复执法、多头执法、重复处罚、重复收费的问题；优化服务措施，不断完善项目审批代办、重大项目"绿色通道"、领导现场办公等制度，行政效能和服务质量得到显著提升；创新服务方式，搭建"银、园、保"平台，推动政、银、企合作，建立人才引进的"绿色通道"，成为全省首批"人才发展和管理改革试验区"；健全保障机制，加强对优化经济环境的监督和指导，推行企业评议职能部门行风制度，将评议结果纳入单位的绩效考核范围，并加大对扰乱经济秩序、损害企业合法权益、破坏发展环境案件的查处力度。

（三）共青城生态与经济协调发展的启示及借鉴

共青城在经济社会发展进程中，坚持"在发展中保护生态，在保护生态中加快发展"的绿色发展之路，在做大经济总量的同时，注重保护好生态环境，克服了生态与经济协调发展的诸多制约因素，取得了较好的经济效益和社会效益。由此表明，在欠发达地区，只要发展理念科学合理，发展路径切合实际，并能够克服发展中的一些制约因素，是能够既发展经济，又保护好生态，实现生态与经济协调发展的。

1. 改进干部政绩考核机制，推进绿色 GDP 考核

共青城在抓经济发展的过程中，特别重视生态环境的保护，改变了一些地方政府过于注重经济增长指标，忽视了对环境必要保护的做法，从而既发展了经济，也保护了当地良好的生态环境。欠发达地区要以调整经济结构、转变经济发展方式为突破口，多措并举，推进生态与经济协调发展。在推进绿色 GDP 考核中，应设立科学合理的评价指标体系。该评价指标体系要在现有的 GDP 核算中，融入资源、环境因素，将经济增长与资源节约、环境保护综合考评，并对各地的经济发展、资源消耗和环境生态指数进行打分、排名、发布。具体的指标应包括经济增长、人均地区生产总值、第三产业、高新技术产业增加值占 GDP 比重、城镇居民可支配收入、农村居民纯收入等；单位 GDP 的能耗、水耗、电耗、建设用地，以及单位规模工业增加值能耗等；工业"三废"排放量占 GDP 比重、环境保护费用占 GDP 比重、工业废水及二氧化硫排放达标率、绿化覆盖率、城市污水处理率、城市空气质量良好天数达标率等。在制定好科学合理的评价指标体系后，要抓好各项指标得到有效落实，要定期检查各级政府编制生态与经济协调发展规划，制定有效措施，开展节能改造、淘汰落后步伐，加强生态与经济协调发展审计等工作。通过重点突破、以点带面，加大欠发达地区各级政府的目标责任落实力度。

2. 加快产业结构调整步伐，发展绿色生态产业

同等规模或总量的经济，处于同样的技术水平，如果产业结构不同，碳排放量可能相去甚远。共青城在加快产业结构调整进程中，大力发展低碳绿色产业，拒绝引进高耗能、高污染、低效益项目，有效保护了当地生态环境。欠发达地区应严格控制粗放型经济发展，培育和发展低碳产业。对现有高污染、高能耗产业要给予政策、资金上的支持，推动产业结构优化转型升级。随着国内外低碳经济的发展，一些发达地区会把碳密集产业和高能耗项目逐步向欠发达地区转移。欠发达地区在承接产业转移过程中，必须不断提高高碳产业的市场准入门槛，避免盲目追求投资额的上升而忽略长远的低碳经济发展目标。总之，欠发达地区在发展过程中，应通过各种举措，根据自身实际，发展符合自身发展要求的产业，促进当地经济发展。

3. 完善生态环境与经济协调发展，为协调发展提供保障

共青城在发展经济的进程中，克服自身诸多不足，如资金不足、人才缺失、技术不强等制约因素，根据自身实际，制定相应政策，为生态与经济协调发展提供了保障。欠发达地区可以采取类似举措，为生态与经济协调发展保驾护航。一是在招商引资政策方面，欠发达地区可在环境优先的前提下，在土地政策、企业落户、公司税收等方面给予政策支持。同时，简化审批程序，提高经济发展效益。二是在人才、技术政策方面，欠发达

地区可尽量争取中央政府以及发达地区的支持，争取发达地区的高新人才和科研机构向本地区转移。同时，欠发达地区也应完善人才吸引政策和技术引进政策，吸引更多技术含量高、产品附加值高、环境污染小的企业和精英人才来本地区发展。三是在制定生态与经济协调发展政策方面，欠发达地区应坚持绿色发展原则，尽快出台引导产业结构升级的政策，加快污染企业的退出和对新兴产业的培育。

第三章
国内外生态与经济协调发展的经验与启示

生态与经济协调发展是世界性的未解难题，被称为经济学上的"哥德巴赫猜想"。他山之石，可以攻玉。本文在分析国内外生态与经济协调发展历程的基础上，深入剖析国内外生态与经济协调发展的典型案例，汲取教训，总结经验，为我国欠发达地区生态与经济协调发展提供借鉴与启示。

一　国外生态与经济协调发展的历程

（一）国外生态与经济协调发展思想产生的背景

科学技术的进步，推动了工业文明的进程，世界经历过三次产业革命，生产力得到极大的提高，"人是自然的主宰"误识的产生和强化，致使世界发展过程中出现了生态环境退化与人类发展不可持续的双重矛盾。

第一次工业革命从 1765 年第一台蒸汽机的诞生开始，极大地推动了生产方式的变革。因为机器的使用，人类得以广泛地开发利用自然，改变自然物质的存在形态为人类所用，这时期纺织、煤炭、冶金以及机器制造等行业快速发展。在第一次产业革命完成后，《共产党宣言》就指出："资产阶级在他们不到一百年的阶级统治中所创造的生产力，比过去全部世纪创造的全部生产力还要多、还要大。"如果说第一次工业革命的许多技术发明还大都来源于工匠的实践经验，对自然的认识与利用还取决于经验性的观察与尝试，那么第二次工业革命在对自然的利用与改造方面则表现出明显的理论与实践相结合的特征。第二次工业革命是以科学研究的新发现为先导的，纳维（Navier）提出的控制论理论更使自动化成为资本主义生产的新特征。

第二次工业革命使这样一种信念得以坚持，即自然科学的发展有助于人类了解自然，每一次对自然的否定都能使人从自然的束缚中解放出来，进而征服自然。在这一信念的支配下，人类开始习惯于接受"人是自然的主宰"的观念，开始习惯于在不断推进科学技术的进步以及不断开拓和发展新的物质财富形式的名义下，以"自然的主人"自居。第二次工业革命以后，科学技术日新月异，工业文明高速发展，特别是"二战"之后到20世纪70年代这段时间，高新技术不断涌现，科学技术转化为直接生产力的速度大大加快，资本主义步入"黄金时期"，现代工业文明达到鼎盛。这一时期，人类在传统生存方式上的工业生产和经济增长率达到最高点；资源开发利用的数量和人口增长率达到最高点；发达国家进入所谓高消费社会，过度消费达到空前高水平的鼎盛时期。①

生态危机问题与现代工业文明发展具有极高的同步性。从20世纪30年代到60年代，世界发生了令人震惊的八大污染事件：1930年比利时有毒烟雾事件，在一周内致死60余人；1943年美国洛杉矶爆发了光化学烟雾事件，造成400多人死亡；1948年美国宾州多诺拉烟雾事件，造成5911人暴病，17人死亡；1952年英国伦敦毒雾事件，造成12000多人死亡；1955年日本富山县重金属铬污染事件，导致207人死亡；1955年日本四日市石化企业的废气污染事件，导致近万人深受哮喘病的折磨；1956年日本工业废水污染事件，造成2000多人死亡；1968年日本九州市爱知县因工厂生产的米糠油混入多氯联苯，酿成1万多人中毒的严重污染事件。20世纪70~80年代，大量的公害事件又在世界各地发生，最具有代表性的就是

---

① 贾学军：《现代工业文明与全球生态危机的根源》，《生态经济》2013年第1期。

以美国三里岛核电站泄漏和苏联的乌克兰切尔诺贝利核电站泄漏事件。这些事件算得上是 20 世纪世界环境污染的"十大事件"。①

一系列环境污染事件带来的严重后果，使公众开始意识到，原来在富足、丰裕的生活之下掩藏着一种新的危机，这种危机不仅仅会带来财富的损失，更会造成生命的消亡。但伴随着资本主义制度的扩张而迈向顶峰的现代工业文明，把追求无限扩张、追求利润增长和以资本的形式积累财富视为最高目标，这推动了工业生产、资源开发、过度消费不断达到更高的水平。因此，要想突破生态危机对人类的制约，必须深入工业文明本身，特别要对其主导的现代生产方式进行分析，以探寻全球生态危机的真正根源。

传统工业化和城市化的迅速发展，是以消耗大量的资源和污染环境为代价的，打破了漫长的传统农业社会生态系统的相对稳定和平衡。首先遭到严重破坏的是土地上的植被——维护陆地生态平衡主体的森林和草原，这导致了严重的水土流失和土地沙漠化。联合国粮农组织 20 世纪 80 年代初期发布的数据显示，全世界有 20% 的陆地面积，其中 3000 多万平方公里的土地处在沙漠化的威胁之中，每年失去 1400 万公顷的森林。

进入 20 世纪的 100 年中，全世界的经济总量增加了 30 多倍。到了 20 世纪末，全世界国民生产总值达到 30 万亿美元，其中工业生产增加 100 多倍；联合国资料显示，2000 年一年的经济增长，超过了整个 19 世纪。城市化快速推进，世界城市化率达到 50% 以上，发达国家城市化率达到 70% 以上。工业化和城市化快速发展，使地球气候发生明显变化。资料分析显示，在 18 世纪 60 年代工业革命开始时，世界来自石化燃料燃烧产生的二氧化碳排放量是微不足道的，到 20 世纪初才 6 亿吨，但到 20 世纪 50 年代增加到 16 亿吨，而到 20 世纪末达到 63 亿吨，一百年中二氧化碳排放量增加了 10 倍，其中前 50 年的增量占 18%，后 50 年的增量占 82%，过量的

---

① 贾学军：《现代工业文明与全球生态危机的根源》，《生态经济》2013 年第 1 期。

二氧化碳排放是导致全球近 50 年来气候变暖的根本原因。相关资料显示,工业革命以来的 200 多年中,地球表面的平均气温升高了 1℃ 以上,而在 20 世纪的最后 30 年中,地球表面的平均温度增加了 0.44℃,增温的速率随世界工业化水平的提高而提高,由此引发了许多极端的气候灾害。如果在 21 世纪不能达到减排目标,则全球气温上升更快,将导致更多的极端气候灾害,世界将可能有更多的人处在饥饿与环境灾害中。①

(二) 国外生态保护与经济协调发展思想的产生和发展

环境保护不仅是欧美发达国家社会进步的产物,而且是随着这些国家社会变迁而不断发展的历史产物。近代欧美发达国家经济社会快速发展,是以牺牲环境为代价而取得的,它给人们的生活和经济的可持续发展带来了诸多不利的影响。欧美发达国家早期环境保护运动由当初仅仅关注自然环境本身,逐渐发展为关注自然环境与人类活动的相互关系,强调经济社会环境与自然环境之间的相互依存。政府和民间力量的通力合作,推动了环境保护运动的持续发展,有效地遏制了破坏自然环境和滥用自然资源的行为,环境保护取得了阶段性成果,为经济社会可持续发展奠定了物质基础和思想基础。②

1. 人类生态意识的觉醒

20 世纪 60 年代美国生物学家蕾切尔·卡逊发表惊世之作《寂静的春天》,正是这本不寻常的书,在世界范围内引起人们对野生动物的关注,唤起了人们的环境意识,关于生态危机与人类续存的反思已成为当代社会的共同话题。书中描述人类可能将面临一个没有鸟、蜜蜂和蝴蝶的世界。卡逊以生动而严肃的笔触,描写因过度使用化学药品和肥料而导致环境污

---

① 杨荣俊:《生态经济学的产生、发展和成就——兼论学科建设的若干问题》,《鄱阳湖学刊》2011 年第 4 期。

② 齐建军:《美国生态保护的历史轨迹及对我国生态文明建设的启示》,中共辽宁省委党校硕士学位论文,2011。

染、生态破坏，最终给人类带来不堪重负的灾难。书中重点阐述了DDT农药对环境的污染，用生态学的原理分析了这些化学杀虫剂对人类赖以生存的生态系统带来的危害，指出人类用自己制造的毒药来提高农业产量，无异于饮鸩止渴，人类应该走"另外的路"。

DDT是一种合成的有机杀虫剂，作为多种昆虫的接触性毒剂，有很高的毒效，尤其适用于扑灭传播疟疾的蚊子。第二次世界大战期间，仅仅在美国军队中，疟疾病人就多达一百万，特效药金鸡纳供不应求，极大地影响了战争的进展。后来，有赖于DDT消灭了蚊子，才使疟疾的流行逐步得到有效控制。DDT及其毒性的发现者、瑞士化学家保罗·赫尔满·米勒因而获得1948年诺贝尔生理学或医学奖。但是应用DDT这类杀虫剂，就像是与魔鬼做交易：它杀灭了蚊子和其他的害虫，也许还使作物提高了产量，但同时也杀灭了益虫。更可怕的是，在接受过DDT喷洒后，许多昆虫能迅速繁殖抗DDT的种群；还有，由于DDT会积累于昆虫的体内，这些昆虫成为其他动物的食物后，那些动物，尤其是鱼类、鸟类，则会因中毒而被危害。所以，喷洒DDT只是获得近期利益，却牺牲了长远利益。

卡逊在书中首次揭露了美国农业界、商业界为追逐利润而滥用农药的事实，对美国不分青红皂白地滥用杀虫剂而造成生物及人体受害的情况进行了抨击，使人们认识到农药污染的严重性。[1] 那些靠牺牲环境发财的人指责卡逊是"歇斯底里"，是"煽情"，是"危言耸听"。然而，历史是公正的。由于它的广泛影响，美国政府开始对书中提出的警告做调查，最终改变了对农药政策的取向，并于1970年成立了环境保护局。美国各州也相继通过立法来限制杀虫剂的使用，最终使剧毒杀虫剂停止了生产和使用。鉴于其在美国历史上产生了巨大的作用和影响，该书被列为"改变美国的书"之一，作为环保运动的里程碑而被公认为20世纪最具影响力的书籍之一。《寂静的春天》是人类生态意识觉醒的标志，也是生态学新纪元的开端。

---

① 杨向黎：《化学农药潜在的威胁及发展趋势》，《农化新世纪》2008年第4期。

围绕《寂静的春天》引起的广泛争论为民间环保运动的蓬勃兴起奠定了坚实的基础。20 世纪 60 年代在西方发达国家掀起了反对环境污染的"生态保护运动",引发了一系列观念上的变革,使越来越多的民众意识到环境污染的严重后果,意识到环境问题关乎每个人的切身利益,他们"不仅把一个安全、舒适的生活环境看作幸福健康的必要条件,更是看作通向自由和机遇的一种权利"。[1]

2. 经济增长必须在环境容量承受范围内

1968 年,由意大利一些知名科学家、经济学家和社会学家参加的罗马俱乐部成立。1972 年 3 月,在丹尼斯·梅多斯教授指导下的研究小组,向罗马俱乐部提交了一份研究报告——《增长的极限》。该报告认为,工业化的结果必然造成对自然资源和生态环境的极度破坏。他们把经济增长所带来的各种矛盾和问题归结为相互影响的五种因素,即人口增长、农业生产、资源消耗、工业投资和环境污染,并设定了全球模型进行模拟计算,其结果是这五种因素都是指数增长,是难以为继的。[2]

《增长的极限》一书,第一次向人们展示了在一个有限的星球上无止境地追求增长所带来的后果。《增长的极限》从 1972 年公开发表以来,震惊了世界并畅销全球。本书所提出的全球性问题,如人口问题、粮食问题、资源问题和环境污染问题(生态平衡问题)等,已成为世界各国专家学者们热烈讨论和深入研究的重大问题,这些问题也早已成为世界各国政府和人们不容忽视、亟待解决的重大问题。罗马俱乐部是非官方的国际性学术研究团体,首创了对威胁当代人类生存的"全球问题"的研究。从第一份令世界警醒的报告《增长的极限》开始,罗马俱乐部围绕着全球问题展开了系列研究;其视角也从对"物理极限"的聚集性研究逐步扩大到对

---

① 贾学军:《现代工业文明与全球生态危机的根源》,《生态经济》2013 年第 1 期。
② 杨荣俊:《生态经济学的产生、发展和成就——兼论学科建设的若干问题》,《鄱阳湖学刊》2011 年第 4 期。

"社会极限"的非聚集性研究，并将经济、生态、社会、政治、文化、人等多方面要素全面考虑，它所提出的众多理论和思想，成为人类"全球问题"研究的重要理论基础和奠基石，具有划时代的意义。①

环境运动也影响着传统的发展观，但是观念上的改变并没能导致现实问题的解决，《增长的极限》中的观念和论点，现在听来不过是平凡的真理，但在当时，西方发达国家正陶醉于高增长、高消费的"黄金时代"，对这种惊世骇俗的警告并不以为然，甚至根本听不进去。与如火如荼地开展的环境保护运动格格不入的是 20 世纪 70～80 年代大量的公害事件又在世界各地发生，而且这些环境污染事件不论从污染的范围与严重性、民众受伤害的程度还是所造成的财产损失都远远超出 20 世纪早期"八大公害"事件的程度。

丹尼斯·梅多斯等人直言不讳地警告道："已有的工业社会增长趋势若不改变，地球上增长的极限将在今后 100 年中发生，整个地球生态系统将因不堪重负而濒临崩溃。"这一类似于末日预言的警告一经发布就引发了广泛争议。一方面，一些主流经济学家对增长极限的观点表示质疑，批判作者及罗马俱乐部为"悲观主义者"；另一方面，一些学者把该书看作"以科学的方式对待环境问题的最重要著作"。在这种赞誉与批判各半的评价中，罗马俱乐部继续关注着经济增长对生态环境的影响，作为早期研究的承续，他们在 1992 年发表了《超越极限》一书。在书中他们坚持了自己最初的观点："尽管环境保护已受到各界的重视，工业技术手段也不断得到改进，可仍然有很多的资源和污染超过了它们可持续的极限，而导致极限被超越的原因仍然是增长。"越来越多的学者相信"全球生态环境恶化将是 21 世纪人类面临的长期的、最大的敌人"。②

3. 实现代际公平的可持续发展思想

1972 年，在绿色运动席卷全球的历史背景下，联合国在瑞典的斯德哥

---

① 高畅：《罗马俱乐部思想变迁评述》，内蒙古大学硕士学位论文，2007。

② 贾学军：《现代工业文明与全球生态危机的根源》，《生态经济》2013 年第 1 期。

尔摩召开了人类历史上第一次以环境为主题的大会，即联合国人类环境会议，在会议讨论中提出并使用了"合乎环境要求的发展""无破坏情况下的发展""生态的发展""连续的或持续的发展"等概念，通过了《联合国人类环境宣言》，并指出："为了在自然界里取得自由，人类必须利用知识在同自然合作的情况下建设一个较好的环境。为了这一代和将来的世世代代，保护和改善人类环境已经成为人类一个紧迫的目标。这个目标将同争取和平和全世界的经济与社会发展两个既定的基本目标共同和协调地实现。"这表明人类已经开始意识到，必须明确地做些什么，才能保证地球不仅适合现代人类的生活，而且能够适合子孙后代的居住。

1980 年国际自然资源保护联合会（IUCN）、联合国环境规划署（UNEP）和世界自然基金会（WWF）共同发表了《世界自然保护大纲》，首次专门把"可持续发展"作为一个概念提出，认为其基本含义是"持久性地利用自然资源、保护基因多样性和维护生态系统"，"改进人类的生活质量，同时不要超过支持发展的生态系统的负荷能力"。

世界环境与发展委员会，由前任挪威首相布伦特兰夫人担任主席，通过在世界各地的广泛调查和与有关人士的磋商讨论，该委员会于 1987 年向联合国提交了一份具有划时代意义的报告，即著名的《我们共同的未来》（Our Common Future）。报告以"共同的问题"、"共同的挑战"和"共同的努力"作为专题概括了当前人类发展所面临的严重危机，也指明了出路所在，认为："我们需要一个新的发展途径，一个能持续人类进步的途径，我们寻求的不仅仅是在几个地方、几年内的发展，而且是在整个地球遥远将来的发展。"在《我们共同的未来》中，"可持续发展"作为关键性概念加以使用，并被定义为："在不损害后代人满足其需要的能力的条件下，满足当代人的需要。"①

---

① 孔令锋、黄乾：《可持续发展思想的演进与理论构建面临的挑战》，《中国发展》2007 年第 12 期。

而美国著名生态经济学家赫尔曼·E. 戴利在其后出版的《超越增长——可持续发展的经济学》一书中，给可持续发展的定义为："经济规模增长没有超越生态环境承载力的发展"。戴利还首次提出了"经济是环境的子系统"的命题，经济子系统不能超越它置身于其中的母系统规模而发展，这是可持续发展观的核心理念。因此，西方学术界认为戴利是对传统经济学发起哥白尼式革命最卓越的倡导者。①

　　关于可持续发展的界定一直被争论，不同的学科按照自己的理解纷纷对可持续发展的定义进行了延伸和发挥。生态学界侧重于自然属性，认为可持续发展是保护和加强生态环境系统的生产和更新能力，维护自然资源及其开发利用程度间的平衡；经济学界侧重于经济属性，认为经济发展是可持续发展的核心，可持续发展是不降低环境质量和不破坏自然资源基础上的经济发展；社会学界侧重于社会属性，认为可持续发展的最终目标是人类社会的进步，将其理解为在生态系统承载限度内改善人类的福利和生活品质；科技界侧重于技术属性，认为可持续发展实现的关键在于技术创新，可持续发展就是转向更清洁、更有效的技术，建立极少产生废料和污染物的工艺或技术系统。② 可持续发展思想的演进与理论构建面临挑战。

　　直到1992年6月，在巴西里约热内卢召开的联合国环境与发展大会上，经过与会多方的交换观点和反复讨论，世界对于可持续发展才基本达成了共识，大会通过的《里约宣言》和《21世纪议程》等重要文件，也赋予了可持续发展具体的思想内涵和切实的行动计划，使可持续发展的内容大大拓展了，标志着可持续发展思想的形成。由于发展中国家在这次会议上发挥了主导作用，因此大会所达成共识的核心是以公平的原则，通过全球伙伴关系，促进整个人类走经济发展和环境保护相结合的可持续发展

---

　① 杨荣俊：《生态经济学的产生、发展和成就——兼论学科建设的若干问题》，《鄱阳湖学刊》2011年第4期。

　② 孔令锋、黄乾：《可持续发展思想的演进与理论构建面临的挑战》，《中国发展》2007年第12期。

道路，以解决全球生态环境危机，并在《里约宣言》和《21 世纪议程》中明确了在处理全球环境问题方面发达国家和发展中国家"共同但有区别的责任"，以及发达国家向发展中国家提供资金和技术转让的承诺。这就为世界环境与发展委员会所提出的可持续发展定义提供了最好的诠释，即可持续发展不仅要在生态意义上保证未来后代能有资源满足其基本需求，而且要以公平的方式改变目前的消费与生产方式，使得资源能够被集约地用于满足当代及后代的生活需求。只有本着务实的态度和实事求是的原则，可持续发展概念的两个重要组成部分"环境保护"和"满足当代和未来后代的基本需求"才能够实现。①

可持续发展思想的形成，是人类作为一个整体在长期与自然相互作用的发展过程中得出的理论和经验总结。从本质上看，可持续发展主要包括三个方面的基本内涵：第一，可持续发展是建立在经济增长和经济发展基础上的发展。人类发展历史也已经雄辩地证明，贫困和落后不利于环境保护，正如印度前总统尼赫鲁曾指出，贫困是最大的污染源。可持续发展并不否定经济增长和经济发展，相反，经济增长和经济发展是可持续发展的基础。第二，可持续发展是考虑资源耗竭性和环境承载力的发展。人类不能再以环境的破坏、资源的整体性衰竭为代价来实现发展，而应谋求一种环境保护与经济发展相结合的崭新道路。人类发展得以持续的关键性条件之一也恰恰在于资源供给能力和环境消污去垢能力的保持乃至提高。第三，可持续发展是以人为本的发展。主张以人类社会的不发展来换取自然的修复和维持，在实践中也是行不通的，应通过发挥人的主观能动性来尊重自然、顺应和改善与自然的关系。

（三）国外拯救地球延续文明的思想创新

在生态环境面临巨大压力和挑战的情况下，西方生态经济学家发出了

---

① 孔令锋、黄乾：《可持续发展思想的演进与理论构建面临的挑战》，《中国发展》2007 年第 12 期。

"拯救地球延续文明"的呼吁，世界发达国家进行了发展方式转变的实践。美国生态经济学家莱斯特·R. 布朗在总结发达国家走过的传统工业化、城市化发展道路后指出："一切照旧的 A 模式会导致环境不断衰退，最终导致经济衰退。透支地球自然资产形成的环境泡沫经济终破灭，除非我们赶在这种结局发生前将泡沫消除。"应采用一种新方法"B 模式"，布朗 B 模式的基本构想就是生态经济模式。发达国家在转变发展方式、实施可持续发展的主要切入点上有以下几个方面思考。

1. 以合理"人口容量"控制人口规模的基本稳定

20 世纪中叶，当我们在批判马尔萨斯《人口论》的时期，这个理论却在西方产生了广泛深刻的影响，他们确信人口激增会带来一系列的严重后果，确信要保持人类一定的生活水平，就必须有一个合理"人口容量"的科学概念。从生态经济的视角来看待人类，人类既是生产者又是消费者，人口的指数增长性质，使地球上有限的资源人均数量越来越少，当达到极限以后，发展就不可持续。同时人类对消费质量的追求，又要求有越来越多的资源投入，而现实是人均资源越来越少，这个矛盾虽然依靠科技进步会得到缓解，但不能从根本上消除。为了克服这个矛盾，发达国家实施了有效的人口控制并取得成效。许多发达国家的人口几乎接近零增长，保持人口规模基本稳定。[①]

2. 以循环经济减少废弃物排放

在发达国家，发展循环经济是从废物再利用开始的。循环经济生产方式也推行到企业之间，利用工业产品的循环利用关系，建立生态工业园区，典型的是丹麦卡伦堡生态工业园，各企业的产品和废弃物都可以通过贸易形式相互利用，所有的废物都得到利用，在这里实际上是一种无废物生产方式，提高了物质循环利用率，降低了企业的生产成本，提高了企业

---

① 杨荣俊：《生态经济学的产生、发展和成就——兼论学科建设的若干问题》，《鄱阳湖学刊》2011 年第 4 期。

的经济效益。由于实施循环经济，物质利用效率大幅度提高，使生产单位 GDP 的物质投入量明显下降，发达国家在"二战"后不断调整产业结构，物质经济（第一、二产业）的比重不断下降，非物质经济（第三产业）比重不断上升，形成以非物质经济为增长主体的格局，工业"三废"排放总量下降，环境质量明显好转。目前，主要发达国家经济的环境损失占 GDP 比重已控制在 0.8% 以下，其中英、法、德控制在 0.5% 以下。①

3. 消除农产品污染保证食品安全

西方发达国家为了解决工业化进程中对农产品不断增长的需求，20 世纪 30~40 年代就兴起了化学农业，发展了以化肥、农药、机械化为主要内容的现代农业，增产目标虽然达到，但工业污染和农业面源污染造成了对农产品的严重污染，对食物安全构成威胁，严重危害人体健康。发展生态农业、绿色农业、有机农业成为世界各国农业现代化的选择。近 30 年来，发达国家化肥农药使用强度呈下降趋势。目前发达国家有机农产品、食品的消费量年增长 20% 以上，其中水果、蔬菜、油料中的有机食品份额达 90% 以上，有机食品国际贸易中的技术壁垒将长期存在。②

4. 可再生能源、清洁能源将逐步替代传统能源

社会生产实行清洁生产，必须使用清洁能源，只有能源是清洁的，整个国民经济才能实现真正的清洁生产，这是世界新一轮产业革命的主要特征。发达国家在基本完成工业化后，实现了两次重大的结构调整：一是经济结构或产业结构调整，使第三产业的非物质生产成为国民经济增长的主体，科技进步成为经济增长的主要动力，而不是主要依靠物质和人力资源的投入，这个调整已经基本完成并达到预期目标。二是能源结构调整，现

---

① 杨荣俊：《生态经济学的产生、发展和成就——兼论学科建设的若干问题》，《鄱阳湖学刊》2011 年第 4 期。

② 杨荣俊：《生态经济学的产生、发展和成就——兼论学科建设的若干问题》，《鄱阳湖学刊》2011 年第 4 期。

在世界上所有国家，仍主要依靠不可再生的矿物能源，由于矿物能源贮量的有限性以及对环境的污染，继续大量消耗矿物能源，将成为经济可持续发展的障碍。调整能源结构、发展可再生能源已经成为各国实施可持续发展的必然选择。有关专家预测，发达国家中的中小国家如丹麦、荷兰、瑞典等有可能在 21 世纪中叶完成能源结构的转换，可再生能源、清洁能源将成为本国能源生产和消费的主体。①

5. 以法律和政策引导，促进生产和消费方式转变

国际社会有关保护生态环境、促进可持续发展的法制和政策建设情况，大体有下面三个层次。第一层次是全球性的国际性公约。几十年来，由于人类生态意识的不断提高、国际社会的共同努力和联合国有效的工作，若干全球性的环境公约签署和生效，如海洋公约、重要湿地保护公约、保护世界文化和自然遗产公约、生物多样性保护公约、气候变化框架公约等，对保护全球生态环境起了重要作用。制定国际规则最关键的一点是要体现各国间的平等和公正。第二层次是国家层面上的法律法规和政策。一般是针对经济和人们生活方式的转变、行为规范进行立法，对本国有较强的约束力。发达国家的经验表明，保护生态环境的立法一般多从工业生产过程中的废弃物管理入手，其目的是通过加强废弃物管理，使废物成为再生资源。第三个层次是地方性法律法规。在国家法律的框架下，地方必须制定实施国家法律的细则和办法。同时地方可以根据本地特点和实际需要，制定地方性法规，对特定资源进行保护。除法律和政策的约束作用外，许多国家还重视发挥市场机制的作用，特别是在国际排污权贸易、增加碳汇交易和清洁发展机制（CDM）方面作了许多有益的探索。②

---

① 杨荣俊：《生态经济学的产生、发展和成就——兼论学科建设的若干问题》，《鄱阳湖学刊》2011 年第 4 期。

② 杨荣俊：《生态经济学的产生、发展和成就——兼论学科建设的若干问题》，《鄱阳湖学刊》2011 年第 4 期。

二 国外生态与经济协调发展的做法及经验

（一）美国田纳西河流域生态与经济协调发展的做法及经验

大河流域的开发对欠发达地区的发展起到积极的作用。美国对田纳西河的开发就是一个典型的促进区域生态与经济环境保护协调发展的世界性成功范例。

1. 情况简介

20 世纪 30 年代，田纳西河流域人均收入不足 100 美元，加上长期缺乏治理，森林遭破坏，水土流失严重，是美国最贫困的地区之一。1933 年，罗斯福总统开始实施"有计划地发展地区经济"战略，将田纳西河流域列入试点，以公共基础设施建设为突破口，对其流域内的自然资源进行整体性综合开发，以期达到促进区域生态与经济环境保护协调发展的目标。①

2. 田纳西河流域促进区域生态与经济环境协调发展的主要做法

为了解决田纳西流域贫困、洪灾和环境等问题，美国政府采取了一些非常有效的做法和措施。

一是成立田纳西河流域管理局。1933 年 5 月，美国国会通过了《田纳西河流域管理局法案》，设立了田纳西河流域管理局（The Tennessee valley authority，简称 TVA），授权其负责田纳西河流域的水利工程建设，并拥有规划、开发利用、保护流域内各种自然资源等广泛权利。这是田纳西河流域开发与治理取得成功的关键所在。

二是对田纳西河流域水资源进行统一开发和管理。田纳西河流域管理局成立后的一个时期，主要根据河流梯级开发和综合利用的原则，制定规划，对田纳西河流域水资源集中进行开发。当时的目标是以航运和防洪为

---

① 尤鑫：《田纳西流域开发与保护对鄱阳湖生态经济区建设启示——基于美国田纳西流域与鄱阳湖生态经济区的开发与保护的比较研究》，《江西科学》2011 年第 10 期。

主，结合开发水电。至 20 世纪 50 年代，基本完成田纳西河流域水资源传统意义上的开发利用，同时对森林资源、野生生物和鱼类资源开展保护工作。20 世纪 60 年代后，随着对环境问题的重视，田纳西河流域管理局在继续进行综合开发的同时，加强了对流域内自然资源的管理和保护，提高了居民的生活质量。目前，据田纳西河流域管理局称，田纳西河流域已经在航运、防洪、发电、水质、娱乐和土地利用六个方面实现了统一开发和管理。①

三是建立良性的经营运行机制。田纳西河流域管理局作为具有联邦政府机构权力的经营实体，其良性的经营运行体制主要依靠三个方面的措施来实现。（1）早期政府扶持力度较大。联邦政府对田纳西河流域管理局开发项目给予拨款。1960 年前，拨款基本上是无偿的，仅交纳少量的资金占用费；1961 年后，经营项目的拨款要求限额偿还。政府的扶持政策对田纳西河流域管理局的早期发展有很大作用。（2）积极开发电力项目。田纳西河流域管理局注重水电开发，随着对电力需求的迅速增长，田纳西河流域管理局积极建设火电站，继而建设核电和燃气电站，电力生产逐渐成为田纳西河流域管理局最大的经营资产。（3）发行债券，面向社会筹措资金。田纳西河流域管理局自 1960 年开始在国内发行债券，为发展电力筹措资金。1995 年开始在国际市场上发行债券，田纳西河流域管理局对债券的成功运作，促进了其电力生产的发展，也使电力生产经营逐渐成为田纳西河流域管理局的经济支柱。②

3. 主要经验

田纳西河流域促进区域生态与经济环境协调发展的成功经验主要有以下几点。

---

① 许洁：《国外流域开发模式与江苏沿江开发战略（模式）研究》，东南大学硕士学位论文，2004。

② 孙丽：《基于流域综合管理的区域经济发展模式研究》，河海大学硕士学位论文，2006。

一是立法保障。美国是联邦制国家，州的权力很大。田纳西河流域地跨7个州，田纳西河流域管理局要实现对田纳西河流域的统一开发管理，没有立法保证是难以想象的。因此，美国国会于1933年通过《田纳西河流域管理局法》，对田纳西河流域管理局的职能、开发各项自然资源的任务和权力作了明确规定，如田纳西河流域管理局有权为开发流域自然资源而征用流域内土地，并以联邦政府机构的名义管理；有权在田纳西河干支流上建设水库、大坝、水电站、航运设施等水利工程，以改善航运、供水、发电和控制洪水；有权将各类发电设施联网运行；有权销售电力；有权生产农用肥料，促进农业发展等。《田纳西河流域管理局法》的这些重要规定，为田纳西河流域包括水资源在内的自然资源的有效开发和统一管理提供了保证。《田纳西河流域管理局法》根据流域开发和管理的变化与需要，不断进行修改和补充，使涉及流域开发和管理的重大举措（如发行债券等）都能得到相应的法律支撑。

二是统一领导，统一规划，分散管理。由田纳西河流域管理局进行全面规划、开发、利用该流域内各种资源。作为联邦政府机构，田纳西河流域管理局只接受总统的领导和国会的监督，完成其规定的任务和目标。除所设三人理事会由总统任命理事外，在内部事务方面，田纳西河流域管理局有广泛的自决权，可以高效率地自行处理和解决有关问题。对田纳西河流域规划的实施及其所属业务部门，田纳西河流域管理局都进行强有力的领导，包括在计划制定、工程建设、企业管理等方面下达指令和进行指导。但在具体业务经营方面，各部门又有很大的自主性与独立性，可以较少地受到约束，更好地致力于地区自然资源的开发利用和有关的科学研究，以达到规划的总目标。在田纳西河流域管理局内部，各部门之间的协调达到很高水平。田纳西河流域的开发，是高度计划性和商品经济灵活性的最优结合。国会通过的流域开发总体规划，是各州、县都需要遵循的政治法规，而具体资源开发和工矿企业的经营管理，则主要按经济规律办事，由各级地方政府和私人资本协同进行。这种兼具政府与企业、科研机构与经营实体的权威性机构，非常有利于各项措施的实施和协调管理，为合理解决洪水控制、航运、水能开发，以及工业、农业、旅游业和城镇发展等问题提供了制度保证和前提条件。①

三是综合开发。田纳西河流域始终以水资源和土地资源的统一开发为基础，以水坝建设为突破口，实行梯级开发，控制河流水位，疏浚河道，综合开发利用水资源，建立具有防洪、航运、发电多目标、彼此相互联系的水坝体系，减少洪水灾害带来的经济损失，促进了农、林、牧业的发展。与此同时，围绕流域土地资源的改善与开发，因地制宜地全面发展农、林、牧、渔各业。总之，围绕水资源、土地资源的开发，综合开发流域经济。

四是合理调整产业结构和空间布局。经过几十年的发展，田纳西河流域的经济结构发生了根本的变化，产业结构由最初以农业为主逐渐转变为目前以制造业、商业和服务业为主。这主要得益于该地区充足的电力和丰富的水资源，进而为发展机械制造等行业奠定了坚实的基础；而商业、旅游服务业地位随着该地区逐步开发而较快上升，经济日益繁荣，对外经济联系日趋活跃，商业发达。而田纳西河流域崎岖陡峭的山峰，优美别致的溪流，变化无穷的景色，温和适宜的气候，为流域发展旅游业提供了理想场所。水库体系的建设产生了大规模的库滨地带，为旅游和休养娱乐提供了场所，旅游业在该地区经济中成为仅次于制造业的第二大产业。在产业布局中，注重城市和乡村的平衡发展。工业在集中沿河布局的同时，适当考虑布局到乡村，农民可以适当地从事制造业方面的工作，以增加他们的收入，形成了农业和工业相协调的混合景象。②

五是重视生态，资源开发促生态环境发展。田纳西河流域在规划以及

---

① 陈湘满：《美国田纳西流域开发及其对我国流域经济发展的启示》，《世界地理研究》2000年第6期。

② 赵海波：《基于河流健康生态内涵的城市空间规划策略研究》，重庆大学硕士论文，2009。

规划的实施过程中坚持流域生态第一原则，以资源的开发与保护带动流域经济发展，注重在水资源开发利用的同时与流域内的生态建设、防洪水运、城市用水、工业布局、休闲旅游等紧密结合，带动地方经济和社会的快速健康发展，同时水资源的开发和保护与流域经济发展相结合。①

（二）日本北海道在开发中保护环境的主要做法与经验

1. 情况简介

北海道是日本的四大岛屿之一，总面积为 8.345 平方公里，占日本国土面积的 20.1%，人口 557 万人，占日本总人口的 4.3%。日本对北海道的开发始于明治维新时期，迄今已有 140 多年的历史，特别是"二战"后日本加大了对北海道的开发力度，将其作为日本战后经济的特殊资源供应地，先后实施了 6 期综合开发计划，在基础设施、产业开发、环境保护、民生改善等方面均取得了很好的成绩。其粮食自给率达到 200%，掌握着日本粮食安全保障的命脉；城市化率达到 73%，高于全国 66% 的平均水平，森林覆盖率达到 71%。2008 年，日本政府又面向新世纪做出了北海道综合开发新计划，提出了三大战略目标：光耀亚洲的北方明珠——建设开放而又有竞争力的北海道；山清水秀的北国大地——建设美丽而又可持续发展的北海道；有地方特色的北方广域分散型社会——建设多样化而又有地域个性的北海道。日本在推进北海道开发的同时采取一系列措施推进环境保护工作，积累了值得借鉴的成功经验。

2. 主要做法

第一，不断调整优化产业结构，努力减轻产业发展带来的环境承载压力。日本最初对北海道的开发主要是鼓励移民、资源开发和开垦农田。"二战"战败后，日本为恢复经济，把北海道作为重要的能源（主要是煤

---

① 尤鑫：《田纳西流域开发与保护对鄱阳湖生态经济区建设启示——基于美国田纳西流域与鄱阳湖生态经济区的开发与保护的比较研究》，《江西科学》2011 年第 10 期。

炭）和粮食基地来建设，煤炭等资源的大量开采和沿太平洋海岸工业的发展，也给北海道的环境带来了一定的压力。但日本在环境问题上觉醒早、行动快，随着经济的恢复发展，他们及时调整了产业结构，能源由自给及时调整为依靠进口，本土重点发展农业、渔业和以物流、电子信息、旅游观光等为主的第三产业，即使是工业也以组装加工为主，这样就大大减少了产业发展带来的环境压力。第二产业在北海道经济中的比重只占到15.5%，低于全国的27.2%。北海道的农业在日本国内具有一定的比较优势，多年来他们在推进农机规模经营、打造地区品牌、延长产业链等方面取得了很好的成效。依靠丰富的海洋资源，渔业也得到快速发展，中国也是其主要的海产品出口国之一。旅游观光业在北海道方兴未艾，正逐渐成为一个新的支柱产业。产业结构的及时调整和日本人在环保问题上的及时觉醒，使北海道避免了走"重度污染、高难度治理"的老路。

第二，加强环保立法，依法推进环境保护和污染治理。环境问题作为社会问题在日本受到重视，其起点是 20 世纪 50 年代和 60 年代发生了水浔病（有机水银中毒）、痛痛病（镉中毒）、哮喘（二氧化硫气体）等公害，并对此采取了对策。1971 年日本创建了环境厅，1972 年制定了保护自然基本法，在巴西里约热内卢举行地球环境峰会后的第二年，日本制定了环境基本法，奠定了日本制定环境政策的基本方向。1997 年制定了环境影响评价法，从而使大规模开发等事业的环境评价成为一种制度。随后还制定了《建立循环型社会基本法》《生物多样性基本法》等一系列有关环境保护的法律法规，在基本法的框架下还有一系列子法，仅在《建立循环型社会基本法》之下就有《废弃物管理和公共清洁法》《资源有效利用促进法》《绿色食品购买促进法》等 7 部子法。环境保护法律法规的制定已上升到政府和全体公民的层面，以环境保护的法律法规为指导，北海道开展了一系列污染治理和环境保护的活动，并取得了很好的成效，法律的保障和国民的认同促进了环境保护工作的顺利推进。可以说，比较完备的法律体系和日本国民超强的执行力是推进环境保护的根本保证。

第三，坚持开发与保护并重，努力实现人与自然的和谐共生。有序、有度开发，努力实现人与自然的和谐共生，是推进可持续发展的关键。日本包括北海道主要采取了三大措施。一是划定保护区域。为了保护环境，日本划定了大量的自然保护区、国立公园、国定公园等以加强重点生态区域的环境保护。北海道人也深知北海道的环境对国家来说是一笔宝贵的财富，是支撑北海道品牌价值的重要因素。因此，其对生态环境、生物物种的保护高度重视。北海道有 1 处原始自然环境保护区、6 个国立公园、5 个国定公园和 12 个拉姆萨尔公约湿地，整个北海道 71% 的面积是森林，划定的保护区域占全国保护区域总面积的 20%，在保护区内实行最严格的保护措施和动员全民广泛参与的生态修复行动。二是加强重点污染区域治理。如网走湖因海水流入和污水超负荷发生了严重的绿藻、绿潮等水质污染后，网走市采取盐淡分界层控制、水质净化、水草割除、底泥清淤等多种措施加以整治，使网走湖的水质得到很大的改善，保住了该湖水产养殖产业。类似的还有茨户川水质的改善等治理活动也取得了不错的成效。三是开展与环境和谐的旅游观光。加强对景点地区垃圾的无害化处理，开展造林运动以抵消旅游所产生的二氧化碳等，北海道通过创建具有先驱性的植树技术开展造林活动，新造了大量的道路防雪林、泥石缓冲林和利用混播技术再造接近自然的树林，以此推动旅游观光产业的可持续发展。

第四，积极开发新能源，大力发展循环经济。降低资源、能源消耗，促进循环利用，是推动环境保护的重要一环。北海道对此高度重视，积极探索。一是加强对废弃物的回收利用和无害化处理。2000 年 5 月，日本《建立循环型社会基本法》正式生效实施，北海道也认真审视自身的生活方式和经济活动，并寻求建立一个限制自然资源消耗和减轻环境负担的社会，认真开始做三件事，即尽量避免产生废弃物；尽量将已产生的废弃物作为资源加以利用；对不能以任何方式再利用的废弃物进行合理处理。通过加快实施 3R（Reduce＝减少垃圾的发生、Reuse＝重新利用循环资源以及 Recycle＝再生利用）来建设循环型社会。为此，他们动员起公民组成一个整体，促进循环型社会的创建。实行严格的垃圾分类，建立起白石清扫工场和山本垃圾处理场等垃圾处理设施，对可燃烧垃圾进行焚烧发电，不能焚烧的集中填埋，对产生的垃圾尽可能回收利用和无害化处理，同时也促进了垃圾的减量化。二是积极开发新能源。借助国家对新能源开发利用的补助政策，北海道积极开发新能源。2009 年，共有 10 个项目成功入选日本国内"新能源百选"项目，并得到政府支持。如雪冰热利用、太阳能发电、天然气汽电共生、绿色能源汽车、风力发电等在北海道都起到一定的作用。如北海道莫埃莱沼公园的玻璃金字塔就是一个利用雪冰热宣传、普及新能源的教育基地。三是厉行节约，减少资源消耗。日本人都深知本国资源的缺乏，有很强的危机意识，特别注重资源能源的节约，这种观念已深入他们衣食住行、生产生活的各个方面、各个环节，以切实减少资源消耗带来的环境压力。

3. 主要经验

一是找准了产业发展与环境保护的结合点。高度重视产业结构调整，合理确定地方主导产业，注重发展绿色产业、循环经济。产业发展不以牺牲环境为代价，努力追求经济发展与环境保护的相互促进。①

二是发挥了政府在推进环境保护中的主导作用。北海道综合开发计划的制定、环保法律法规的建立、新能源开发补助政策的出台等无不体现了政府的主导和决定作用，是一种自上而下、上下联动政策性推动的结果。②

三是广泛动员组织各方主体积极参与。强化全体国民的环境保护意识，明确了政府、企业、社会团体、公民在环境保护方面的责任和义务，使保护环境成为一种社会共识、一种工作责任、一种自觉行动、一种道德规范。促成各个社会主体积极参与其中，这是日本北海道环境保护取得成

---

① 《增强生态环保意识　科学推进沿海开发——江苏省社会主义学院第十五期党外县处级领导干部培训班驻点调研报告》，《江苏省社会主义学院学报》2012 年第 2 期。

② 《增强生态环保意识　科学推进沿海开发——江苏省社会主义学院第十五期党外县处级领导干部培训班驻点调研报告》，《江苏省社会主义学院学报》2012 年第 2 期。

功的关键因素之一。[①]

四是注重科技创新。日本是一个以技术立国的国家，高度重视技术创新，以技术创新推动产业升级、环境改善在北海道开发的历史进程中表现得尤为明显和突出。[②]

（三）英国伦敦雾都治理的主要做法与经验

1. 英国"伦敦烟雾事件"简介

回顾两百余年的工业化进程，英国社会一直没有足够重视空气污染的危害。最后，一场灾难来袭，导致数千人丧命，英国人终于开始发现空气污染到底有多可怕。1952年12月5日至10日，发生了"伦敦烟雾事件"。伦敦连续数日大雾，伦敦市区的能见度降到仅仅几英尺。大多数伦敦人一开始只以为那几天不过是雾大了一些而已。但大雾中饱含硫化物和粉尘，当时伦敦的空气中弥漫着刺鼻的气息，人人鼻孔里都吸满了黑色粉尘。仅在1952年12月5日至8日这4天里，伦敦市死亡人数就高达4000人。在这一周内，伦敦市因支气管炎死亡704人，冠心病死亡281人，心脏衰竭死亡244人，结核病死亡77人。此外肺炎、肺癌、流行性感冒等呼吸系统疾病的发病率也有显著增加。在此后两个月内，又有近8000人死于呼吸系统疾病。由于毒雾的影响，公共交通、影院、剧院和体育场所都关门停业，大批航班取消，甚至白天汽车在公路上行驶都必须打开大灯。大雾持续到12月10日才渐渐散去。此次事件被称为"伦敦烟雾事件"，成为20世纪十大环境公害事件之一。

2. 英国治理"伦敦烟雾事件"的主要做法

1952年"伦敦烟雾事件"发生后，英国人开始反思空气污染造成的苦

---

① 《增强生态环保意识　科学推进沿海开发——江苏省社会主义学院第十五期党外县处级领导干部培训班驻点调研报告》，《江苏省社会主义学院学报》2012年第2期。

② 《增强生态环保意识　科学推进沿海开发——江苏省社会主义学院第十五期党外县处级领导干部培训班驻点调研报告》，《江苏省社会主义学院学报》2012年第2期。

果。此后，英国政府制定了一系列的法规措施整治环境。

第一，治理工业污染，出台空气污染防治法案。英国政府制定了世界上第一部空气污染防治法《清洁空气法》。法律规定在伦敦城内的电厂都必须关闭，只能在大伦敦区重建。要求工业企业建造高大的烟囱，加强疏散大气污染物。还包括要求大规模改造城市居民的传统炉灶，减少煤炭用量，逐步实现居民生活天然气化；冬季采取集中供暖。1968 年修正《清洁空气法》，以巩固空气质量的改善；1974 年出台《空气污染控制法》规定了工业燃料里的含硫上限。这些措施有效地减少了烧煤产生的烟尘和二氧化硫污染，并产生了良好的效果。这一系列的空气污染防控法案针对各种废气排放进行了严格约束，并制定了明确的处罚措施，有效减少了烟尘和颗粒物。英国对空气质量的立法规制并不止步于此，到 20 世纪 80 年代，交通污染已取代工业污染，成为伦敦空气污染的首要来源。英国政府又出台一系列举措对小汽车尾气排放进行严格限制，同时大力推广新能源汽车、公共交通和自行车交通。从 1993 年 1 月开始，所有在英国出售的新车都必须加装催化器以减少氮氧化物污染。1995 年通过《环境法》，旨在制定一个治理污染的全国战略。英国政府要求工业部门、交通管理部门和地方政府共同努力，减少一氧化碳、氮氧化物、二氧化硫等 8 种常见污染物的排放量，[1] 并根据英国国内、欧盟及世界卫生组织的标准，设立了必须在 2005 年前实现污染控制定量的目标。2001 年出台《空气质量战略草案》，该法案致力于进一步提高伦敦的空气质量，消除大气污染对公众健康和日常生活的影响。2007 年，英国修订《空气质量战略》，新增对PM2.5 可吸入颗粒物的监控要求。2007 年的《空气质量战略》提出，到2020 年前将空气中 PM2.5 的年平均浓度控制在每立方米 25 微克以下，道路等高污染区域不能超出这一上限，而在乡村等空气较好的区域，还会实行更严格的监控规定。

---

① 唐佑安：《伦敦治理"雾都"的启示》，《法制日报》2013 年 1 月 30 日。

第二，防治交通污染，大力发展公共交通。20 世纪 80 年代后，交通污染取代工业污染成为伦敦空气质量的首要威胁。为此，政府出台了一系列措施，来抑制交通污染。包括优先发展公共交通网络、抑制私车发展，以及减少汽车尾气排放、整治交通拥堵等。首先是优先发展公共交通网络。伦敦有着强大的公共交通系统。有 140 多年历史的地铁是大多数伦敦人出行首选。11 条线路，全城 270 多个站点，每天 300 余万人次搭乘地铁出行。市中心的地铁站之间都步行可达，密如蛛网的线路覆盖整个伦敦。除了地铁，还有城市火车、港区轻轨和几百条公交线路分流路面人群。发达的公共交通以及政府对非公交系统用车的高压手段，让公众更乐意选择地铁或公交出行。其次是抑制私车发展，整治交通拥堵。英国除对汽车本身和燃料等做出种种规定和管制外，一直致力于控制市区内的汽车数量，在 2003 年更是通过收取交通堵塞费的手段限制私家车进入市区。到 2008 年 2 月，伦敦针对大排量汽车的进城费已升至 25 英镑/天，折合人民币 350 元/天，导致大笔收入都花在了公共交通上面。对拥堵费制度虽然民众抱怨很多，但事实是收费地区交通拥堵程度减少了 30%。伦敦正计划在今后 20 年内，把伦敦的私车流量减少 9%。2010 年 7 月，一条 8.5 英里的自行车高速公路，从伦敦南部一直通向市中心。作为伦敦计划中 12 条自行车高速公路中的第一批试验线路，这条道路目前每天约有 5000 辆自行车通过，预计 2025 年的自行车骑行量将比 2000 年增加 4 倍。最后是减少汽车尾气排放。1995 年起，英国又制定了国家空气质量战略，规定各个城市都要进行空气质量的评价与回顾，对达不到标准的地区，政府必须划出空气质量管理区域，并强制在规定期限内达标。欧盟要求其成员国 2012 年空气不达标的天数不能超过 35 天，不然将面临 4.5 亿美元的巨额罚款。同时，伦敦计划在 2015 年之前建立 2.5 万套电动车充电装置，将伦敦打造为欧洲电动汽车之都。

第三，将低碳产业作为新的经济增长点。2009 年 4 月，布朗政府宣布将"碳预算"纳入政府预算框架，使之应用于经济社会各方面，并在与低碳经济相关的产业上追加了104亿英镑的投资，英国也因此成为世界上第一个公布"碳预算"的国家。与此同时，政府通过运用气候变化税、碳基金和温室气体排放贸易计划等财税激励政策，建立了涵盖建筑部门、工业部门、交通部门、居民部门以及节能减排咨询服务等产业发展的政策体系，具体内容包括以下三个方面。一是大力发展新能源。到2020年可再生能源在能源供应中要占15%的份额，其中40%的电力来自低碳领域（30%来源于风能、波浪能和潮汐能等可再生能源，10%来自核能）。二是推广新的节能生活方式。在住房方面，英国政府拨款32亿英镑用于住房的节能改造，对那些主动在房屋中安装清洁能源设备的家庭进行补偿，预计将有700万家庭因此受益。在交通方面，新生产汽车的二氧化碳排放标准在2007年基础上平均降低40%。三是向全球推广低碳经济的新模式。目前，英国低碳经济及相关产业每年能创造超过1000亿英镑的产值，为88万人创造就业机会。①

第四，利用新型胶水"黏"住污染物。20世纪80年代，伦敦市在城市外围建有大型环形绿地4434平方公里。政府尝试在街道使用一种钙基黏合剂治理空气污染。这种黏合剂类似胶水，可吸附空气中的尘埃。街道清扫工已将这种新产品用于人口嘈杂、污染严重的城区，目前监测结果称这些区域的微粒已经下降了14%。英国民众也可以通过网络查询每日空气质量的发布情况。②

3. 英国治理"伦敦烟雾事件"的主要经验

第一，制定完备的法律。从以上并不完全的列举中，可以看出英国伦敦在治理空气污染上花费了巨大立法成本，几乎每隔几年都会出台一部治理空气污染的法律。而且根据污染的不同形式，或制定新的法律，或对原有的法律进行相应的修正，以适应治理污染的新形势。一般来说，按照惯

---

① 王宇：《世界走向低碳经济》，《中国金融》2009年第12期。

② 唐佑安：《伦敦治理"雾都"的启示》，《法制日报》2013年1月30日。

例英国国会的立法程序向来严谨审慎且耗时费力，但"伦敦大雾"事件之后，为了让治理空气污染有法可依，议员们拟定草案、提出动议、委员会一读审议、下院二读辩争修正、三读票决通过等程序三年内全部完结。上述各种法律、政令的颁布，对伦敦的大气污染治理和保护城市环境发挥了至关重要作用。①

第二，严厉的处罚措施。我们都知道，法律制定得再完备，如果不实施，那就无异于没有爪牙的老虎，不足为惧。为了有效地治理空气污染问题，英国政府对排污行为采取了严格的控制措施。例如，《工作场所健康和安全法》等法律规定，污染企业必须采取手段，避免将有害气体排入大气，否则将面临严厉处罚。近年来，英国政府出台了一系列举措对小汽车尾气排放进行严格限制；另外，伦敦市中心还设立了污染检测点，警察可拦截有过多排污迹象的汽车对其进行测试，并有权对未通过测试的车主实施罚款。②

第三，完善的配套措施。法律在治理空气污染过程中固然发挥着关键的作用，但法律手段并不是万能的，还需要相关配套措施的完善。伦敦市政府于 2004 年出台的《伦敦市空气质量战略》就很好地说明了这一问题：彻底改善城市的空气质量，绝不仅仅是环保部门的责任，还需要各级政府的全面统筹、规划，将城市可持续发展的理念贯穿城市总体发展规划始终，并且科学地、前瞻性地制定各种城市发展、城市环境管理的方针政策。③

第四，注重防治污染新技术的运用。英国官方对空气污染的治理不只是立法，也着力推广更有效率的新技术。2008 年，欧盟委员会通过《环境空气质量指令》。根据该指令，就各成员国整体而言，可吸入颗粒物含量

---

① 唐佑安：《伦敦治理"雾都"的启示》，《法制日报》2013 年 1 月 30 日。

② 《伦敦治理"雾都"的启示》，http://www.mzyfz.com/cms/pufazhuanlan/pufazhuanti/faxuey-anjiu/html/1179/2013 - 01 - 30/content - 653059.html。

③ 唐佑安：《伦敦治理"雾都"的启示》，《法制日报》2013 年 1 月 30 日。

须控制在年平均浓度 25 微克/立方米的水平。这个目标须在 2010 年至 2015 年达到。伦敦空气中的悬浮颗粒物水平已超过欧盟标准上限。因此从 2011 年起，配备特殊装备的卡车开始在伦敦市各处巡游，并在交通最繁忙的重点路段喷洒"醋酸钙镁溶剂"，这种化学溶剂能像"胶水"般将悬浮颗粒污染物"黏"起来，坠落地面，进而改善空气质量。①

第五，生态环境保护的全面参与。伦敦空气污染的防控和治理，成绩并不全归功于政府。作为世界上第一批代议制民主国家之一，英国公民在公共措施的讨论、决策、监督、执行上，都有深厚的自治传统和强大的社会根基，环境问题自然也不例外。如果政府在治理空气方面稍有疏失，主流媒体不会替政府粉饰遮掩而是大胆抨击。比如 2012 年 7 月，英国《星期日泰晤士报》就引述环保组织"清洁伦敦空气"（Clean Air in London）所做的调查报告，质疑伦敦市政府只在空气质量监测点附近大洒清洁悬浮颗粒物的化学溶剂，借以美化空气污染指数，而忽视其他空气质量更需要提高的地区。②

（四）巴西库里蒂巴生态与经济协调发展的主要做法与经验

作为巴西城市化进程最快的城市，库里蒂巴并未出现环境恶化的问题。相反，它却成就了经济发展与生态保护的双赢，在 1990 年与温哥华、巴黎、罗马、悉尼一道被联合国命名为首批"最适宜人居的城市"，成为世界生态城市建设的典范。

1. 巴西库里蒂巴城市化背景简介

库里蒂巴是巴西南部巴拉那州的首府，始建于 1693 年。1940 年代前，库里蒂巴还只是一座以木材、咖啡、农牧业等为主的内陆小城市。从 1960 年代开始，库里蒂巴的经济进入高速增长期，城市规模也随之急剧增大。

① 石头：《雾霾治理：伦敦告别"雾都"之经验》，《求知》2013 年第 6 期。
② 石头：《雾霾治理：伦敦告别"雾都"之经验》，《求知》2013 年第 6 期。

在 1950 年代，库里蒂巴的人口还只有 30 万人，其中市区人口 14 万人；到 1990 年代总人口已达 240 万人，其中市区人口 150 万人，城市面积 432 万平方公里。在这段时期内，城市的经济结构和实力发生了很大的变化，由原来以农牧业经济为主一跃成为一个工业和商业中心。至 1990 年代初期，其人均年收入已达 2500 美元。在经历了数十年的高速发展之后，1970 年代前的库里蒂巴和巴西大多数城市一样，面临严重的人口拥挤、贫穷、失业、环境污染等社会及环境问题。但在城市规划的指导下仅用了一代人的时间，库里蒂巴便在保护并发展生态环境的前提下，根本性地改善了城市面貌，大大提高了居民的生活质量，使城市不断走向可持续发展的目标。[①]

2. 巴西库里蒂巴生态城市建设的主要做法与经验

同属发展中国家城市的库里蒂巴，在生态城市建设过程中有着诸多有益的做法和经验。

（1）立足长远的城市规划

库里蒂巴城市总体规划最大的亮点是基于公交优先原则的城市开发。总体规划确定城市沿着几条结构轴线向外进行走廊式开发，以城市公交线路所在道路为中心，对所有的土地利用和开发密度进行了分区。库里蒂巴市沿着 5 条交通轴线进行高密度线状开发。5 条轴向道路中的 4 条所在地块的容积率为 6，而其他公交线路服务区的容积率为 4，离公交线路越远的地方容积率越低。城市仅仅鼓励公交线路附近 2 个街区的高密度开发，并严格限制距公交线路 2 个街区外的土地开发。在道路系统方面，每条轴线都含有 1 个由 3 条平行大道组成的三元结构。其中 1 条大道通向城市中心，另外 1 条背离城市中心，而第 3 条大道则是处于以上两者之间的中央大道。大道之间以标准的城市街块（block）隔开。中央大道本身又由 3 条道路组成。有点像我国城市普遍使用的三块板结构，只不过它中间的 1 条道路是

---

① 简海云：《巴西库里蒂巴城市可持续发展经验浅析》，《现代城市研究》2010 年第 11 期。

公共交通专用道，两侧的道路供私人小汽车和其他车辆使用，从这样的意义上说，公共交通从一开始就在城市规划中被赋予了优先地位。从方便乘客快速上下车的管状站台，到站点周边多样化的城市公共空间，再到残疾人乘车的专用设施等，从系统到细节的周密安排使公共交通优先意图真正落到实处。[①]

（2）注重生态产业发展

一是利用良好区位条件，发展现代制造业。利用与内陆农业区和其他沿海大城市的互补性，以机电、汽车等为主导的现代化制造业成为增长引擎。二是充分发挥私企的高效率，大力发展生态工业及服务业。在政府严格监管的同时，灵活利用私营企业的高效率服务：库里蒂巴举世闻名的公共巴士系统由 10 个私营公司拥有和运营，不需要政府给予直接补贴。此外，库里蒂巴大力吸引外国企业的投资，并为入驻企业提供良好的发展条件。三是注重产业发展与自然的协调，高度重视环境保护。库里蒂巴在发展过程中采取了一系统的措施，以解决原本困扰库里蒂巴的环境问题。这些措施包括：以税收政策鼓励发展商增加绿化地带，发起"让垃圾不再是垃圾"的活动等。四是创新发展新的资源回收产业，减少资源消耗。1989年，库里蒂巴市政府发起了名为"让垃圾不再是垃圾"的运动，动员全市各家庭从垃圾中分离出可回收利用的物资，由一家公司用绿色卡车 1 周 3 次地进行路边回收。现在，回收的垃圾可分成 5 类，其中纸张、玻璃、罐头盒和塑料等可作为工业原料；而腐烂的蔬菜、水果等有机物则可用作农业肥料。这种闭路循环的垃圾资源化系统，节约了近一半垃圾处理费用。同时，填埋的废渣减少了，地下水被渗透污染的危险也减小了。此外，库里蒂巴市政府还资助了"垃圾购买项目"，市民可用垃圾交换食物。在库里蒂巴市的各个居民社区，垃圾回收车每周来两次，都是两辆同行，前一辆车回收"垃圾"，后一辆车分发食品，2 公斤回收物资可换得 1 公斤食品，也可以兑换公共汽车票、练习簿或圣诞节玩具等。这种垃圾购买活动满足了市民的日常生活需求，而所提供的大米、大豆、土豆、洋葱、橙子、大蒜、鸡蛋、香蕉、胡萝卜和蜂蜜等则是购买的当地农民季节性剩余产品，所以又增加了农民收入。

（3）加强城市建设

第一，城市水患的治理。由于当时城市人口的快速增长，人与河水争地的矛盾加剧，沿着河流两岸修建的大量房屋和其他建筑加深了水患的影响。1966年初，巴西政府制定了新的排水规划，并划定低洼地区禁止开发以专供排洪使用。1975年通过了"保护现行自然排水系统的强制性法令"，为了有效利用上述防洪区域，库里蒂巴市政府在河岸两旁建成了有蓄洪作用的公园，并修建了人工湖。公园里大面积种植树木，废弃的工厂和河两岸其他建筑物则改造成体育和休闲设施，公交线路和单车道把这些公园与城市交通系统连接起来。为了切实保护自然生态，市政府不搞河流截弯取直的"整治"工程，也不铺设硬质化的河床与河道，而是顺其原貌，听其自然。因此，流经库里蒂巴的河流是天然弯曲的，保持着自然的韵律和美。市政府还禁止在公园和广场的空地上铺设硬质化的路面，公园里的步行道多为可渗水的土路；在游人集中的景区、景点，用来远眺的平台则使用架空的网状金属装置，可透光、透水、透风。所有这些措施，既是为了保护自然系统的健康性和完整性，也是为了维护城市的水资源循环，使雨水落下后能够在原地浸润。通过上述措施，库里蒂巴不仅根治了水患，而且避免了庞大工程设施带来的市政负担，还极大地提升了城市的环境品质。

第二，城市绿化建设。库里蒂巴是世界上绿化最好的城市之一，人均绿地面积从1970年的0.5平方米增加到今天的52平方米，是联合国推荐指标的4倍。其独到之处是在防洪禁建区内大量建设湿地生态公园，增加植树150万棵。自20世纪70年代以来，为了调动民间积极性，市政府出台了一项政策，即由政府免费提供绿地，供来自不同国家的移民社团进行保护性开发，建成各具特色的主题公园。公园完全是公益性的，突出的是文化多样性和生物多样性两大主题。市政府要求公园内的建筑面积不得超过1/3，建筑风格要突出各自国家和民族的特色，设计图纸还要经市有关部门审批，以使多样文化与城市的整体风格保持内在的一致性。世界各地风情在此得以尽情展现。不仅如此，过去洪水淹没的采石场被改建成了城市公园和歌剧院；废弃的垃圾填埋场被改建成漂亮的植物园；在旧矿坑上，还建起了爱护环境免费大学。类似的许多生活环境遭到破坏的地方，后来都得到进一步修复。①

（4）加强以人为本的文化教育

库里蒂巴市民良好的环境意识，与政府对文化教育的高度重视分不开。市政府为加强环境教育，特设了一座"爱护环境免费大学"，经常举办短期环保学习班，课程内容生动活泼又切合实际，市民们踊跃参加。

市政府将环保宣传的重点集中在儿童身上，由儿童扩展到家庭，使儿童和家长都养成保护环境和废物再生利用的习惯。在电视广告里，首先是告诉儿童保护绿化和资源再生利用的重要性，并随时播放爱护地球环境的歌曲，号召从垃圾中分拣出各种可利用资源。还组织身穿绿叶装的演员到各个小学校去巡回演出。甚至在小学的教科书上也渗透了环境教育的内容。对年龄大的孩子，组织他们到公园绿地实习，培养他们对环境保护的兴趣，使他们对自己劳动过的公园产生眷恋感。

目前库里蒂巴正开展几百个社会公益项目，从建设新的图书馆系统，到帮助无家可归的人。在最贫穷的邻里小区，城市开始了"LinetoWork"的项目，目的是进行各种实用技能的培训。4年来，该项目培训了10万人次。库里蒂巴还开始了救助街道儿童的项目，把露天市场组织起来，以满足街道小贩们的非正式经济要求。公共汽车文化渗透到各方面。把淘汰的

---

① 简海云：《巴西库里蒂巴城市可持续发展经验浅析》，《现代城市研究》2010年第11期。

公共汽车漆成绿色，提供周末从市中心至公园的免费交通或流动教室等，为低收入人员提供成人教育服务。①

三 中国古代生态智慧与现代生态文明思想的发展

（一）中国古代思想中生态文明的智慧

中国传统文化源远流长。中国传统文化的天人合一思想是生态文明的重要文化渊源。古代思想家提出的一系列关于尊重生命、保护环境的智慧，为我们今天建设生态文明社会提供了不可多得的思想来源。

1. 热爱自然，亲近自然

仁者要"畏天命""知天命""制天命"，亲近大自然，把融入大自然视为最大的快乐、人生追求的最高志趣。"畏天命"要求人们要敬畏自然，对自然界不能随心所欲，对自身行为要保持警觉。自然界有其自身的规律，人类应按这些规律办事，如果违反这些规律，就会受到惩罚。"知天命"则要求人们去认识、掌握自然的规律，认识到人与自然和谐的重要性。只有认识了天人关系，才能倾听自然界的呼声，从而达到"不逾矩"的境界。倡导"制天命"，就是人类可以在掌握自然运行规律的基础上利用它为人类谋福利，使天地万物为人类发挥好的作用。

2. 崇尚自然、尊重自然

人要以尊重自然规律为最高准则，以崇尚自然、敬畏天地作为人生行为的基本皈依。如道家认为，天、地、人"本是同根生"，要"知常"、"知和"、"知止"、"知足"。"知常"，就是说认识了天地运动变化的"规律"，才能明智；"知和"，就是说和谐是自然的根本规律；"知止"，就是说要认识、把握天地万物的极限，以限制或禁止自己的行为；"知足"，就

---

① 简海云：《巴西库里蒂巴城市可持续发展经验浅析》，《现代城市研究》2010 年第 11 期。

是说人们要走出自己不符合实际的欲望。道家关于天人关系有一段精彩的论述："道生一，一生二，二生三，三生万物；人法地，地法天，天法道，道法自然。"它指出了天与人或者天地万物的同源性、同律性，天与人在演化过程中虽有很大的差异，但天与人还是遵循着同样的规律。主张人类要尊重自然，凡事都要顺应自然，在人类活动中尽可能地少一些人为因素。但并不是要人降低到生物学意义的动物，否认人在宇宙万物中的地位。《老子》提出："道大，天大，地大，人亦大。域中有四大，而人居其一焉。"老子既没有把天道奉为与人对立的至尊权威，也没有把人贬为天道的附属物。在天人关系中，人的地位是不容降低的。人是经济社会活动的出发点和归宿，人为了满足自己的欲求，需要保护资源和环境。为此，老子要人们发挥主体能动作用，有效地控制自己的行为欲求，不能一味追求自己欲望的满足而过度开发利用资源。

3. 生态平衡、和谐相生

只有公平地对待所有生命及其权利，才能建立真正合理的生态平衡观，才能彻底有效地改善生态环境。如中国佛教主张："佛性平等，和谐相生，把自然万物看成与人类一样有感情、有觉悟、有灵性，一样有生存权利和生命尊严；肆无忌惮地伤害自然，破坏生物间和谐共处，是不公平、不理智的。"人类要想有一个良好的生存环境，就必须与自己生存环境里的其他生命体共生。佛教还主张和谐相生，认识自然的目的是在揭示世界，寻求人类以及人类与众生之间的和谐生存方式，实现共生共荣。

在生态问题上，佛教认为，宇宙本身是一个巨大的生命之法的体系，无论是无生命物、生物还是人，都存在于这个体系之内，生物和人的生命只不过是宇宙生命的个体化和个性化的表现。在佛教理论中，人与自然之间没有明显界限，生命与环境是不可分割的一个整体。佛教提出"依正不二"，即生命之体与自然环境是一个密不可分的有机整体。佛教主张善待万物和尊重生命，并集中表现在普度众生的慈悲情怀上。佛教教导人们要对所有生命大慈大悲。所有生命都是宝贵的，都应给予保护和珍惜，不可随意杀生。佛教中"不杀生"的戒律乃是约束佛教徒的第一大戒。在今天看来，佛教信仰虽然带有宗教神秘的内容，不能从根本上解决人类保护生物的问题，但它所表现出来的对生命的尊重和关爱，对于我们今天更好地保护生态环境显然有其积极的意义。

我国的生态智慧产生于遥远的古代，以"儒、道、佛"为代表，具有跨越时代的价值，是我们建设社会主义生态文明的重要思想来源。

(二) 新中国成立以来生态文明道路的探索

中国共产党根据社会主义建设不同的发展阶段和时代背景，不断地提出、继承和完善资源节约和环境保护等与生态文明思想密切相关的理论观点，形成了系统的生态文明建设理论。

1. 注重保护环境和林业发展是生态文明思想的奠基

新中国成立初期，毛泽东就提出了消灭荒地荒山、绿化祖国的任务，并在国内开展了一场轰轰烈烈的植树造林活动，在工作中把林业发展放到极其重要的位置，促进了农林牧副渔的协调发展。毛泽东等国家领导人非常重视水利建设和节约资源，多次召开全国性会议研究解决大江大河的水利治理问题，在各地兴起了修建水库的热潮。到20世纪70年代末，已经取得了规模庞大的治水工程的决定性胜利，结束了洪水泛滥的历史，并且变害为利，改变了我国大面积的干旱状况。至今遍布全国的水库，其中有半数以上始建于毛泽东领导人民群众治水的时期，如黄河三门峡截流工程、海河淮河拦河大坝合龙工程、北京十三陵水库、黄河刘家峡水利枢纽，还有北京密云水库、浙江新安江水库、辽宁省汤河水库等在全国数不胜数的大规模水利工程都是在这个时期施工或建成的。早在土地革命战争时期，毛泽东就在《我们的经济政策》中强调："财政的支出，应该根据节省的方针。应该使一切工作人员明白，贪污和浪费是极大的犯罪。"另外，在生态问题上，毛泽东注重新能源的开发，积极发展可再生资源，他曾经带领人民群众，在我国很多资源短缺的地区，发展了小水电、小型风力机、太阳灶等，对水能、风能和太阳能多种可再生资源进行了开发利用，尤其是对农村的沼气资源进行了利用。

2. 注重生态环境的良性持续发展对生态文明思想的继承和完善

邓小平认为，没有良好的生态环境和长期可利用的自然资源，人们就将失去赖以生存和发展的基础和条件，社会主义经济就不能得到长期稳定持续的发展。他反对以牺牲环境、滥用资源、破坏生态平衡为代价来谋取社会暂时进步和经济发展的做法，认为这样必将受到自然界的惩罚。虽然人类生产生活对自然的破坏在所难免，但是人类完全可以通过人与自然和谐发展的生存方式来促进生态环境的良性持续发展。这一思想不但为我国在人口多、底子薄、资源相对稀缺、生态系统比较脆弱的国情下，指明了经济社会发展的方向，找到一条良性循环的发展道路，也为党中央制定可持续发展战略提供了必要的理论依据，强调了生态建设要长远规划，要坚持走可持续发展的道路，实现社会的全面发展与进步。

注重依靠法制和科学技术来解决生态问题。邓小平结合我国实际国情并与世界接轨，陆续通过了《关于在国民经济调整时期加强环境保护工作的决定》《国务院关于环境保护工作的决定》《中华人民共和国环境保护法》《中华人民共和国海洋保护法》等一系列法律法规，虽然截至目前我国的环境保护立法仍有待完善，但是在环境保护法20年的建设和实践中，我国早已结束了环境保护无法可依的局面，使我国的生态文明建设做到有法可依，有章可循，使环境保护工作又向前迈进了一大步。邓小平一直以来都非常重视科学技术在社会发展中的重要作用，早在1975年他就提出了"科学技术是生产力"的论断，指出了"科学技术叫生产力，科技人员就是劳动者"，并且多次深刻论述了"科学技术是第一生产力"这一重要思想。在生态问题上，邓小平主张在我国资源短缺、人口众多的国情下必须依靠科技的发展来解决有关生态的一些基础性、全局性以及关键性的问题，提倡绿色技术在我国国民生产和生活中的推广与普及，提高环境污染的防治能力和自然资源的利用率，同时要积极引进国外治理生态问题的先进技术，改善我国解决生态问题的不合理现状。

3. 可持续发展战略是对生态文明思想的发扬和创新

依据邓小平的良性持续发展理论，江泽民等国家领导人大力倡导实施可持续发展战略，并于 1993 年在我国召开的"中国 21 世纪国际研讨会"上宣布了我国政府实施可持续发展战略的构想，并发表了 21 世纪人口、环境与发展白皮书，把我国的经济、社会、资源、环境的协调发展更加紧密地结合起来。江泽民还在《正确处理社会主义现代化建设的重大关系》中指出："在现代化建设中，必须把实现可持续发展作为一个重大战略，把控制人口、节约资源、保护环境放到重要位置，使人口增长和社会生产力发展相适应，使经济建设与资源环境相协调，实现良性循环。"并于 1996年 3 月将可持续发展作为社会主义建设的重要内容。在 1997 年党的十五大报告中进一步强调："我国是人口众多、资源相对不足的国家，在现代化建设中必须实施可持续发展战略。"把我国的生态问题放到一个更加重要的位置。

伴随经济社会的发展，危害生态平衡的因素逐渐增多而且变得更加复杂，为了适应这种变化，江泽民领导中国共产党人不断对解决生态问题的法律制度进行完善，不断加强环境立法，陆续颁布和完善了一系列有关生态环境保护的法律法规，如《环境保护法》《大气污染防治法》《水污染防治法》《海洋环境保护法》等，避免了各级政府不顾生态保护而片面强调经济增长的错误认识，形成了全方位的生态制度体系。随着工业文明的飞速发展，生态问题日益严重，世界各国为抑制这些问题的进一步加深，纷纷采取行动，治理环境污染和解决资源问题，并且取得了显著的成效。我国同样也出现了这种弊端，从 20 世纪 90 年代开始，一些发达国家就开始以生态问题制约我国对外贸易发展，使我国经济难以和世界接轨，影响了我国社会主义的健康发展。江泽民领导的国家领导集体适时地做出了国际生态合作的决策，严格遵守国际环境公约，积极参加国际合作，为世界人口与资源环境的健康发展做出了积极的贡献。

（三）党的十八大开启了生态文明的新时代

1. 生态文明概念的提出

党的十七大以来，胡锦涛领导的中国共产党人站在新的历史发展高度，提出了生态文明的科学概念，指出要"建设生态文明，基本形成节约能源资源和保护生态环境的产业结构、增长方式、消费方式"，这样就将我国解决生态问题提到更高层次的理论形态，始终坚持节约资源和保护环境的基本国策，不但丰富了人类历史上文明的理论，而且使处理我国人口与资源环境之间的关系这一重大课题有了理论性的指导。生态文明思想要求我们建设资源节约型和环境友好型社会，在发展的过程中，不断增强可持续发展能力，促进人与自然协调发展，并把这些要求落实到每个单位、家庭和个人，促进人们对生态问题自觉地认识和改善，从根本上抑制生态问题给我国社会主义社会全面发展造成的障碍，从而实现人口资源环境真正的可持续发展。

明确了生态文明建设的途径和社会构建。进入 21 世纪，经济飞速增长造成的一系列生态问题，使得我国在社会主义建设过程中不得不改变经济增长方式，我国在提出生态文明建设的行动纲领以后，又提出了建设资源节约型和环境友好型社会构建的思想，更加明确地指出了我国建设生态文明的有效途径。其中，包括进一步加强和完善有利于资源和环境的法律法规；开发新能源及可再生资源，提高资源的利用率；对环保产业的大力发展和对节能环保的投入以及对水、大气、土壤等的治理；始终加强对水利、林业、水土流失等方面的治理；并且在全球气候不断恶化的背景下，提出了应对气候变化能力的建设，同其他国家共同合作，维护地球这个人类赖以生存的唯一家园等系统的生态文明建设有效途径，为我国生态文明

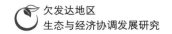
建设提供了重要保障。

明确了生态文明建设的目的和最终目标。生态文明建设要求我们坚持生产发展、生活富裕、生态良好的发展道路，实现资源节约和环境保护，进而实现"速度和结构质量效益相统一，经济发展与人口资源环境相协调，使人民在良好的生态环境中生产生活"，最终目的是使我国成为"人与自然和谐相处，生态良好的国家"。中国共产党人提出的生态文明建设的目标，是让人与自然能够和谐相处，把我国建设成为生态良好的社会主义国家，这表明了我党对生态问题的强烈意识。只有正确处理人与自然的关系，才能在此基础上谈发展，才能促进中国社会主义社会的永续发展。

2. 走进生态文明的新时代

党的十八大报告不仅再次论述生态文明，而且将其纳入中国特色社会主义事业总体布局，充分体现了我们党对生态文明建设的高度重视，体现了我们党执政理念的新发展、新境界，为今后的发展指明了方向。习近平总书记多次强调生态兴则文明兴，生态环境是最公平的公共产品，是最普惠的民生福祉。习总书记提出"生态环境就是民生福祉"的新观点，从生态与民生的关系角度，将人类对人与自然之间关系的认识推进到一个新的高度，体现了生态文明建设的新成果。面对资源约束趋紧、环境污染严重、生态系统退化的严峻形势，必须树立尊重自然、顺应自然、保护自然的生态文明理念。

"五位一体"的中国特色社会主义事业总布局。把生态文明建设放在突出地位，融入经济建设、政治建设、文化建设、社会建设各方面和全过程，努力建设美丽中国，实现中华民族永续发展。中国特色社会主义事业总体布局从"四位一体"扩展为"五位一体"，表明我们党对中国特色社会主义建设规律从认识到实践达到新的水平，这对我国实施可持续发展将有至关重要的意义。

保护生态环境就是保护和发展生产力。蓝天白云、青山绿水是长远发展的最大本钱，就是发展后劲，也是一个国家和地区的核心竞争力。习近平总书记强调"环境就是生产力，良好的生态环境就是GDP"①。实现生态经济协调发展是中国经济未来发展的新思路，要适应"经济新常态"②。必须优化国土空间开发格局，并按照人口资源环境相均衡原则，进一步强化生态空间管制。通过划定"生态红线"，进一步优化生产力布局和生态安全格局。按照十八大提出的生产空间"集约高效"、生活空间"宜居适度"、生态空间"山清水秀"的要求，正确处理好三个空间的关系，充分体现经济效益、社会效益、生态效益三个效益有机统一的原则。加快转变经济发展方式，"更加自觉地推动绿色发展、循环发展、低碳发展，决不以牺牲环境为代价去换取一时的经济增长"③。

建设天蓝、地绿、水净的"美丽中国"。以生态环境生产力为根本动力，实现可持续发展的经济模式，形成节约资源和保护环境的空间格局、产业结构、生产方式、生活方式。通过绿色的生产方式，打造中国经济发展的升级版，为人民群众提供更安全、更富有、可持续的物质支撑。"建设美丽中国"，给自然留下更多修复空间，给农业留下更多良田，给子孙后代留下天蓝、地绿、水净的美好家园。

生态文明是人类文明进化的必然趋势，因而必将带来国际关系的适应性进化。人类的协同关系是与人类的互动范围和利益关联程度相适应的。现在全球化和信息化的加速发展，已使人类的全球性互动和利益关联日益加深，人类必须实现向适应全球协同的新文明——生态文明的历史性跨越。

---

① 习近平 2003 年 8 月 8 日在丽水市调研时的讲话。

② 2014 年 5 月，"新常态"第一次出现在习近平总书记在河南考察时的表述中；7 月 29 日，习近平总书记在和党外人士的座谈会上又一次提出，要正确认识中国经济发展的阶段性特征，进一步增强信心，适应新常态。

③ 2013 年 5 月 24 日，中共中央政治局第六次集体学习。

四 国内生态与经济协调发展的做法与经验

（一）保护中开发：湖北神农架生态与经济和谐共生发展

1. 神农架林区：南水北调中线工程水源涵养地

神农架林区地处鄂西北，东瞰荆襄，西望巴蜀，南通三峡，北倚武当，全区土地面积3253平方公里，1970年建制，是全国唯一以"林区"命名的行政区。神农架拥有国家级自然保护区、国家森林公园、国家地质公园、国家湿地公园、国家5A级景区等5张国家级名片。大九湖国家湿地公园，是湖北省乃至华中地区保存较为完好的亚高山泥炭藓沼泽类湿地，是我国"南水北调"中线工程的重要水源地之一和汉江中游重要的生态屏障，更是我国自然湿地资源中不可多得的一块宝地，在丹江口水库、汉江流域及其周边地区的调蓄洪能力和水源水质状况、涵养南水北调中线工程水源、维持生态系统平衡和调节气候等方面发挥着极其重要的作用，对汉江中游生态保护具有特殊意义。

2. 神农架：生态保护与发展协调探索

过去的40多年，神农架经历了由原始洪荒到林木、水电等资源开发，再到生态保护与发展协调的探索。自2000年全面实施天然林保护工程和退耕还林还草工程以来，神农架林区已经实现了三个转变。

一是实现了由伐木人向护林人的转变。神农架在最初建设时期是湖北省提供商品木材最多的地方，商品木材的供应量占全省的1/5。天然林保护工程、退耕还林还草工程实施之后，大量伐木工人成了守护这片山林的护林人。在这个转变过程中，神农架也经历了财政收入锐减、大量工人失业下岗的阵痛。但同时换回来的也是取之不尽的绿色财富。全区森林覆盖率90%，保护区内高达96%，神农架绿色GDP达到243亿元。

二是实现了由"木头经济"向以"旅农林"为主的生态经济转变。以旅游为龙头的"旅农林"生态产业经济占全区 GDP 的 60% 以上，旅游和与之配套的生态产业、服务产业已经成为林区的经济支柱产业。2012 年实现旅游收入 13.9 亿元，接待国内外游客 406.2 万人次，分别较上年增长 39.7%、32.7%。

三是实现了由深山穷镇向旅游名镇的转变。围绕生态旅游发展，深入挖掘地方文化，将文化融入城镇建设之中。旅游度假区木鱼镇荣获"中国人居环境范例奖"，被评为"全国特色景观旅游名镇"。全区 8 个乡镇有 3 个乡镇被授予"国家级生态镇"称号。

3. 主要经验

一是树立"保护就是发展"的理念，谋求绿色发展。神农架在强调核心水源区加强生态建设和环境保护的同时，也提出保持其经济社会稳步发展是南水北调工程稳定运行的前提与保障。保护是第一职责，发展好是第一要务。必须坚持"保护第一、科学规划、合理开发、永续利用"的方针，秉承"绿色就是财富、保护就是发展、文明就是优势"的理念，着眼于科学发展，抑制粗放开发冲动，主动承担绿色责任，谋求绿色发展。加大中央对试验区的财政转移支付和支持力度，在退耕还林、天然林保护、生态公益林补偿、长治工程项目、土地开发整理、农村能源建设、新农村建设等方面加大中央投资比例，逐步取消地方配套资金，建立中央财政支持的试验区水源保护专项资金、产业发展资金和生态保护资金。

二是探索构建兼顾经济增长、社会发展和生态保护的地方政府、管理人员政绩的新的评价体系，形成区域可持续发展的长效机制。

三是按"政府引导、市场运作、优势互补、互惠互利、南北双赢"的原则，探索建立受水区域城市对口支援试验区县市的机制。围绕试验区特色优势产业，受水区域通过项目投资、资金注入、技术支持、人才派遣、市场共建等多种途径，帮助试验区实现产业结构调整升级，促进试验区可持续发展，在互惠互利中达到南北双赢的目标。

四是明确地区功能定位，实现转型升级。根据资源禀赋转型定位要

"准"。针对神农架拥有地球之"肺"（亚热带森林生态系统）、地球之"肾"（亚高山泥炭藓沼泽类湿地生态系统）、地球的"免疫系统"（丰富的生物多样性）等多个生态系统，当地政府提出了建设生态优美、自然和谐的"国家中央公园"。针对神农架生态系统的丰富性、承载能力的脆弱性和国家功能区的定位，当地政府提出了建设资源节约、环境友好的"国家可持续发展实验区"。针对神农架林业转型和转产，当地政府提出了建设生态增量、林业增效的"国家现代林业示范区"。同时确立大旅游景区群、旅游服务基地、休闲度假基地的开发建设重点，运用现代企业制度，整合旅游资源，组建神旅集团，多方引资形成多个市场主体参与的开放式旅游开发格局，并倡导健康绿色理念，用第三产业的手段经营第一产业，将地道林下产品、农产品转化成旅游商品。针对神农架是湖北"一江两山"重要节点地区，提出了建设国内示范、国际知名的"鄂西生态文化旅游圈的核心区"。针对神农架区域人口少，人均资源占有率高的特点，提出建设城乡一体、文明富裕的"全省城乡统筹发展先行区"。

（二）在开发中保护：新型工业化与城镇化"双轮"驱动下的绿色发展——来自长株潭"两型"试验区的做法与经验

2007 年 12 月，湖南省长株潭城市群获批为国家资源节约型、环境友好型社会（简称为"两型社会"）建设综合配套改革试验区。5 年多来，长株潭试验区高起点、高标准、高强度推进建设工作，积累了丰富的经验。为了取经，2013 年 5 月 18 ~ 20 日，国家社科基金重大项目《欠发达地区生态与经济协调发展研究》课题组赴湖南长沙、株洲市考察了长株潭试验区"两型社会"建设情况，感受颇深。其中一条重要的感受是：长株潭试验区"两型社会"建设是在新型工业化与城镇化双轮驱动下，突出生态特色，从而带动绿色发展。

1. 长株潭"两型"试验区绿色发展的主要做法

绿色是世界发展的潮流，代表了未来的发展趋势，谁抢占了绿色发展的制高点，谁就会在未来的发展中赢得主动，站在世界发展潮流的最前沿。湖南省委、省政府准确把握发展特色和优势，以敢为人先的气魄和锐意创新的勇气，在全国率先试水长株潭"两型"试验区建设，以新型工业化和城镇化双轮驱动，从而带动长株潭试验区绿色发展。

一是建立"两型"机制。确立"省统筹、市为主、市场化"的推进机制，成立长株潭"两型"试验区工委、管委会，建立了专门研究试验区工作的会议机制、联席会议制度，组建了试验区投融资平台，形成了部、省共建合作机制，创新了"两型"考评制度，在全国率先为"两型"进行地方立法、编制"两型社会"建设统计评价指标体系、发布"两型社会"建设标准，形成了"两型社会"建设组织领导和协调管理的"湖南模式"。

二是大力发展"两型"产业。近年来，长株潭试验区大力发展新材料、新能源、节能环保、生物医药、信息网络、电动汽车、文化创意等"两型"产业，引领全省形成了机械、食品、文化创意等9个千亿元级产业集群。

三是大力推进绿色交通。2010年2月，国家启动节能新能源汽车"十城千辆"示范推广工程，长株潭入选首批试点城市。2011年，已推广混合动力大巴1556台，纯电动大巴100台。其中长沙到位运营的新能源汽车875辆，株洲投入运营627辆实现城市全部公家车的新能源化，同时还有200辆环保电动公家车投入运营，是全国电动汽车推广数量最多、运营里程最长的城市。2011年5月，株洲市还启动了公共自行车租赁系统，已经建立1000多个站点，投放2万多辆自行车覆盖全城，日均使用量达15万人次。"十二五"期间，长沙也建成自行车廊道系统和租赁系统，鼓励城乡居民选用自行车近距离出行。随着长沙地铁交通和长株潭城际轨道交通的相继建成，绿色交通将渐成网络。

四是启动绿色建筑示范区创建工作。绿色建筑是指在建筑的全生命周期，最大限度节约资源（节地、节能、节水、节材），保护环境减少污染，为人们提供健康、适用高效的使用空间，与自然和谐共生的建筑。至今湖南已有两个项目被列为住建部绿色建筑示范工程，3 个获得住建部授予的绿色建筑评价标识，11 个项目被列为全省绿色建筑创建计划，绿色建筑创造面积累计达 362 万平方米。同时，长沙大河西先导区、滨江新城片区、高铁新城片区及株洲云龙示范区等已开展绿色建筑示范区创建工作。

五是加强生态治理。长株潭试验区大力推行"绿色新政"，既保"绿水青山"，又垒"金山银山"。实施了《湘江流域重金属污染治理实施方案》，2000 多个项目、600 多亿元投资推动重金属削减率 50% 以上，惠及沿线的 4000 万居民。截至 2012 年底，湘江流域 8 市 2012 年环保投入 61.15 亿元，湘江流域已关闭涉重金属企业 773 家，完成治理项目 83 个，湘江流域Ⅰ~Ⅲ类水质断面占 88.1%。在长株潭三大城市之间划出 522 平方公里的"绿心"，89% 为禁止和限制开发区域。长沙实现了空气质量优良率、河流断面三类水、垃圾和污水无害化处理率"三个 100%"，2011年荣获"全国文明城市"称号。工业重镇株洲掀起"绿色风暴"，一举摘掉"全国十大重污染城市"的"黑帽"，换来"国家园林城市"、"国家卫生城市"等 8 项国字号荣誉，2012 年株洲空气优良率、城市污水集中处理率和城市垃圾无害化处理率分别为 94%、89.1%、100%。保护生态，长株潭试验区森林覆盖率达到 53.6%，山更绿了，水更清了，天更蓝了。

2. 长株潭"两型"试验区绿色发展主要经验

长株潭"两型"试验区自获批以来，推动了湖南走入生产发展、生活富裕、资源高效利用、生态环境良好的"两型"发展之路，为后发地区加快转变发展方式积累了宝贵经验。

一是坚持顶层设计与政策引导。（1）长株潭试验区建设突出规划引领作用，加强顶层设计，构建了全方位、多层次的建设规划体系，[①]出台了多个"两型"标准，制定多个与之配套的政策性文件和法规。（2）强化规划管理，湖南省人大常委会出台《长株潭城市群区域规划条例》，将区域

---

① 李忠：《长株潭试验区两型社会建设调研报告》，《宏观经济管理》2012 年第 1 期。

规划上升为法定规划，以提高规划的法制保障。（3）积极推进"两型社会"的指标化、标准化建设，编制完成了"两型"县、"两型"镇、"两型"村、"两型"园区、"两型"企业、"两型"产业分类等6个标准。（4）加强政策的引导作用，以财税、金融、投资等政策支持两型社会建设，增强了两型社会建设的科学化、规范化、标准化和可操作性。[①]

二是坚持"两型"建设与新型工业化、城镇化有机结合。根据总体方案，长株潭试验区总的要求是"三先三新"，即率先形成有利于资源节约和环境友好的新机制，率先积累传统工业化成功转型的新经验，率先形成城市群发展的新模式。据此确定的"四大目标定位"也很有气势：要把试验区建成全国"两型社会"建设的示范区，中部崛起的重要增长极，全国新型工业化、新型城市现代化和新农村建设的引领区，具有国际品质的现代化生态化城市群。据此可以看出，长株潭试验区始终将新型工业化与城镇化贯穿于"两型"建设之中，促进生产方式加快转变，引领生产方式从"低端"转向"高端"、从"单向"转向"循环"、从"粗放"转向"集约"。

三是坚持把发展"两型"产业作为主要切入点，促进产业"两型化"。长株潭试验区始终把发展和壮大"两型"产业作为产业发展的重中之重，加快传统产业的"两型化"改造，用战略性新兴产业补"短板"、促"两型"，扩大"两型"技术产品推广应用，带动产业结构优化升级，构建"两型"的产业体系。（1）筹建"两型"产业投资基金和开元基金，总规模300亿元，据测算，将可撬动3000亿元社会资金。（2）采取鼓励引进战略投资者、支持企业走出去等措施，推动企业优化重组，培育了一批骨干企业和优势产业。中联重科、南车时代、湘电集团等优势企业实力不断增强，工程机械、轨道交通、新能源、节能环保等优势产业规模迅速壮大。（3）大力培育发展战略性新兴产业，初步形成电动汽车、新能源、新

---

① 李忠：《长株潭试验区两型社会建设调研报告》，《宏观经济管理》2012年第1期。

材料、节能环保等新兴产业集群。（4）集中运用政策引导、倒逼机制、合理补偿等手段，加快老工业地区的落后产能淘汰和技术改造。株洲清水塘地区是国家"一五"、"二五"期间重点投资建设的老工业基地，聚集了152家规模以上冶炼、化工、建材企业，工业结构性污染严重。2008年以来，株洲市不惜牺牲清水塘地区每年30多亿元工业产值、3亿元税收，实施"炸烟囱、吃废渣、净污水、变土壤、美环境"等举措，关停污染企业123家，淘汰落后产能企业79家，工业废水实现100%达标排放。

四是坚持自主创新。科技创新能力是建设"两型社会"的重要保障。长株潭试验区努力提升自主创新能力，出台了促进产学研结合增强自主创新能力的意见，实施了节能减排科技支撑行动方案。通过促进产学研结合，搭建技术创新战略联盟，组建两型产业共性和关键技术研究平台，在电动汽车、风力发电、轨道交通、轻型飞机等领域组织实施了一批科技重大专项，突破了一批制约产业发展的关键核心技术，自主研发出了污泥常温深度脱水、城市生活垃圾处理、餐厨垃圾处理、废旧冰箱无害化处理、非晶硅光电幕墙等一大批"两型"技术和产品。一批示范效应明显的"两型"技术和产品推广应用，推动了产业的转型升级，降低了资源消耗和污染排放，同时也提升了区域竞争软实力。

五是坚持先行先试，不断加快管理体制创新。先行先试是国家赋予长株潭试验区最大的政策红利，长株潭试验区利用此契机不断加快体制机制创新，大胆试错。（1）创新行政体制，实行2号公章，拥有重大项目的审批权。（2）创新城乡一体化机制，长沙、株洲、湘潭目前已实现了电话同号、金融同城、生态同建、污染同治，"七纵七横"半小时交通圈正加速建立。（3）探索节地新模式，创新城市建设、开发园区建设、新农村建设、道路建设模式，加强了土地的节约集约利用。（4）试行节水新机制，长沙市实行了阶梯式水价试点，制定了分质供水和阶梯式水价具体实施办法，湘潭市于2010年3月试行非居民用水超定额累进加价制度，居民生活用水价格由每吨1.15元调整到1.55元，特种行业用水价格由每吨4.9元调整到 6.4 元。(5) 实施节材新举措,率先在全国取消宾馆酒店免费"七小件",据悉,仅长沙一年就减少一次性日用品消耗 240 万套件以上。

六是坚持资源环境体制机制创新。长株潭试验区不断推进重点领域和关键环节的改革,努力探索资源环境市场化机制。(1) 开展排污权交易试点并由点到面扩大试验范围。2010 年省政府出台《排污权有偿使用和交易管理暂行办法》,长株潭作为首批试点城市,2011 年 9 月,首次对排污权有偿使用制定具体的收费标准,规定长株潭 3 市实行排污权有偿使用和交易的单位,获得排污权必须缴纳排污权有偿使用费,排污权有效期为 5 年,开始了对排污权初始分配和有偿使用的制度探索。自开展排污权试点以来,由点到面,湖南省一级市场已有 1139 家试点企业申购了初始排污权,缴纳有偿使用费 1798 万元;二级市场开展排污权交易 14 起,交易额 2370 万元。同时,湖南省环保厅、财政厅联合下发通知,在长株潭开展排污权抵押贷款试点,开辟企业污染治理新渠道,2012 年 6 月,华凌湘潭钢铁公司以有偿取得排污权作抵押,获得首笔 1600 万元排污权抵押贷款。(2) 推进环境污染责任险试点。自 2008 年株洲市全国首例环境污染责任险成功获赔以来,湖南省加大对环境污染责任险的普及力度,截至 2011 年末,湖南已在化工、有色、进入矿采选、冶炼、砷制品、涉镉等高环境污染风险企业中开展了试点,累计投保企业 1027 家,担保额 12.3 亿元,发生理赔 54 笔,赔款 831 万元;2012 年株洲参保企业增至 185 家,在全省居首位。(3) 开展湘江流域生态补偿试点。湖南省制定出台了《湘江流域生态补偿实施办法(试行)》,并出台了《湖南省湘江保护条例》。湖南省财政已安排 2000 多万元设立生态补偿基金,对流域内 51 个市县实行省级财政生态补偿试点,逐步建立下游对上游水资源、水环境保护的补偿和上游对下游超标排污或环境责任事故赔偿的双向责任机制。从 2012 年 3 月 5 日起,长沙市试行境内河流生态补偿办法,对浏阳河、捞刀河、沩水河、靳江河等跨行政区域河流,实行断面水质监测。凡是断面当月水质超越控制目标,则上游县(市)给予下游县(市)补偿。

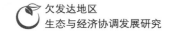
（三）转型升级：贵州毕节试验区转型升级的做法与经验

1. 贵州毕节转型升级的背景

为改变喀斯特山区经济落后、生态恶化和人口膨胀的状况，从 1985 年春到 1987 年下半年，时任中共贵州省委书记的胡锦涛同志带领全省党政班子在广泛调研及组织专家学者论证的基础上，得出一个结论：在同样的政策条件下，贫困地区与发达地区在经济社会发展上存在着效益上的差距，其结果将是地区间差距的扩大，如果不相应地采取有力措施，贫困地区将更加落后。应该变全面推进为重点突破，走一条人口、经济、社会、环境和资源协调发展的新路子。1988 年 6 月，在我国首次提出以"开发扶贫、生态建设、人口控制"为主题的毕节试验区经国务院批准正式成立，与当时全国启动的改革试验特区、开发区不同，毕节试验区是全国唯一以开发扶贫、生态建设、人口控制为主题的试验区。开发扶贫与生态建设互为依存，人口控制与开发扶贫和生态建设互为因果关系，相互渗透，而且与西方可持续发展理念殊途同归。有关专家指出，在 20 世纪 80 年代，在一个贫困地区如此重视生态建设，制定如此完整的治理方案并大范围实施在世界上还没有先例。这比 1992 年的《环境与发展里约热内卢宣言》和 2005 年正式生效的《京都协议书》分别早了 4 年和 17 年。因此，可以说毕节试验区是我国生态建设的较早探索。毕节试验区通过 25 年的试验，到 2013 年全区 GDP 达到 1041.93 亿元，是 1988 年的 44.5 倍，农民人均纯收入 5645 元，是 1988 年的 18.8 倍，森林覆盖率上升到 44.06%，人口自然增长率下降到 2013 年的 6.16‰，累计减少贫困人口 468.8 万人。①

2. 贵州毕节转型升级的做法

贵州毕节取得巨大成就主要得益于以下几点做法。

---

① 王旭：《我国生态文明建设的较早实践——贵州省毕节地区生态建设的调查》，《理论前沿》2007 年第 12 期。

一是加快推进产业转型升级。为了促进农业发展，毕节重点打造了以蔬菜、中药材、生态畜牧业、优质核桃、特色精品果业、特色烟叶、优质马铃薯、油菜、高山生态有机茶、特色杂粮为主的"十大特色农业产业基地"，并构建起了"一县一特、一乡一业、一村一品"的产业格局。初步形成了威宁以马铃薯为主、赫章以优质核桃为主、纳雍以高山生态有机茶为主、大方以皱椒和天麻为主、织金以竹荪为主、七星关以大白萝卜为主的农业产业体系。培育壮大市级农业龙头企业 219 家，已开展农民专业合作社 4386 个。全市农村土地流转 189.6 亩，占耕地面积的 32.9%，涉及59.2 万农户。毕节以 12 个省级产业园区为载体，推动传统产业生态化、特色产业规模化、新兴产业高端化，立足自身的矿产、生物、风能等方面的资源进行绿色开发，并依托毕节国家新能源汽车高新技术产业化基地、毕节国家农业科技园区、毕节新型能源化工基地等建设，加快发展新能源汽车、电子信息、生物医药、装备制造等产业发展，着力打造烟、酒、茶、民族医药、特色食品等"五张名片"，培育壮大以百里杜鹃、织金洞、九洞天、草海等旅游景区为农头的旅游产业，带动周边乡村旅游业的发展，快速实现产业转型升级。①

二是加快基础设施建设。交通等基础设施的滞后，被认为是制约毕节发展的最大瓶颈。多年来，毕节扎实抓好以交通、水利为重点的基础设施建设，着力提升贫困地区的扶贫开发承载力。2013 年底，全市公路里程已增加到 2.83 万公里，高速公路通车里程达 281 公里、在建 338 公里；铁路通车里程达 231 公里、在建 180 公里，实现了乡乡通油路、村村通公路和51% 的村通油路；飞雄机场已开通 7 条航线。投资 169.4 亿元的夹岩水利枢纽工程已开工建设。建成 1996 处饮水安全工程，供水能力提高到 3.2 亿立方米。②

---

① 孟性荣：《"六种模式"助推毕节扶贫开发转型升级》，《毕节日报》2014 年 8 月 6 日。

② 孟性荣：《"六种模式"助推毕节扶贫开发转型升级》，《毕节日报》2014 年 8 月 6 日。

三是重视生态建设。"生态建设"是毕节试验区的"三大主题"之一。自 1988 年以来，相继实施了长江中上游防护林体系建设、中国 3356 工程、生态工程、农田基本建设、退耕还林、天保工程、长治工程、石漠化综合治理试点工程、中央预算内专项资金（国债）水土保持等多个生态建设项目；2013 年底，毕节市启动了打造生态建设升级版的战略部署，提出了要建立完善的生态文明制度体系。2013 年，全市森林面积从 1988 年的 601.8 万亩增加到 1774.65 万亩、森林覆盖率从 14.94% 增长到 44.06%、林木蓄积量从 872 万立方米增加到 2487.72 万立方米。昔日的荒山秃岭变成了绿色银行，原来的水打沙壅变成了万顷良田。

四是有效控制人口增长。针对人口基数大、素质低的特点，试验区把人口控制工作摆在重要位置，以人口数量控制为中心，以人口素质提高为宗旨，以人口结构优化为关键，以人力资源开发为动力，把控制人口与健全保险制度结合起来，以计划生育政策为导向，统筹解决人口问题，使人口、资源、环境相互协调发展。人口控制工作实现从重控制人口数量到控制人口数量与提高人口素质并重的转变，截至 2013 年底毕节累计少出生 126 万人，人口自然增长率从 21.29‰ 下降到 6.16‰，人口出生率从 27.41‰降至 13.12‰。① 基础教育、职业教育、高等教育全面发展。2013 年，"两基"覆盖率达 100%，高中阶段毛入学率提高 60%，建成了贵州工程应用技术学院和毕节职业技术学院两所高等院校。人均受教育年限从 3.8 年提高到 6.8 年，人口素质有了明显提高，初步实现了人口工作从重控制数量到重提高素质的转变。

五是创新扶贫开发体制机制。在 25 年的探索中，毕节大胆试验，实现了山顶植树造林戴帽子、山腰搞坡改梯拴带子、坡地种植绿肥铺毯子、山下发展庭院经济抓票子、基本农田集约经营收谷子的"五子登科"农业立

---

① 池涌、王文：《毕节试验区经济发展 24 年来的成就与经验》，《毕节学院学报》2013 年第 3 期。

体综合开发模式，精心组织开展了"人地挂钩"等50多项改革。创造了凝心聚力、勇于争先的扶贫开发"威宁精神"，走出了开放带动、转型发展的"经济之路"。同时还探索实践了精准扶贫"四法"和"十子机制"，为贫困山区的扶贫开发注入了新动力、闯出了新路子。①

3. 贵州毕节转型升级的经验

一是始终坚持解放思想。经济要发展，首先要解放思想、转变观念。解放思想是经济社会稳健发展的精神动力和思想保障，这在我国过去30多年的改革开放中已经得到有效证明。毕节试验区经济发展历程证明，思想越解放经济发展就越迅速。最好的例证就是试验区25年来经济建设取得的伟大成就。从这个角度我们可以说试验区是解放思想最大的受益者。25年来，民生的一点点改善和执政观念的一点点进步，都是解放思想、先行先试的硕果。换句话说，毕节试验区经济发展的最大启示是看准了就大胆地干，只要是对老百姓有利的事情，就毫不犹豫地干。正是基于解放思想、敢试敢闯的干劲，干出了一个崭新的毕节。②

二是始终坚持以经济建设为中心。试验区经济建设把加快发展、推动跨越作为头等大事来抓，特别是面对各种挑战、机遇和一系列错综复杂的问题。如2008年次贷危机以来，毕节试验区根据全国乃至全球产业转移特点，结合本地资源禀赋特点，相继在全市范围内规划建设12个工业园区，抢抓机遇、解放思想、破解难题、转变观念，实现了经济社会的快速发展。特别是"十一五"末以来，试验区的工业化、城镇化和农业产业化发展进度明显加快，区位优势不断凸显。可以说经济的快速发展，关键是以科学发展观为指导，坚持发展才是硬道理，坚持以经济建设为中心不动

---

① 孟性荣：《"六种模式"助推毕节扶贫开发转型升级》，《毕节日报》2014年8月6日。

② 池涌、王文：《毕节试验区经济发展24年来的成就与经验》，《毕节学院学报》2013年第3期。

摇，一心一意进行经济建设，正确处理好经济建设与其他各项工作的关系，促进社会不断和谐发展。[①]

三是对外交流与合作深入推进。对外深入交流与合作就是开放，没有开放就不可能改变试验区昨天的落后面貌。今天的发展局面，首先得益于在对外交流与合作中抓住一切有利于毕节试验区发展的机遇，用活、用好国家政策。25 年来，毕节试验区不断深入推进对外交流与合作，已逐渐融入成渝经济圈、"泛珠三角" 和经济全球化的发展浪潮之中，坚持对内改革和对外开放，充分利用区内资源和区外资源，充分运用国内市场和国外市场，从以吸引国内资本为主发展到建设资金来源国际化；从单纯的引进资金发展到引进技术、人才、管理经验与引进资金并举；利用 "深圳帮扶因素" 抓毕节－珠三角合作，利用毗邻成渝经济圈的优势抓毕节－成渝紧密合作。随着 2012 年国发 2 号文件的贯彻和实施，积极打造 "毕水新" 能源基地，初步实现了欠发达地区与发达地区资源和资金的有效互补，为毕节试验区在 "十二五" 末全面建成小康社会的奋斗目标打下了坚实的物质基础，为改善试验区人民的生活水平增添了新的动力和希望。[②]

四是积极探索市场经济新体制。西部大开发以来，毕节试验区根据我国经济发展趋势和运行特点，建设资金以引进外来资金为主，产业升级以承接转移和吸引国有大中型企业入驻为重，经济运行以市场调节为主，产品销售特别是煤、电等以外销为主，在价格、招商、土地等领域先后推行了一系列优惠政策。在高原落后山区将社会主义基本经济制度与发展市场经济很好地结合起来，将以公有制为主体的发展模式与多种所有制经济共同发展的科学模式很好地结合起来，将传统的按劳分配与按生产要素分配很好地结合起来，将单纯的发展经济同推动社会全面发展结合起来，从单

---

① 池涌、王文：《毕节试验区经济发展 24 年来的成就与经验》，《毕节学院学报》2013 年第 3 期。

② 池涌、王文：《毕节试验区经济发展 24 年来的成就与经验》，《毕节学院学报》2013 年第 3 期。

项改革逐步发展到综合配套改革推进，在全省改革、攻坚克难方面处于前列。毕节试验区经济社会发展实践的成功，说到底也是勇于探索市场经济新体制的成功。①

五是大力发展民营经济和培养乌蒙品牌。毕节市委市政府在发展外向型经济的同时，开创性地探索民营经济的出路，以民营经济为主体，发展内源型经济，逐步形成外源型经济和内源型经济相互促进、协调发展的良好局面。当前虽然本土产品还未打入国际市场，但通过政府的扶持和帮助，区内民营企业将进一步充分利用高原优势。通过努力，高原乌蒙品牌必将成为本土知名品牌，甚至成为中国知名品牌，走向世界，乌蒙品牌将成为推动试验区经济快速发展的重要力量。

六是大力发展高新技术产业和现代服务业。先引进来，后走出去，在不断学习、借鉴和消化的基础上，推动和优化产业结构，把高新技术产业作为试验区的特色经济重点发展，以毕节经济开发区力帆骏马为龙头企业的汽车制造、生物工程、汽摩配件、新材料等为重点，大力发展高新技术产业，不断壮大经济实力，在较高起点上推动生产力发展。同时，积极推动以金融、物流等为主的现代服务业发展，使其成为拉动毕节经济增长的重要力量。②

五　国内外生态与经济协调发展的启示

（一）以健全的法律体系强化立法保障

树立法律的权威。如美国通过立法，为流域自然资源的统一管理提供

---

① 池涌、王文：《毕节试验区经济发展 24 年来的成就与经验》，《毕节学院学报》2013 年第 3 期。

② 池涌、王文：《毕节试验区经济发展 24 年来的成就与经验》，《毕节学院学报》2013 年第 3 期。

法律保证。美国国会于 1933 年通过《田纳西河流域管理局法》，对田纳西河流域管理局的职能、开发各项自然资源的任务和权力作了明确规定，为田纳西河流域包括水资源在内的自然资源的有效开发和统一管理提供了保证。田纳西河流域地跨 7 个州，如果没有立法保证，田纳西河流域管理局难以实现对田纳西河流域的统一开发管理，

完备的法律体系和日本国民超强的执行力是日本推进环境保护的根本保证。环境问题作为社会问题在日本受到重视，其起点是 20 世纪 50 年代和 60 年代发生了水误病（有机水银中毒）、痛痛病（镉中毒）、哮喘（二氧化硫气体）等公害。加强环保立法，依法推进环境保护和污染治理。以环境保护的法律法规为指导，北海道开展了一系列的污染治理和环境保护活动，并取得了很好的成效。

同样，从空气污染治理上看，伦敦制定了完备的法律。英国伦敦在治理空气污染上花费了巨大立法成本，几乎每隔几年都会出台一部治理空气污染的法律。同时采取了严厉的处罚措施。我们都知道，法律制定得再完备，如果不实施不足为惧。改善生态环境质量，绝不仅仅是环保部门的责任，还需要各级政府的全面统筹、规划，将城市可持续发展的理念贯穿城市总体发展规划的始终，并且科学地、前瞻性地制定各种城市发展、城市环境管理的方针政策。

（二）强化政府的统筹协调机制

建立跨流域管理机构。如美国实权机构田纳西河流域管理局，统一领导，分散经营管理。"田纳西河流域管理局"职权横跨七个州，具有全面规划、开发、利用该流域内各种资源的广泛权力。作为联邦政府机构，田纳西河流域管理局只接受总统的领导和国会的监督，完成其规定的任务和目标。

统一规划，合理安排流域开发建设时空序列。田纳西河流域管理局对全流域进行了统一规划，制定了合理的流域开发建设程序。按照"防洪、疏通航道、发电、控制侵蚀、绿化，促进和鼓励使用化肥等，发展经济"

这样一种指导思想，进行开发治理，围绕水资源、土地资源的开发，综合开发流域经济。同样，巴西立足长远的城市规划，库里蒂巴城市总体规划最大的亮点是基于公交优先原则的城市开发。总体规划确定城市沿着几条结构轴线向外进行走廊式开发。

坚持顶层设计与政策引导。如我国长株潭试验区建设突出规划引领作用。积极推进"两型社会"的指标化、标准化建设，编制完成了"两型"县、"两型"镇、"两型"村、"两型"园区、"两型"企业、"两型"产业分类等6个标准。加强政策的引导作用，以财税、金融、投资等政策支持"两型社会"建设，增强了"两型社会"建设的科学化、规范化、标准化和可操作性。

（三）发展生态环保产业及市场建设

欧美、日本等发达国家的环保产业（包括国有和私人企业）有两种形式：一种是历史上存在的公共基础设施，如提供饮水、废水处理和废弃物管理；二是随着国内环保法规的制定和实施而迅速崛起的企业，绝大多数是私人公司，主要从事污染控制、污染补救等业务。而美国环保产业在环境服务业的多数领域具有较强的竞争力，在设备领域领先于其他国家。

将环保产业纳入国民经济的整体发展战略。需把环保产业列为国民经济发展的重要战略支撑产业，逐步建立与市场经济体制相适应的环保产业宏观调控体系，制定环保产业发展规划和实施方案，对环保产业进行合理布局，并作为优先发展的新兴行业加以扶持。

培育环保产业市场。加快制定优惠扶持政策，建立和完善环保产业行业规范和标准体系，建立健全社会化多元化环保投融资机制，推进环境污染治理市场化进程，逐步形成一个技术先进、市场竞争力强、结构及布局合理的环保产业体系。

积极开发新能源，大力发展循环经济。加强对废弃物的回收利用和无害化处理。首先尽量避免产生废弃物，尽量将已产生的废弃物作为资源加以利用，对不能以任何方式再利用的废弃物进行合理处理。其次是积极开发新能源。积极利用国家对新能源开发利用的补助政策，厉行节约，减少资源消耗。这种观念已深入居民衣食住行、生产生活的各个方面、各个环节，以切实减少资源消耗带来的环境压力。

建立统一的环保产业管理体系。加强行业监督和环保市场规范，消除地方保护和行业壁垒，防止环保产业市场的垄断和恶性竞争。鼓励和引导中、西部地区企业积极采用国际标准和国外先进标准进行生产，充分发挥行业协会在行业推动与协调管理方面的作用。根据国家的产业政策，对中、西部产业市场加以引导、扶持和保护。打破地方和行业保护，促进公平竞争，形成统一开放、公开、公平、公正、竞争有序的环保产业市场体系。

提高环保产业自主创新能力。加大对环保产业发展的扶持力度，推进产学研联合攻关和开发，建立高新技术产业化激励机制。培育一批有自主知识产权的环保高新技术和产品，形成一个高科技企业群，提高中、西部地区特色环保产品的市场竞争力。

创新环保产业投融资体制机制。建立健全政府、企业、社会多元化投融资机制，完善污水、垃圾处理收费的价格机制、运营机制，确保地方政府预算中用于环保和环保产业的投资比例。充分调动全社会投资环境保护和环保产业的积极性，广泛吸纳社会资金，鼓励和引导多元化投资，形成投资主体多元化、运营主体企业化、运行管理市场化的发展格局。[①]

建立支持生态产业发展的市场体系。生态产品的开发一开始就需要考虑市场需求，需要进行市场调查，同时需要在开发时进行开发成本核算，要考虑消费者的承受能力；通过绿色流通、绿色物流、绿色营销，确保绿

[①] 李志萌、李志茹：《发展环保产业提升鄱阳湖生态经济区的生态化水平》，《企业经济》2010年第2期。

色产品在流通过程中不受到污染,现代生态产品(绿色产品)的开发,包括从生产到餐桌全过程的监控;由市场机制发挥作用,通过合理价格,吸引消费者参与循环经济;利用市场机制建立资源环境有偿使用制度、排污权交易制度、生态补偿制度、环境标志制度、财政信贷制度等,充分发挥市场机制和经济杠杆的作用,使企业、社会、公众和政府通过市场调控,承担起发展生态产业的责任;利用市场机制引导绿色消费(绿色消费包括消费无污染的商品,消费过程中不污染环境),自觉抵制浪费和破坏环境的消费行为。

(四)坚持保护性发展促进转型升级

在国家重点生态功能区保护是第一职责,发展好是第一要务。树立"保护就是发展"的理念,谋求绿色发展。坚持开发与保护并重,有序、有度开发,努力实现人与自然的和谐共生,是推进可持续发展的关键。

寻找产业发展与环境保护的结合点。如日本北海道首先是划定保护区域。为了保护环境,日本划定了大量的自然保护区、国立公园、国定公园等以加强对重点生态区域的环境保护。划定的保护区域占全国保护区域总面积的20%,整个北海道71%是森林,在保护区内实行最严格的保护措施和动员全民广泛参与生态修复行动;加强重点污染区域治理;开展与环境和谐的旅游观光。如我国的神农架大九湖国家湿地公园,是我国"南水北调"中线工程的重要水源地之一和汉江中游重要的生态屏障,具有世界级资源、中国品牌。坚持"保护第一、科学规划、合理开发、永续利用"的方针,秉承"绿色就是财富、保护就是发展、文明就是优势"的理念,着眼于科学发展,抑制粗放开发冲动,主动承担绿色责任,谋求绿色发展。合理确定地方主导产业,注重发展绿色产业、循环经济。产业发展不以牺牲环境为代价,努力追求经济发展与环境保护的相互促进。

环境节约型与生态友好型产业"两型化"。如长株潭"两型"试验区自获批以来,推动了湖南走上生产发展、生活富裕、资源高效利用、生态环境良好的"两型"发展之路。坚持"两型"建设与新型工业化、城镇化有机结合。促进生产方式加快转变，引领生产方式从"低端"转向"高端"、从"单向"转向"循环"、从"粗放"转向"集约"。坚持把发展"两型"产业作为主要切入点促进产业"两型化"。

自主创新实现转型升级。长株潭试验区努力提升自主创新能力，出台了促进产学研结合、增强自主创新能力的政策，实施了节能减排科技支撑行动方案。一批示范效应明显的"两型"技术和产品推广应用，推动了产业的转型升级，降低了资源消耗和污染排放，同时也提升了区域竞争软实力。创新行政体制、创新城乡一体化机制、探索节地新模式，试行节水新机制，实施节材新举措，率先在全国取消宾馆酒店免费"七小件"，减少一次性日用品消耗。

建立生态补偿机制。中央财政应设立支持生态脆弱保护区建立保护专项资金、产业发展资金和生态保护资金；探索构建兼顾经济增长、社会发展和生态保护的地方政府、管理人员政绩的新的评价体系，促进试验区可持续发展，实现互惠共赢的目标；保护区应明确地区功能定位，实现转型升级。根据资源禀赋转型定位要"准"。神农架针对生态系统的丰富性、承载能力的脆弱性和国家功能区的定位，建设资源节约、环境友好的"国家可持续发展实验区"；建设城乡一体、文明富裕的"全省城乡统筹发展先行区"。

创新资源环境体制机制。长株潭试验区不断推进重点领域和关键环节的改革，努力探索资源环境市场化机制。开展排污权交易试点并由点到面扩大试验范围；推进环境污染责任险试点。如自2008年株洲市全国首例环境污染责任险成功获赔以来，湖南省加大对环境污染责任险的普及力度，在高环境污染风险企业中开展试点，对浏阳河、捞刀河、沩水河、靳江河等跨行政区域河流，实行断面水质监测。凡是断面当月水质超越控制目标，上游县（市）给予下游县（市）补偿，这很值得推广和借鉴。

（五）鼓励公众参与生态环境保护

健全公众参与制度。形成一个各种立法之间相互协调和配套、完整的公众参与立法体系。如伦敦空气污染的防控和治理，成绩并不全归功于政府。作为世界上第一批代议制民主国家之一，英国公民在公共措施的讨论、决策、监督、执行上，都有着深厚的自治传统和强大的社会根基。如果政府在治理空气方面稍有疏失，主流媒体不会替政府粉饰遮掩而是大胆抨击。

完善环境信息公开制度。环境信息公开是公众参与环境保护的前提。应当通过制定相关法律法规，建立统一的知情权制度，要在立法中明确公众获得信息的渠道和内容。同时，应当建立有效的信息反馈机制。环境信息公开的主体，既应当包括政府及环境保护行政单位，也应包括各类生产企业。督促地方政府、环境保护部门和企业采取更为有效的环保机制与措施，提升其环境保护工作的透明度和责任心，使公众真正起到建议、监督的良好作用。

提高公众的环境保护意识。通过多种渠道宣传和教育让公众了解环境保护的意义。要不断强化全民生态环保意识。培育人们的生态文明自省意识，倡导全社会的生态文明自觉行为，建立有利于生态文明的自律机制。加强对党政干部、企业经营者、社会公众、中小学生等的生态环保教育，提高公众对湿地、流域水资源、水环境保护的认知水平，推进形成崇尚自然、善待万物、遵循自然规律的生态价值理念。

完善社会监督和信息公开机制。建立生态破坏和环境污染案件举报系统，实行环境质量公告制度，保障公众对环境保护的知情权、监督权和参与权。要鼓励各类社会组织和民间团体积极参与环境保护事业，制定和完善鼓励公众参与环境保护的法律、法规和有关政策制度。

第四章

欠发达地区生态与经济协调发展路径研究

本章主要从发展观念、发展路径、发展规划、发展抓手、发展的机制体制创新和保障措施五大方面，指出了我国欠发达地区实现生态与经济协调发展的路径。

在发展观念上，认为要建立生态经济新秩序，制定"经济－生态"双重目标，实现"有序发展"；在发展路径上，要把"惠民性发展、保护性发展、特色性发展、选择性发展"融入常态化发展当中，合理开发利用自然资源；在发展的规划上，要实现"东、中、西"规划整体性、系统性协调，"海、陆、空"总体规划协同重构，破除"生态与经济发展不协调的症结"；在发展的抓手上，要通过产业发展生态化与生态建设产业化，实现生态与经济发展协调互动；在发展的保障方面，要完善相关协调发展机制，调整相关政策措施。

一 在发展观念上，建立生态经济新秩序，实现"有序发展"

社会发展研究大体可分三个层次：发展观念研究、发展战略研究、发展问题研究。其中，发展观念在整个发展研究中更具基础性和指导意义。它是基于对时代的理解和把握而提出的发展要求，是对发展本身的看法。以什么样的视野和思路去制定发展战略，解决发展问题，都与持有什么样的发展观念密切相关。

在生态环境与发展的关系问题上，我们反对不计自然成本的"经济增长决定发展观"。把生态环境与发展对立起来，认为人类社会的发展可以把环境质量放在经济增长之后，认为只能在区域富裕之后才有可能考虑环境问题，这种以牺牲环境为代价的经济的高速发展，引发了一系列影响人类生活质量的公害问题以及全球环境问题。应该引起我们的深刻反思。

在生态环境与发展的关系问题上，我们也不赞同消极保护自然环境的"零增长观"。把环境与发展对立起来，把自然从单纯的索取对象变为简单的保护对象，认为现代社会最大的祸害是追求增长，为了摆脱人与自然之间日益扩大的鸿沟，应该在世界范围内或在一些国家范围内有目的地停止物质资料和人口的增长，回到"零增长"的道路上去，这种观点在实践中既不为发达国家和地区所接受，也遭到欠发达国家和地区的抵制。因为遵循这种发展观，将意味着既得利益获得保护，而贫穷状态将永远得不到改变。

在生态环境与发展的关系问题上，我们坚持可持续发展观，即坚持发展的可持续性和发展的协调性，坚持经济、生态、社会三位一体的发展。既考虑发展对现代人和未来人需要的持续满足，以达到现代与未来人类利益的统一，又考虑经济和社会发展必须限定在资源和环境的承载能力之内。

（一）认清当前经济发展的"新常态"大局，坚持"有序发展"

歌德说过："大自然是不会犯错误的，错误永远是人犯下的！"不管人类出于好的动机还是坏的动机改造自然环境为己所用，只要没有超过自然机制界限，自然生态权力就不会对人类实施强制；而一旦超过界限，环境被破坏得已濒临自我修复的极限之时，自然界一定会在适当的时候或重或轻地惩罚人类。

我们坚持建立生态经济新秩序。协调发展的基本内核就是"有序发展"。有序安排这种发展，同时又必须以现实性社会需求为基本要求，这就要求我们必须将生态环境问题与经济发展问题结合起来进行思考。生态环境需求的满足不仅涉及人们生活质量的提高，更关系国民经济的发展和整个社会的进步。从我国以往的经济优先到环境与经济协调统一，在这个过程中还有极为关键的一步不能被忽略，即环境的"补弱"，或者说是环境的"优先"。这种优先绝不是以割裂环境与经济之间的关系为意图，而必须注重方式和方法来尽量避免环境与经济之间的割裂。这种优先体现了一种"补弱"式的思想，其意图是从根本上来改变存在于环境与经济之间的不平衡状态，实现环境与经济的平衡，并且在这种平衡的基础上促进二者之间的协调。从目前的国内状况来讲，生态环境需求已经取代原有经济需求的位置而成为我国人民的"紧迫性需求"。既然如此，在协调生态环境与经济发展的关系中就应当将环境需求的满足置于首位而实施"环境优先"。因此，如果说协调发展原则自被提出和确立以来一直坚持"经济优先"的协调方式的话，现在的协调方式则应重新做出时代性选择，即将"环境优先"确立为协调发展原则的重心。因此，在中国目前的时空条件下，选择环境需求的优先满足是合理而必要的。为此，应做好以下几个方面的工作。

一是建立生态价值观。生态资源和环境既是生产力，又是资本；保护生态资源和环境，就是保护生产力，就是保护资本。人类社会从生态系统获得有用物质和能量输入、废弃物的接受和转化。这些贡献被统称为生态系统服务（Ecosystem Services，ES）。生态系统服务既有可能进入经济社会部门与人造资本和人力资本结合生产最终消费品，如生产各种原材料和提供水源调节等基础支撑作用；也有可能直接为人类社会个体成员所享用，如提供洁净空气、美好景观等舒适性资源。作为生态系统服务来源的自然生态系统可以被视为自然资本（Natural Capital，NC）。足够的生态系统服务和自然资本是人类经济社会赖以生存发展的基本条件，零自然资本意味着零人类福利。在人类活动对自然环境影响程度不断加深的条件下，"纯粹"的自然资本日益减少。在可预见的未来，人类拥有的技术不可能使非自然资本完全取代自然资本，人造资本和人力资本的构建都需要依靠自然资本投入。随着人类经济活动范围不断扩大，生态系统服务和自然资本逐渐成为当今经济社会发展的最大限制因素，提高自然资本利用效率成为实现可持续发展需要解决的重要课题。作为自然资本效益产出的生态系统服务，多具有公共品或准公共品（public goods）特征，无法参与正常的市场交易，这意味着自然资本投资和收益不对称，造成微观经济主体维护自然资本的激励机制不足。用货币单位将自然资本投资的相对收益表达出来，方便微观个体和公共决策者对不同自然资本和非自然资本投资、交易方式进行比较，促进自然资本利用效率提高，增强社会可持续发展能力。

二是建立"经济－生态"双重发展目标。生态与经济协调发展的本质是经济发展与合理利用自然资源相适应，与保护生态平衡相适应，与劳动力数量和质量相适应。将经济发展与生态规律有机地关联起来，是解决经济发展与环境间协调发展的可行途径。首先，将经济的负外部性与经济系统管理结合起来，构建符合生态环境要求的经济系统；其次，按照科学的生态理念重构目前的经济发展理念；最后，将生态的约束纳入经济系统之中。

三是建立现代生态价值的经济发展观。将经济活动置于社会—经济—自然复合系统中进行考量：第一，从人—自然复合系统的整体性上认识经济活动。经济活动既是社会系统的有机组成部分，也是生态系统的有机组成部分；第二，经济发展在满足人类社会需求的同时，也必须符合人类赖以生存的自然生态系统的基本规律；第三，经济活动在追求经济价值与目标的同时，也必须遵循自然生态系统的内在价值和长远目标；第四，经济发展的规模应与自然生态系统的有效承载保持一致；第五，局部区域的经济活动应以不导致其他区域的生态环境恶化为原则，即经济的负外部性应得到有效控制。

（二）实施"西部大保护"，"在保护中开发，保护优先；在开发中保护，合理利用"

1. 保护生态就是发展，生态可持续才是真正发展，实施"西部大保护"

（1）空间结构无序，必将付出沉重的代价。"生态—生产—生活空间"

之间的比例关系是随着地理环境、发展水平和发展方式不同而变化的，一个区域产业空间的增长应该有一个合理的上限约束。打破这种比例关系和上限约束，造成空间结构的无序，必将付出发展效益受阻的代价。美国西部开发始于19世纪初，19世纪末美国开始认识到西部经济开发带来的生态危机的严重问题，历届政府对环境保护均给予高度重视，但直到20世纪末，美国西部地区的生态环境才得到较好的恢复，前后用了几乎100年的时间。

我国于世纪之交提出了西部大开发战略并付诸实施。薄弱的经济基础和滞后的资本积累使西部地方政府和人民面临着比东部地区更大的发展压力，往往采取超常规、跨越式、粗放式的经济增长方式，总体来说，西部大开发以来西部地区经济的高增长是靠生产要素总量的扩张和对资源能源的高消耗换来的，不合理的经济行为对区域生态系统造成巨大的压力。尽管实施西部大开发战略以后，国家主要领导人先后在不同场合强调在西部大开发中要注重生态环境保护，到目前为止我们看到的情况是西部地区的部分生态环境治理项目取得了一些成就，但是仍然无法从整体上遏制生态环境恶化的局面。西部地区生态环境保护问题已经成为不能回避的问题。

（2）生态建设和环境保护是西部大开发的重要任务和切入点。西部地区脆弱的生态环境既削弱了西部可持续发展的能力，也对我国整体生态安全构成严重的威胁。加强生态环境的建设和保护，走可持续发展道路是西部开发的必然选择。"改善生态问题，是西部地区的开发建设必须首先研究解决的一个重大课题。如果不从现在做起，努力使生态有一个明显的改善，不仅西部地区可持续发展的战略会落空，而且我们整个民族的生存和发展条件也将受到严重威胁。"

科学发展观的第一要义是发展，核心是以人为本，基本要求是全面协调可持续。科学发展观所追求的发展是包括物质文明、精神文明、政治文明和生态文明在内的全方位的发展。党的十七大报告明确提出："坚持生产发展、生活富裕、生态良好的文明发展道路，建设资源节约型、环境友好型社会，实现速度和结构质量效益相统一、经济发展与人口资源环境相协调，使人民在良好生态环境中生产生活，实现经济社会永续发展。"党的十八届三中全会提出："紧紧围绕建设美丽中国深化生态文明体制改革，加快建立生态文明制度，健全国土空间开发、资源节约利用、生态环境保护的体制机制，推动形成人与自然和谐发展的现代化建设新格局。建设生态文明，必须建立系统完整的生态文明制度体系，用制度保护生态环境。"

以破坏生态环境为代价的经济发展，不是我们所追求的。因为环境同样具有经济价值，长期以来无偿地利用环境发展经济的现象将逐渐成为历史，而且，环境还将逐渐成为一种越来越供不应求的特殊商品[2]。破坏环境本身就是一项巨大的经济损失。

2. "在保护中开发，保护优先；在开发中保护，合理利用"

主张"开发利用与保护增殖并重"的方针，提倡"在利用中保护，在保护中利用"，既反对"只利用不保护"和"只保护不利用"的片面认识和做法，也反对"先破坏，后治理"和"边破坏，边治理"的错误认识和做法。

（1）我们主张环境优先，并不是反对开发，而是强调"在保护中开发，保护优先"

西部地区是我国重要的生态屏障，该区域日益严峻的生态环境已经严重影响到中华民族的生存和发展。西部的发展，应该把保护和改善生态环境作为首要目标。区域经济的真谛是发展，发展才是硬道理。但是，发展的规模和增长的模式必须坚持生态循环经济的基本原则，必须突出"生态价值优先"的理念，把维护生态文明、改善生态环境作为经济决策、经济行为、经济发展的根本前提。凡是以破坏生态、污染环境、浪费资源为代价的经济发展，都是得不偿失、贻害子孙的负发展，都必须坚决叫停和纠正，"金山银山不如绿水青山"，对于中国西部这样经济欠发达的生态敏感地区，更要把维护生态放在优先于经济发展的位置上来考虑，在维护生态

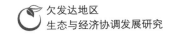
的前提下充分发展，在持续发展的条件下维护生态。

环境优先，是西部可持续发展的前提条件。既符合大自然生成演化的内在规律，也体现出人对自然的公正态度；既没有降低人类的地位，也丝毫没有损害人类的尊严，而是更充分地实现了人与自然的和谐、平等。

把环境保护放在首要位置。具体来讲，就是要求各级政府在制定经济、社会、财政、能源、农业、交通、贸易及其他政策时，要把环境与发展问题作为一个整体来考虑，并在各地区即将实施经济社会发展的"开发计划"之前优先制定出"环境计划"。可持续发展的基础是正确评估地球负载能力和对人类活动的恢复能力。这就给予我们的决策者一个重要的启示，即政府在做出西部开发的各项决策时，要充分考虑环境资源的承载能力，千万不要把开发与经济因素、社会因素和环境因素割离开来，要尽可能做到没有经过环境影响评价的开发项目不要轻易地决策，与环境有关的工程不要急于强行上马，并努力从决策机制上建立起针对保护生态环境的一票否决权的法律依据作保证。只有这样，才能够从"源头"上真正做到防患于未然，为建设一个经济繁荣和山川秀美的新西部提供道德上、政策上和法律上最有力的保障。

加强西部地区生态环境的保护和建设，要认真贯彻"预防为主，保护优先"的指导方针，坚持环境保护与生态建设并举、经济发展与环境保护相协调，才能实现西部地区持续和健康的发展。具体讲，从发展经济的角度看，要从生态破坏的根源入手，以解决西部地区贫困问题，标本兼治，从根本上解决经济发展不足导致粗放型经济发展和掠夺式的资源开发所导致的生态破坏。从生态科学的角度来看，要以自然恢复为主，人工建设为辅，对重点生态破坏地区的生态重建和恢复，应顺应自然规律，大力推进人工封育、围栏、退耕还草、还林、还地等措施，经济发展农村能源，对现有的天然林地、天然草场、天然湿地实行最为严格的生态保护措施。

（2）"在开发中保护，合理利用"

合理利用，就是要求人们在开发西部的具体实践中，正确认识和把握人与自然的关系，必须在资源和环境得到合理的持续利用、保护的条件下，去获得最大经济利益和社会利益。

开发西部，发展经济，改善人民生活，就必然要开发利用各种自然资源，这是人类社会得以存在和发展的基本条件，也无可厚非，况且，西部地区还具有石油、天然气、矿藏和生物等丰富的自然资源。但是，发展经济并不一定非要以浪费资源和损害环境为代价。强调西部开发必须走可持续发展的道路，并不是要求人们停止开发使用一切自然资源，而是要求人们应该更加谨慎有效地使用自然资源。

如何"在开发中保护，合理利用"？首先，要辩证地认识资源的利用与保护的关系。从环境伦理的角度来看，利用资源是为了促进人类和社会的发展，保护资源也是为了维护人类的生存和发展，利用资源和保护资源对于人类的利益是同等重要的。因此，只有既利用资源也保护资源的行为才是合理的、合乎道德的；反之，只利用不保护或只保护不利用的行为都是不道德的，也是不可取的。从可持续发展的观点来看，资源的利用与保护是矛盾的统一。一方面，二者在经济发展中是存在矛盾的，这是因为经济发展和消耗资源是无限的，而资源存量是有限的。但另一方面，二者又是能够统一的。这是因为可持续发展经济，在利用资源的同时，也必须保护资源，从而就使资源在目前与长远的结合上实现有限资源的长期利用和永续利用。

其次，要改变资源利用的传统价值观念。传统经济发展模式之所以一味追求经济利润、不计自然资源成本的单向度发展，很关键的一点是人们仅看到自然资源的经济价值，而忽视了自然资源还有更重要的非经济价值。事实上，大自然所承载的价值是多方面的。例如森林资源，我们可以利用它的经济价值制造成各种林产品；可以利用它的医药价值为人类医治疾病；可以利用它的娱乐价值开展森林旅游；也可以利用它的美学价值陶冶人们的情操；可以利用它的生态价值来净化空气、调节气候、保持水土或建立防风林；还可以利用它的科学价值来揭示自然界生成演化的历史；

等等。这或许能告诫人们，在开发利用西部各种自然资源的过程中，眼睛千万不要仅仅盯着资源的经济价值，而忽视了资源其他方面的重要价值，更不要盲目地、无限度地开采利用自然资源。对资源多角度的合理利用，不但能给人们提供更多更好的选择机会，更重要的是还能从价值论的意义上指导人们自觉地遵循自然规律。

最后，要处理好不同地区之间的利益分配。做到资源合理开发，生态环境保护和可持续发展并进，特别是西部各地区在资源优势向经济优势转化过程中不能急功近利，更不能以破坏资源和生态环境为代价。不同行政区划内的毗邻地区，在资源的共同开发、环境资源的保护利用上要从大局出发，搞好协调、谋求共同发展。决不能哄抢资源，只顾眼前利益而忽视长远的生态建设，由此造成地区之间、民族之间的矛盾，破坏团结稳定的大局。

总之，开发利用好每一寸土地，节约每一滴可贵的水资源，建设和保护好西部人民赖以生存的生态环境，就是开发西部应当遵循的基本道德要求。我们不希望看到未来西部发展所获得的利益和成果建立在西部"千疮百孔"、"资源耗尽"、"环境污染"等一堆人类活动的废墟上。

3. "西部大保护"的本质"是强区，更是富民"

（1）"西部大保护"的本质是一个经济发展问题

西部生态恶化与经济落后（贫困）之间具有极强的相关性，二者互为因果，相互生成，相互强化，形成了累积效应，导致了"生态恶化—经济落后（贫困）—加快开发—生态进一步恶化"的恶性循环，进一步削弱了西部可持续发展的基础。西部大部分地区区域经济发展滞后，社会发展水平低，我国尚未脱贫的几千万贫困人口主要集中在西部地区，特别是西部自然生存条件恶劣的深山区、石山区、高寒区、黄土高原区和地方病高发区。贫穷的加剧导致人们对其赖以生存的环境过度索取，这必然使环境迅速退化。西部脆弱的生态状况和有限的环境容量在人类活动的过分袭扰下极易遭受破坏，进而导致生态灾害更加频繁，危及人们的生存基础，反过来又大大制约了西部人民脱贫致富。

（2）在西部大保护中，"是强区，更是富民"

"富民为本"，改善人民群众的生活质量，提高公众的健康水平，大力开发人力资源，应该成为西部发展的关键内容。"富民为本"，就是实行生态建设与富民增收并举，以生态建设为核心，寓富民增收于生态建设之中。在深入了解资源开发与生态环境安全之间相互作用机制的基础上，选择资源有效利用和合理配置作为切入点，走外部扶持和内部优化相结合的道路，将是贫困地区摆脱贫困、走向可持续发展的一个根本途径。

然而，仅靠西部自身的力量，无法承担起既保护生态环境又推动经济社会发展的双重任务。由于西部生态破坏的不可逆性、生态恢复的长期性，加上缺乏物质上的补偿和经济上的激励，西部地方政府和经济个体都缺乏参与生态建设的积极性。在发展的压力下，也不愿意因为大规模生态建设而放慢经济建设的步伐，在缺乏相应协调机制和调控手段的情况下，西部地区往往将生态环境治理让位于经济发展，结果是西部的生态建设陷入困局，不愿意或无力进行生态环境改善，下游和相邻地区生态环境受益地区生态建设也会受到抑制，最终必然使西部区域性的生态经济系统失衡导向于全国全局性的生态经济系统失衡。因此，生态环境外部性问题的解决，需要国家从全局的高度，按照生态循环经济的发展要求，根据西部地区在全国发展战略中的地位和作用，尽快建立科学合理的生态补偿机制，使西部地区更多地承担保护生态环境的责任，更好地促进社会公平正义和区域经济协调发展。要按照统筹区域的要求，协调国土东、中、西部地区生态建设的关系，对先发达起来、生态破坏相对重的东部地区加紧偿还环境欠债的同时，不断加大对中、西部地区的生态治理力度，推动中、西部地区生态环境的防御性保护工作，避免东部地区出现的生态问题复制和转移到中、西部地区。中央财政可加大对中、西部地区生态治理的转移支付力度，同时东部发达地区省份也应当从资金和技术上援助中、西部地区开展生态治理，增强中、西部地区生态建设的物质基础，更好地促进各区域之间的生态平衡。

二 在发展路径上，把"惠民性发展、保护性发展、特色性发展、选择性发展"融入常态化发展当中

1. "慢发展"是发展的常态化，"慢发展不等于不发展"，"慢发展"往往是最大的发展

（1）慢发展不等于不发展，"慢发展"往往是最大的发展。既要遵循经济规律，也要遵循自然规律，才能实现既快又好的发展。在不具备大规模开发条件、生态环境恶劣的地区，缩小地区差距的本质，主要不是缩小地区间经济总量的差距，不是要求各个地区的经济总量排名提升，而是缩小地区间人民享有的公共服务和生活水平的差距，使居住在不同地区的人民都享有均等化的基本公共服务，都享有大体相当的生活水平。

（2）不平衡发展也是协调发展。欠发达地区虽有像成渝、关中等土地肥沃、人口密集、生态环境很好的地区，也有土地贫瘠、干旱少雨、人口稀少，或高山连绵，或戈壁荒漠，生态环境极为脆弱的地区，所以，生态建设和经济发展无法按照固定模式进行刻画，必须根据各地实际情况，顺应自然规律，因地制宜进行发展。

欠发达地区生态环境与经济协调发展的过程实际上就是一个区域生态经济系统的整合过程。既不能以牺牲生态环境为代价换取经济社会短暂快速发展，也不能以经济社会停滞不前为代价求得生态环境的恢复与重建。既不能无限制地改造生态环境和掠夺自然资源，也不能完全否定人类消费自然资源和改造生态环境的必要性。也就是说，政府必须以非均衡发展战略考虑欠发达地区生态建设和经济发展的耦合问题，让欠发达地区也能分享到中国经济发展带来的巨大利益。

2. 实现惠民性发展

（1）告别唯GDP的"破坏性发展"、"发展性破坏"。多年来，由于受传统观念的影响和束缚，人们对生态建设的重大战略意义缺乏相应的认

识，甚至没有引起足够的重视。GDP 并不能涵盖经济社会发展的全部内容，它没有考虑发展对生态环境造成的影响及经济增长的质量和效益。长期以来，传统的 GDP 核算体系促成了片面追求经济增长速度而忽视环境保护的现状的形成，一些地区把 GDP 的增速看作衡量政绩的唯一标准，认为"生态好坏靠自然"、"发展经济是硬道理"，搞生态建设投资大、见效慢、得不偿失，不如发展经济致富快，政绩显赫。少数地方还靠破坏和牺牲生态资源来换取经济的快速发展，肆意毁林开矿、滥占耕地、兴办"黑色企业"。这种为追求政绩，不惜以牺牲环境为代价，片面追求经济增长的"破坏性发展"、"发展性破坏"，给国民经济和社会发展带来了人为的阻力和隐患。

（2）发展的目的是惠民。惠民性发展的本质是惠民。惠民性发展中的"发展"必须要求消除贫困，同时关注人与自然的和谐相处，而不是将"发展"定位于纯经济发展的狭隘发展。要使人民从发展中切实受益。

3. 实现保护性发展

（1）"宜发展则发展、宜保护则保护"，合理开发利用自然资源。加强理念转变，从强调"改造自然"转变为"尊重自然"。西部欠发达地区的现代化，已经不再具备发达国家和地区工业化初期的发展环境，脆弱的生态基础以及资源环境的硬约束使西部在资源存量和环境承载力两个方面都已经承受不起传统经济发展模式下高强度的资源消耗和环境污染。沿袭传统发展模式，只能阻碍西部地区真正实现现代化的速度。

（2）民族文化资源的保护性开发与利用。"丝绸之路经济带"、"长江经济带"对沿线、沿江地区各民族文化资源的开发与利用是必不可少的。必须考虑沿线、沿江地区民族文化的地域性、多元性和原生态性。开发"新丝绸之路"、"长江经济带"区域经济，必须以不损害民族文化作为条件。当然，对于区域内民族文化资源的保护和开发不是哪一个人或一些人就能够解决的，它需要全民参与，政府在这一过程中，要充分发挥职能，加大宏观调控力度，发挥整体引导作用，走出一条"新丝绸之路"、"长江

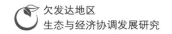
经济带"经济与环境保护相协调的发展之路。

（3）设立"不开发区"。第一，建立"不开发区"，实现保护性发展。针对区域自然条件比较恶劣，环境承载能力弱，区域生态脆弱，不适合大规模集聚人口，更不适合大规模进行工业开发的区域，建立"不开发区"。第二，在"不开发区"，"发展"的含义主要不是作大经济总量，而是保护好"自然生态"。因为一旦区域开发强度超过区域资源环境承载能力，必然导致生态的破坏和环境的恶化。生态系统一旦遭到破坏，恢复难度非常大，生态修复成本非常高，生态修复时间非常漫长。第三，"不开发区"进行分区治理。诸如西北干旱区、黄土高原区、长江中上游地区和青藏高原区等，可以结合各生态脆弱区的不同特点，因地制宜，采取不同的生态建设策略进行分区治理。如设立水源涵养生态功能区、土壤保持生态功能区、防风固沙生态功能区、生物多样性保护生态功能区、洪水调蓄生态功能区等。第四，"不开发区"主要承担"生态分工"，为了实现其生态服务功能，必须限制甚至禁止产业的发展，放弃传统的工业化道路、放弃资源开发。

4. 实现特色性发展

（1）充分发挥比较优势。"发展"不是单一模式的普遍化进程，而是在不同语境和条件下多种模式和道路的摸索、实践与创造。因此，发展的模式、方案和目标等必然是多样性与多向性的，不同人、社会和民族的发展必然选择有自身特色的发展道路。每个区域可以根据自身的生态环境承载能力，结合特有的比较优势，包括地域广阔，潜在的消费市场容量大，投资需求旺盛；劳动力资源丰富，土地价格较低，具有低成本的优势，有利于吸引外资，有利于产品竞争；拥有独特性的旅游和文化资源，其稀缺性的特点，容易转化为现实生产力；自然资源丰富，发展空间大；在综合开发、畜牧业等领域都存在许多良好的发展机会，如农产品提供生态功能区、畜产品提供生态功能区、林产品提供生态功能区，区域资源和民族特色精、深加工产业区，原生态旅游重点区，最终实现特色发展。

（2）"宜工则工、宜农则农、宜林则林、宜牧则牧、宜渔则渔"。按照地域差异的特点和主体功能分区的原则，按照生态环境和自然资源的特点及生态规律，考虑区域人地相互作用的潜力，即考虑当地区域自然资源的承载能力、区域社会资源的潜在能力和区域自然环境的经济社会容量进行合理开发和利用自然资源。根据自然资源可更新或不可更新的特点，对野生动物、植物、森林、草原等生物资源的利用，应当控制在合理的限度内，遵循利用量不得超过再生量的基本准则，确保资源的可持续性利用。根据环境资源的地域性特点，因地制宜地开发利用环境和自然资源。根据自然环境有一定自净力的特点，进行科学论证，全面推行污染物总量控制的制度，把污染物排放控制在环境自净能力容许的限度内。

5. 实现选择性发展

（1）尊重产业发展规律。产业的空间发展过程总是先在某一区域聚集，然后再向其他区域扩散。自然环境、资源状况和经济发展水平的差异性决定了产业空间布局的非均衡性，某些地区只适合一种产业或一组产业的发展，只能选择比较优势最大的产业作为区域的基础产业或主导产业。因此，欠发达区域的产业布局重点是重新整合原有的优势产业，以形成增长极，通过极化效应和扩散效应带动经济全面协调发展。这种建立在自然规律和产业空间发展规律基础上的不平衡发展，其本质也是协调发展。

（2）实现"错位发展"。"新丝绸之路"、"长江经济带"经济一体化发展战略，是推动新一轮西部大开发，推进连片特困地区扶贫攻坚，推进沿线、沿江地区经济发展和繁荣的重要途径，也是打造中国经济"升级版"的应有之义。"要在确保环境不被污染的前提下，积极有序引导东部沿海地区产业转移"，对于那些地处中、西部的地区，在有利于产业承接的重大项目选择上，要结合本区域的特点：如长江经济带的经济发展水平与流域关系是反梯度的，即长江下游经济发展水平在经济带中最高，而长江上游经济发展水平在经济带中较低；丝绸之路经济带中西北五省区在自然条件、自然资源、经济发展水平、优势产业等方面都具有很高的相似性。

沿途各地区必须根据自身优势产业，明确在"丝绸之路经济带"以及"长江经济带"中的角色与地位，加强政策沟通，尤其是产业政策沟通，避免产业布局的同质化，减少产业对有限优质资源的浪费与冲突，避免区域内部产业布局的无序低效竞争，通过产业互补与合作获取经济带的协同效应，实现产业优势互补和综合利益最大化，从而最终实现错位发展。

三 在发展的规划上，坚持"东、中、西区域统筹，海、陆、空协调共建"原则

生态环境是经济发展的基础，良好的生态环境有利于经济的持续快速发展，而生态环境恶化到一定程度，不仅使经济发展难以为继，也给生态环境的恢复和治理带来较大的难度。因此，实现经济、社会和生态效益的统一协调成为优化国土（海）空间、实现科学发展的客观要求。

生态环境与经济协调发展既涉及人与自然关系的调整，又涉及人与人之间利益关系的调整，各相关利益主体之间"利益冲突是环境资源保护不力的症结所在"。欠发达地区生态环境与经济协调发展实质上涉及区域间关系、流域间关系、中央与地方关系等各种利益关系的协调和平衡。应从经济发展与生态环境协调发展的高度，重视生态环境保护和建设，从总体上制定发展规划。

世界各国的经验表明，成功的保护，必须有明确的实施主体、严谨的操作纪律乃至严肃的法律保障。科学合理的区域规划是统筹协调区域经济社会发展的前提，是优化空间结构和开发秩序、协调经济发展的重要手段。区域规划具有层次性，上下级区域规划之间、同级区域规划之间应相互协调，这样才能达到资源优化配置。中央政府必须对区域规划加以控制，以保持规划的整体协调。因此，尽快完善"东、中、西区域统筹，海、陆、空协调共建"的全国国土（海）总体规划，建立"和谐共生、联

动发展"的流域规划，强化"中、西部优先"的中、西部区域生态保护规划，对于实现经济发展与生态环境的协调发展十分重要。

（一）完善"东、中、西区域统筹，海、陆、空协调共建"的跨区域"大国土"总体规划

1. 实现"东、中、西"规划整体性、系统性协调

规划协调的本质是利益协调与权益协调。目前空间规划的不协调问题未能解决，根本原因在于我国规划类型众多，相互关系复杂、多部门交叉管理，如国土资源部的全国土地利用总体规划、国家发改委的主体功能区划、住建部的全国城镇体系规划等，存在规划地域空间争夺，各种空间性质的规划本身也缺乏协调。受价值取向、部门利益、专业限制、沟通不畅等因素的影响，各规划内容表述不一、指标数据彼此矛盾、规划管理"分割"等规划"打架"问题时有发生。现有的主体功能区划，虽然能够在一定程度上表达国家空间规划的目标要求，但只能是空间规划中区域"面"集表达的核心方式，对"长江经济带"或"新丝绸之路"等"线"集表达，甚至"点"集的表达涉及很少，无法满足合理组织空间结构的基本要求。因此，需要构建综合性、战略性，以空间为对象的战略空间规划来协调土地利用规划、城市规划、区域规划、国土规划、主体功能区划等。从整体性和系统性角度出发，把"海、陆、空"空间规划作为一个有机整体进行管理，使得规划时间序列上有步骤，内容上全覆盖。

需要从国家发展和改革的战略高度深入研究陆海资源配置、产业联动、环境管理、灾害防治、科技创新等方面的重大问题，系统地把握陆海统筹发展的内在机理、互动机制和演替规律，为"多规协调"工作提供坚实的理论支撑。陆、海、空衔接，既要高度重视陆域、海域与空域的资源禀赋和生态环境容量，强化与涉海规划特别是海洋功能区规划、主体功能区规划的衔接；也要高度重视相连腹地经济社会发展与相关陆域、空域规划的衔接配合，确保各类规划能充分满足陆、海、空三类部门的要求。

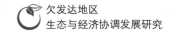

2. "海、陆、空"总体规划协同重构，实现统筹

随着经济一体化进程的加快，地域空间的概念在不断拓展，海、陆、空空间的多用途性往往导致资源利用和空间竞争冲突的产生，需要多部门协作配合，综合运用社会、经济、环境、法律等多方面技术来对海、陆、空活动进行有效管理，化解利益冲突和协调关系。要求以新的视角探索国土（海）总体规划的新理念，关注跨区域甚至跨国的大尺度空间规划的研究。目前，正在进行的"长江经济带"、"新丝绸之路"就是跨区域规划的重要实践。除重视沿海大都市经济区跨区域空间发展规划之外，还将新的国土（海）空间理念纳入规划体系中，充分考虑国内的发达地区与欠发达地区区域间、跨区域的流域（海域）内以及与周边国家的联系和协作。

"海、陆、空"统筹应该具备四个基本特征：一是战略本质性。实施海陆空统筹涉及陆地、海洋、大气三大系统，既与单纯的行政区划不相重合，又超越了诸多部门管理职能，必须由中央政府或地方政府进行战略引导与统筹调控。二是内容广泛性。海陆空统筹内容涉及陆海开发规划的统筹、陆海经济产业一体化调控、陆海空生态环境的保护以及海岸带综合管理等多个领域，具有明显的综合性特征。三是统筹手段多样性。推动陆海统筹，需要综合运用经济、行政、法律等手段，包括制定实施海洋发展战略、大气污染防控规划、区域发展规划、产业发展规划、海洋功能区规划以及制定相关法律法规等。四是目标持续性。实施陆海空统筹的目的是实现陆地、海洋经济社会与生态环境的全面协调发展，而实现这一目标需要长期努力、持续推进。

应在总体规划框架下跨越不同部门将海陆空管理进行综合，突出跨界合作和计划，将各区域的生态系统问题纳入海陆空总体规划，解决发达和欠发达地区、沿海地区陆域和海域的不同职能部门相互交叉和相互制约的问题。

3. 实现东、中、西和陆、海、空"求同存异"的协同管制

（1）积极寻求突破口和战略支点。在实际工作中积极寻求试点试验的

突破口和战略支点。一方面可以将陆海基础设施统筹建设、陆海空生态环境统筹管理、区域建设国土（海）统筹规划、海岸带和区域结合带统筹整治、重大基建项目统筹决策、执法维权统筹行动等重点工作领域作为突破口，先行开展试验示范，通过局部领域的良性运转来推动相关部门的统筹联动，另一方面可选取具备一定经验和条件的重点地区，考虑设立以陆海统筹发展为主题的示范区或试验区，在产业发展与管理方面赋予相应的扶持政策，鼓励先行先试，积极探索陆海空统筹的路径和经验。

（2）抓紧制定相关政策。实施"陆、海、空"统筹是一项艰巨复杂的系统工程，需要统一认识、统一组织、统一步调。建议在涉及资源开发、设施建设、产业发展、生态保护、环境治理、科技研发等方面抓紧研究制定相应的财税、金融、用地、用海、人口、产业等配套政策，积极营造良好的发展环境。现阶段，可考虑集中一定的财力和资金，建立财政支持陆海空统筹发展的长效机制，切实加大对陆海空统筹发展的支持力度，解决或缓解大气污染、海洋开发及沿海地区发展导致的经济问题、生态问题乃至社会问题，促进陆海空统筹、协调发展一体化格局的全面形成。

（3）探索建立多部门协调机制。陆海空统筹发展涉及面广，在管理对象上既有海域又有陆域和空域，牵扯到众多的行业、部门和沿海地方政府，必须在体制机制创新上有所突破。要切实打破陆海空分割、部门分割、区域分割，深化陆海空统筹管理体制改革，积极开展海洋、大气综合管理试点，整合管理职能，建立涉海、涉空部门联席会议制度或高层次的决策议事机制，统筹陆海空行政审批和重大事务协调，切实提高决策的科学性和高效性。从长远来看，随着海域、空域利用涉及利益关系的日趋复杂，依靠一事一议协商解决问题的方式必然难以为继，可考虑制定涉海、涉空部门统筹协调的原则和规范，或设立专责纠纷调处的常设机构。

4. 加强规划立法的生态环境整体观，扭转生态环境法"软法"的现实

（1）规划立法需要加强生态环境整体观。首先，要加强立法层面的生态环境整体观。要适当突破当前立法中存在的针对单一环境要素进行立法的问题，要加强各环境要素之间的关联性在相关立法中的体现。其次，要加强相关研究中的生态环境整体观。尤其是在各环境要素保护的研究中，要加强各环境要素之间关联性的研究。这是加强立法层面生态环境整体观的基础。再次，要加强执法层面的生态环境整体观。在对生态环境违法行为进行处理的时候，不能只着眼于单一环境要素保护，否则容易陷入只见短期、局部损害，忽略整体、长期损害的境地。改变各相关部门"多头执法"的局面，生态环境执法权从各相关部门中剥离，统一归口环境保护部。

（2）加大环保生态法律的实施力度，扭转生态环境法"软法"的现实。要在当前时期实现生态与经济协调发展，必须切实加强环境生态立法的实施力度，要改变生态环境法是"软法"，即当环境保护与经济发展、与税收增长发生矛盾时，优先考虑经济增长，将环境生态立法的实施放在次要位置上的问题。《环境影响评价法》为我们从源头上防止环境污染和生态破坏提供了制度依据。事实上，也唯有从源头抓起，我们的生态环境保护工作才能真正做到事半功倍。在生态环境执法中，我们需要加大对该法的重视程度，让它真正起到防患于未然的效果。

5. 建立"保护为主、以人为本、合理利用"的中、西部地区生态保护规划

中、西部生态环境的影响不仅仅是中、西部的，而是全国性的，甚至是全球性的。中西部地区是我国江河的主要发源地，也是我国自然资源和生态资源的宝库。中、西部地区的生态环境保护具有全局性的特点，中、西部环境生态保护好了，受益的是全国。如果中、西部地区生态环境受到破坏，受影响的也是全国，甚至是全球性的。如果西部因干旱导致水源枯竭，长江、黄河、国际河流怒江、雅鲁藏布江的上游就面临断流的危险；如果西部沙化严重，飞扬的沙尘将席卷大半个中国甚至漂洋过海。中、西部生态环境保护不仅是中、西部地区的问题，也事关全国经济社会发展。因此，中、西部地区的生态环境保护不仅是中、西部地区的责任，也是全国生态保护的重要内容。

（1）明确"保护为主、持续发展"

中、西部生态保护规划必须贯彻"保护为主、持续发展"的基本理念：第一，生态资源和环境也是生产力，保护生态资源和环境就是保护生产力；第二，生态资源和环境也是资本，使用生态资源和环境必须付费，确立生态资本在社会总资本中的重要地位；第三，生态资本的存量和质量是衡量区域经济综合竞争力和核心竞争力的重要指标，不仅要维系它，而且要使其增值；第四，以生态资源和环境的有效利用和合理配置为要旨的生态经济，是实现经济可持续发展的核心；第五，承认生态空间和资源数量的有限性，较大规模的生产与较大规模地消耗资源联系在一起，要有所控制；第六，处理好当代人与后代人在生态空间和资源数量上的比例关系，核心是把一个什么样的生态环境留给后代人。

（2）实施"以人为本"的环境综合整治措施

单纯生态环境的改善在当前的贫困状况条件下并不现实。中、西部地区，存在着"贫困—人口增长—环境退化"怪圈。人口增长是造成贫困和环境退化的基本动因。环境的退化造成环境的脆弱，而脆弱的环境由于抗干扰能力弱更容易退化，这就形成了环境因素内部"脆弱—退化"的恶性循环。贫困的人们为了生存，不得不掠夺式地开发当地自然资源，其结果不仅难以使贫困状况有所改善，反而更加抑制了现有资源潜力的充分发挥，加之人口压力的增加，最终陷入"环境脆弱—贫困—掠夺资源—环境退化—进一步贫困"的"贫困陷阱"难以自拔。对于欠发达地区来说，目前的当务之急是解决贫困人口的生活问题，需要"雪中送炭"，需要开发性扶贫。不解决基本的生活问题，其他的环境问题以及人口的控制也难以保障。

欠发达地区生态与经济协调发展的目标是"以人为本"，实行"富民"政策，加快社会发展，实现可持续发展。以人为本是可持续发展的核心，也是解决中、西部生态环境恶化的一个重要手段。以人为本，其核心是借助外部有针对性的政策和经济的扶持，将贫困区内部的经济政策支持与优化资源利用配置两手一起抓，相互促进，通过生态环境和经济社会环境的全面改善以促进资源的高效和安全利用，提高贫困地区自身"造血功能"，最终实现中、西部地区人地系统的良性循环。

（3）全面对接生态系统

①资源开发利用与生态系统对接。欠发达地区丰富的矿产资源、土地资源、水资源、生物资源等，是支撑其经济发展的主要因素和物质基础。开发中、西部地区的特色资源，有利于发展特色经济和培育新的经济增长点，从而促进产业结构调整和经济发展活力与竞争力的提高。由于中、西部地区的自然生态环境有易受破坏且难以恢复的特点，其内部生态环境问题直接关系全国可持续发展战略的实现，因此，需要注重开发方式与生态系统的对接，依靠科技进步重点推进以矿产资源、土地资源、水资源的合理开发和节约使用为原则的资源节约战略，提高资源的综合利用率。

②制度建设与生态系统对接。从制度层面上看，欠发达地区生态环境恶化的深层次原因是生态环境资源配置制度的低效率。可以考虑在制度层面完善自然资源的产权制度建设和法制建设，同时对生产企业采取激励和约束制度，以此来规范经济主体的行为，实现生态环境与经济的协调发展。

一是加强自然资源产权制度建设。通过严格的立法程序，明确自然资源的产权主体，避免由于资源共享造成的过度利用和破坏。同时，完善环境税收制度，对排污企业征收环境税，将污染物排放产生的外部成本内部化，以控制企业的污染行为，鼓励保护良好环境的经济社会活动。

二是对生产企业实施激励与约束制度。对生产企业实施激励制度，可以通过财政补贴、减免税收、低息贷款等经济手段鼓励和引导资源配置向污染少的项目和实施清洁生产的企业转移。对企业实施约束制度，即政府对于外部性很强的高污染、高排放企业强制执行高收费政策，迫使污染物排放成为成本要素，迫使企业采取相应的经济技术措施转变自己的经济行为。

三是加强环境保护的法制建设。按照"谁污染谁治理"的原则制定环境污染防治和自然资源保护方面的相应法律法规，对于生产企业追求自身利益而造成环境污染和资源浪费的行为，给予严厉惩罚。同时，要完善环境保护法律实施的监督机制，发挥各大媒体和社会团体的监督作用，严格环保立法和执法环节，确保法律制度的有效实施。

③文化保护与生态系统对接。积淀深厚的传统文化和特色浓郁的民族文化，是中、西部民族地区生态系统的重要组成部分。近些年来，随着民族地区城市化进程的加速以及对外开放的深入，一些外来文化起到一定的示范效应，这种示范效应首先反映在民族文化的物质载体上，如民族建筑、服饰、饮食文化、生产生活的现代化等，引起当地居民缺乏理性的模仿追求，民族传统文化的生存与发展受到冲击。民族地区在进行经济建设的过程中，应注重对当地历史文化遗产和文化资源的保护，包括有形的文化遗产如文物古迹，无形的文化遗产如民族民间艺术等，建立良好的民族文化生态环境。

（二）发展规划需考虑流域内共生以及区际联动

1. 流域内共生是实现可持续发展的必由之路

流域内共生主要解决"如何利用流域资源优势形成产业集群，并能够提高当地居民城镇化水平、非农产业就业比重和生态环境治理综合水平"问题，从而推动流域可持续发展。共生型流域规划欲解决的关键问题是实现流域和谐与可持续发展，也即在流域经济社会发展中，自然人、法人、经济组织、行业协会、地方政府为了实现共同利益，在生产经营领域中以生产要素的移动和重新配置为主要内容进行经济合作与协同活动。

（1）构建以水生态系统健康为目标的流域分区管理模式。从20世纪80年代开始，有关水生态系统安全的环境管理日益成为国际水环境管理的主流，在此理念下，国际的水环境管理已经从污染控制向生态管理的方向发展，追求生态系统的完整性，并根据水生态系统的差异性进行分区管理。因此，需要开展以水生态系统健康为目标的流域水生态功能分区，以此为基础制定水生态保护目标、划定"红线"，从而科学控制流域国土空间开发强度，调整空间结构，促进生产空间集约高效、生活空间宜居适度与生态空间山清水秀。

（2）健全流域的水环境质量基准和标准体系，科学确定生态系统保护阈值。我国现行的水质标准是参照发达国家的水质基准和标准限值建立的，随着水环境管理水平的不断提升，其弊端逐渐显现出来：一是因为生物种群、生活方式的不同，一些水质指标具有显著的区域差异性；二是我国的水质标准主要包括化学和物理指标，缺乏水生生物、营养物、生态学等类型的指标，不能对水环境质量进行客观的评价；三是没有分区执行水质标准，不同类型的生态功能区对应不同的生态保护目标，从而明确维持某种生态功能所要达到的环境质量标准。因此，急需在流域水生态功能分区的基础上，构建一套完整的水环境基准和标准方法体系，为流域水生态系统保护管理提供科学依据。

（3）以流域生态承载力为约束，优化经济布局与产业结构的生态承载力。流域发展规划需强调生态系统对人类、经济社会的可持续承载；强调人类和生态健康的条件；强调生态系统的自我维持、自我调节和自我发展的能力，实施以流域污染物容量总量控制为基础的流域环境管理策略。

根据流域在《全国主体功能区划》中的定位及功能区划，逐步突破行政区划限制，统筹考虑整个流域内产业布局与生态环境风险的关系，以提高流域产业生态适宜性、维护流域生态格局安全为目标：第一，以现有产业布局为基础，以资源、环境承载力为约束，提出流域产业空间布局战略；第二，综合考虑流域的资源、环境、人口、经济基础等多种因素，研究基于流域生态承载力的产业结构优化调整系列措施，提出流域生态产业培育战略，提升整个流域产业结构的生态化和稳定性；第三，在流域生态承载力的约束下，大力推行清洁生产，从企业层面、管理层面、消费层面全方位提出重点行业清洁生产技术发展战略。

（4）以保障流域环境流量为前提，提升流域水资源利用效率。资源的生态利用首先要确定流域的可利用水资源总量，在此基础上，对流域水资源进行合理配置，包括流域内部上、下游与干、支流配置，流域之间跨流域调水、水库调度；水质配置和生态用水配置。需建立流域的水权制度，从法制、体制、机制等方面对流域水权进行规范和保障，具体包括水资源所有权制度、水资源使用权制度和水资源流转制度。通过界定产权，维护流域水资源主体的合法收益，调动流域内所有相关主体自觉参与水生态环境维护的积极性。

2. 搭建流域内区际联动发展的制度平台

（1）"错位发展"。各区段基于资源禀赋差异和优势开展分工与合作，有助于消除流域经济活动的外部性，有效防止产业恶性竞争，尤其是合理兼顾各地区利益，特别是合理协调经济利益，最终实现流域经济社会可持续发展。

（2）建立流域区际合作机制。从流域管理体制机制上着手，寻求各地区的利益契合点，在上下游地区之间建立生态补偿机制，构建流域区际合作的制度平台，激励上游地区育林营林、降低排污、涵养水土的同时，减少下游地区"搭便车"的行为，推动流域综合治理，将外部性问题内部化，减少社会利益的损失。地方政府间跨区域经济合作，可以变分散的局部地区优势为整体的综合经济优势，创造出新的协作生产力，是流域各地区实现共赢的有效途径。

（3）建立相对公平合理的生态重建机制。政府采取流域生态环境保护的机制手段，政府的环境保护功能主要通过适当的行政、法律、教育和经济措施进行诱导和规制、建立生态建设与保护的补偿机制、以此规制和引导人们的行为、预防流域生态环境的恶化。一是通过征税、收费等经济惩罚手段，抑制人们为了盲目追逐短期经济利益而发生的无所顾忌的破坏水

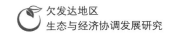
生态环境的非理性行为；二是通过减税、减费、补助、补贴等经济奖励手段，诱导人们采取有利于资源环境可持续利用的理性行为。

（三）坚持"可持续发展"的海洋资源观，实现"依法用海、规划用海、集约用海、生态用海、科技用海"

随着海洋开发利用强度的增强，人类活动对海洋生态系统的负面影响急剧增加，海洋生态系统的承载力不断下降，生态环境面临严峻挑战。再也不能视海洋为"大自然的恩赐"，让其无限地满足人类的需要。一旦人类活动的强度超过了海洋生态环境的承载度，其将对海洋生态环境的可持续发展能力产生不可逆转的严重后果。应遏制对海洋资源无序以及掠夺式的开发利用，确保健康的海洋生态系统，保护海洋生态系统的结构和功能，最终实现"依法用海、规划用海、集约用海、生态用海、科技用海"。

1. 明确海洋规划的法律地位，坚持"依法用海"

《中华人民共和国宪法》中尚无针对海洋的专门条款。为此，一要取得立法突破，明确海洋规划的法律地位。要尽快出台海洋规划的相关管理规定和配套制度，整合海洋规划管理工作，逐步打通立法之路。对于近年来已经出台的海洋规划要切实发挥效能，提升到法律高度，增加约束力。二要健全海洋环境保护法律法规体系。在海洋环境立法方面，要加强包括海洋环境工作人员考核与上岗制度、海洋环境保护机构的资质认证制度、海洋排污权交易制度、海洋环境保护的有偿服务等规章制度的建立和健全工作；在海洋环境执法方面，应尽快完善海洋环境保护执法体制，增强海洋执法行政意识，提高海洋环境行政执法人员的素质，加大对海洋环境保护执法活动的监督力度。

2. 形成海洋空间规划体系，坚持"规划用海"

一要规划刚柔结合。海洋规划的目标必须明确，要增加约束力，确保严肃性。对于限制开发区和禁止开发区，必须明确刚性指标，不能踏"红线"；而对于一些引导开发和重点鼓励开发的地区，由于海洋经济发展具有可变性和灵活性，尤其是国内外背景的不确定性因素较多，因此要制定一些弹性指标，一定的范围内要留有余地。

二要形成科学的海洋规划体系。通过法律、经济、行政和社会等手段形成强有力的保障体系；通过规划执行、协调、监督、评估和反馈等环节形成顺畅的运行体系；要建立规范化的民主制度、衔接制度、论证制度、公布制度以及备案和跟踪评估制度；要建立一套系统化的、具备科学合理的技术和方法的理论体系。由此逐步形成一套定位清晰、功能互补和统一协调的海洋规划体系。

3. 构建海洋生态补偿的制度框架，坚持"集约用海"

一要明确生态补偿制度的强制性。《国家海洋事业发展"十二五"规划》首次明确规定海洋生态补偿制度，但只是建议性的，并非强制性。在未来的海洋总体规划中，应当明确生态补偿制度的强制性。除非是出于国家的紧迫需要，任何未能自我约束、违反海洋生态补偿制度的海洋开发利用活动，将被严格禁止。

二要在规划中落实生态补偿的具体制度。首先，加强对整个海洋开发或建设项目的合法性和连续性补偿措施的评估，以及对设立特别海洋保护区进行必要性和可行性分析；其次，海洋建设或者项目开发者应当在海洋生态补偿前，尽量增加或者拓展其他的开发替代方式；再次，建立海洋生态补偿示范区和示范工程，特别是对于对海洋生态会产生重大影响的海洋建设工程如海岸线的改造、海上旅游设施、围填海工程、临港石油炼化企业、海上原油泄漏等领域，可率先实行海洋生态补偿。

4. 建立生态环境保护机制，坚持"生态用海"

一要治海必先治陆。中国的大多数海洋环境问题是由陆域污染带来的，切断陆域污染的源头，才能切实有效地实现海洋环境的净化。

二要实现陆海联动。统筹规划、构建一个符合中国陆海环境和经济发展需要的环境管理网络。在对陆地环境进行治理的同时也不能忽视对海洋环境的保护，必须实行陆海联动的治理模式，建立陆海联动的环境执法体系。将全国陆海领域所有从事环境保护的机构和个人都纳入管理网络内，进行统一有序地管理，争取做到协调互补、资源共享，以实现海洋环境保护的最优配制。

5. 以技术手段为切入点，坚持"科技用海"

科学技术的发展与海洋资源的开发与利用的程度密切相关，前者为后者提供了必需的物质基础和技术支持。以技术手段为切入点，从提高中国海洋资源开发的技术创新水平、提升海洋资源的开发效率入手，不断促进海洋科技成果向生产力的转化。

（四）构建与国情及法制现状相适应的"共同但有区别的"大气污染区域联防联治协调机制

大气污染治理既是一个重大的民生问题，也是一个重大的发展问题。"酸雨"、"雾霾"是当前环境污染沉疴的集中爆发，它和目前快速发展的工业化、城镇化、产业布局和结构都密切相关。由于大气污染分布区域与行政区划不同，因此，通过系统设计、统筹管理、合理分工，协调好各地方之间的利益，激励各地方为了共同利益行动起来，实现美丽中国的美好夙愿。区域联防联治制度，正是适应这种要求，实现大气污染治理的重要措施。在大气污染联防联治的过程中，以立法的协调促进各省份治理大气污染的合作是有效治理大气污染的方式。大气污染联防联治，要综合考虑到各地的环境容量和承载力、经济社会发展水平、排污总量等，在各地的发展诉求和不断提高的环境标准之间，在区域统一监管和统一执法的基础上，在质量目标和达标时限上制定差别化的区域联防联控规划，构建我国大气污染治理的"共同但有区别的"联防联治协调机制。

1. 克服联防联治中的法律冲突

全国人大及其常委会可考虑授权给国务院进行大气污染联防联治的立法协调机制的构建。国务院再授权给大气污染治理主管部门，即国务院环保部。这种立法授权与其本身的立法具有相同的法律地位。其目的是协调大气污染治理的立法，是克服联防联治中的法律冲突。

国务院被授权制定大气污染联防联治区域协作立法后，由国务院牵头对大气污染进行区域划分，促成各省份间的横向协作机制，对因地方利益而无法达成一致的大气污染协定，由国务院进行裁定。

2. 修改现行大气污染相关立法

大气污染立法协调机制的建立，是为了在大气污染联防联治的过程中制定出的法律能遵循统一的理念和治理目标，以期实现统一、有序、高效的执行。为了达到大气污染联防联治中的立法协调的目标，应首先修改完善或者废止现有的大气污染相关法律法规。我国《大气污染防治法》制定于1987年，1995年和2000年经过两次修订，距今已14年。随着社会和经济的发展，其中很多条款已不适应当今的国情及可持续发展的治理理念，亦与当今国际社会对大气环境治理的要求相去甚远。主要表现为：第一，目标单一性。大气污染治理目标不仅要求适合人类生活的环境，保障人体的健康，更要落实具体的不同污染物治理标准及效果。第二，滞后性。对诸如PM2.5等新的污染物治理没有及时更新，难以应对近几年大气污染复杂而多变的特点，影响整体大气污染的治理。第三，忽视了污染的流动性。《大气污染防治法》规定各地方政府只对本区域的大气治理负责，而大气的流动性、排污行为可能的异地性，往往容易产生"祸气他移"。本区域产生的废气排放并未导致本区域的大气污染而造成相邻其他地区的大气污染，但由于排污地区并未受到影响而导致政府怠于治理，受侵害区域的政府欲治理却面临成本与职权的双重阻碍。第四，对于总量控制区域的设置也不尽合理。未将总量控制制度的目标设立在防治跨界污染问题上，现有的总量控制制度无法有效解决跨界污染的问题，各行政区政府缺乏实施总量控制的积极性。

因此，修改现行大气污染相关立法，通过区域立法的协调达到共同治理的目标非常必要。既可为大气污染治理中相应制度的完善提供依据，通过立法的统一又能有效促进大气污染联防联治的效果。

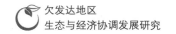
3. 建立与完善相关配套制度

我国大气污染联防联治立法协调机制的良好运行离不开相关配套制度的支持与配合。

（1）建立大气污染治理生态补偿机制

区域生态补偿机制的建立是大气污染联防联治立法协调机制的必然要求。立法的协调要关注区域自身发展的需要，由于大气污染的治理要求不同区域都要达到一定的标准，而不同区域在经济、人口、资源等方面差异很大，因此必须通过区域生态补偿机制的建立克服现存的失衡现象。同时，通过建立区域间的生态补偿机制，在平衡治理成本的同时能够普遍地提升公众治理大气污染的意识，促进可持续发展的大气治理模式，继而促进大气污染立法协调机制的进一步完善，形成良性的循环积累。

（2）建立科学的配额分配制度

现行的排放配额的分配制度仍旧是以污染物质的排放规状为基数，进行排放配额的总量分配。这种分配主要着眼于全国总量的控制，缺乏相应的激励机制和灵活操作机制。同时，按照行政区级别分配排放配额，从上到下逐级分配，缺少科学的分配标准。

因此，国家在分配排放配额的时候，不应将全部排放配额一并下放地方政府，而应当比照全国总量控制的目标，实际分配小于该目标计划的排放配额，而将预留的排放配额用于奖励制度。对于积极开发利用可再生能源的污染排放企业，核发相应数量额外的排放配额，以激励该类企业继续应用推广环保技术，并引导整个行业向高效率、低排放的方向发展。

（3）制定灵活、可操作的排放配额交易制度

目前我国的空气污染物质排放配额更接近于排放限制标准，用于设定污染排放企业的排放上限，而这样僵化的制度设置，完全失去了排放配额应有的流动性和灵活性。

由于我国地区间经济发展不平衡，相应的排放配额交易制度就应具备灵活性、可操作性。国家对排放配额的交易可采取较为宽松的态度，只实施宏观上的监管，对于污染排放企业，只要其通过交易手段得到与其污染物质排放数量相当的排放配额，即可认定为其已经达到总量控制的目标，而不必考量其是否超过了原先核发的排放配额要求，确保各项交易活动的合法性。从而实现排放配额交易市场的规范化，确保全国总量控制制度的稳定性、可操作性。

（4）完善大气污染物排放许可证制度

现有的大气污染物排放许可证只适用于大气污染物总量控制区以内的污染物质排放企业，而对大气污染物总量控制区以外的污染物质排放企业则全无要求。这一制度设置也必然导致同行业内的诸多空气污染物质排放企业因区域的不同，而受到或者不受到大气污染物质排放许可证制度的约束，一些大气污染物总量控制区以外的中小污染物质排放企业，可能会更加丧失降低空气污染物质排放的积极性。

第一，扩大大气污染物质排放许可证制度的适用范围。充分考虑各地区之间的确存在经济发展的不平衡性，将所有地区的空气污染物质排放企业纳入大气污染物质排放许可证制度的管理范围。

第二，完善环境保护部门的审批职责。首先，可以根据地区间的差异，综合分析各地区的自然地理条件、污染危害程度、污染物质的特性等因素，在确保总量控制的前提下，因地制宜地设立有区别的大气污染物质排放许可证审批制度。其次，我国除大型空气污染物质排放企业之外，尚存在分布于全国各个地区、数量众多的中小型企业，为降低审核工作的效率性和可操作性，可以考虑根据空气污染物质排放企业的规模，尤其是预计排放的空气污染物质的总量，采取分层级的方式划分大气污染物质排放许可证的发放权。对于空气污染物质排放量大的企业，统一收归国家环保部进行大气污染物质排放许可证审核。这样既可保证审核工作的高效性，又能实现设立排污许可证制度的初衷。

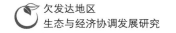
（5）完善移动污染物质排放源的管理制度

实施"路、车、油"一体化的控制政策体系。对机动车，控制机动车保有量超速增长，严格新车排放标准，加快"黄标车"退出的机制；尽可能推进道路以及非道路移动源汽柴油低硫化，并尽早实施与清洁能源相配套的排放标准；从燃料全生命周期角度控制挥发性有机物的排放；建立相关的质量认证制度，只有经检测合格的燃料才能够投入生产。从而在生产、运输、销售、使用等各个环节均建立起完备的检测制度，确保燃料符合标准，确保油品质量与排放标准相适应。

四 在发展的抓手方面，通过产业发展生态化与生态建设产业化，实现生态与经济发展协调互动

欠发达地区的现代化，已经不再具备发达国家和地区工业化初期的发展环境，脆弱的生态基础以及资源环境的硬约束使西部在资源存量和环境承载力两个方面都已经承受不起传统经济发展模式下高强度的资源消耗和环境污染。欠发达地区开发不能继续以资源大开发为中心，以环境大破坏为代价，必须改变发展模式，避免"高增长、高消耗（资源）""大开发、大破坏（生态）""先污染、后治理"的工业化陷阱。

应根据欠发达地区资源环境承载能力、现有开发强度和发展潜力，按照全国主体功能区规划的原则，科学分析欠发达地区资源禀赋的特点和优势，因地制宜地选择、培育和发展具有发展潜力和优势，统筹谋划符合未来发展方向的产业布局。

产业生态化和生态建设产业化是实现生态建设与经济发展协调互动的必由路径。生态产业化是生态建设与经济发展的最佳结合点，产业生态化是经济系统与生态系统相互对接的过程，两者的对接与结合需要产业政策、投融资政策、价格政策、技术政策、扶贫政策、土地政策、税收政策、经营管理政策等一系列政策支持，在这些政策的支撑下，产业生态化

的同时，通过生态创新，生态建设逐步产业化，使经济增长方式由粗放型转变为集约型，经济增长模式由线性转变为循环型，传统产业经由现代产业向生态产业转变，农业文明经由工业文明向生态文明转变，从而实现生态经济化和经济生态化，生态与经济良性循环、互动发展。产业生态化的核心是技术生态化创新，关键是产业结构整合优化，主要形式是建设生态产业园区，目标是构建区域生态经济系统。立足当地资源优势，实践生态产业化，拓展生态工程发展空间，加速生态改善，把生态工程建设融入产业化的发展轨道，是促进区域经济发展和增加农民收入的双赢选择。

（一）工业产业生态化

生态工业是解决欠发达地区工业污染的根本途径，但同时欠发达地区发展生态工业面临着观念、技术、体制、机制和信息等诸多障碍，发展生态工业，首先要克服这些困难和障碍，为其发展创造一个良好的环境。应从以下五个方面着手建设生态工业体系。

1. 加强生态工业知识宣传，树立生态工业新思维

目前欠发达地区推行生态工业最大的障碍来自传统的观念和思想。对企业而言，进行"生态化"的生产往往需要采取新技术和较大的投资额，大多数企业领导人将蕴涵在工业生态中的理念和价值看成一件毫无经济效益的事情；对地方政府和普通民众而言，发展生态工业意味着技术革新和产业升级，其必然导致结构性失业，影响地方政绩和民众切身利益。因此若不及时转变观念，即使强制推行生态工业，其实施效果也必然因遭到抵制而被稀释。因此，要充分利用报刊、广播、电视、网络等宣传舆论工具，进行宣传教育，对各级政府有关部门、相关机构和企业的管理人员进行培训，使生态工业理念融入政府执政理念、企业组织文化和民众生活观念中去，形成良好的社会氛围。同时，对地方政府和企业建立符合可持续发展要求的综合评价指标体系。国内生产总值（GDP）的计算过程没有考虑经济生产对资源环境的消耗和影响，只能看出经济产出总量，却看不出其背后的环境污染和生态破坏。提倡绿色 GDP 评价指标体系，其扣除经济发展所引起的资源耗减成本和环境降级成本，更符合生态与经济协调发展的要求。

2. 建立生态工业利益驱动机制

发展生态工业不仅需要道德自律，同时还需要利益驱动。发展生态工业最主要的主体是企业，市场经济下企业的经营目标是追求利益最大化，其行为往往根据成本收益核算结果来决定，因此可以通过对生态工业企业实施财政、政策倾斜等优惠手段，使企业有足够的利益动机选择低耗高效轻污染的技术项目；同时欠发达地区的广大农、牧民是我国贫困人口的主体，不解决他们当前的基本生活问题是很难提高其生态环保意识的，也很难发展真正意义上的生态工业。欠发达地区发展生态工业需要同当地群众特别是贫困人口利益结合起来，努力使生态工业的"涓滴效应"扩散开来，引导那些创造能力较强、利润高、"关联效应"较大的主导产业为脱贫解困做出贡献，通过提高利益引导其参与、支持生态工业；对地方政府而言，则需要在中央政府的政绩考核机制设计中将生态工业考核纳入其中，通过修正地方政府的利益目标函数使其有足够的（政治）利益动机去推动本地生态工业的发展。

3. 企业层面——鼓励支持清洁生产

企业是实施生态循环工业的最小单元，围绕这一目标，欠发达地区发展企业清洁生产要着重采取以下途径。

第一，对企业实行全过程、全方位的清洁生产控制措施。清洁生产的核心是从源头削减污染以及对生产或服务的全过程实施控制。一是要坚持控制的持续性，要求企业围绕节省资源、保护环境这一根本目的，对产品和工艺、技术、设备、管理进行持续改进。二是要突出控制的预防性，强调企业在生产过程中，包括从原材料获取到生产、销售和消费的整个过程，都要通过原材料替代、工艺重新设计、效率改进等方法对污染物从源头上进行削减，而不是在污染产生之后再进行治理。三是要确保控制的全员性，清洁生产涉及企业生产的各个方面，清洁生产的理念和措施要贯彻落实到企业的各个部门、各个层面。只有全员参与、全过程控制，才能收到良好效果。

第二，强化欠发达地区各级政府对清洁生产的指导、监督和推行的职责。一是要依据政策、法规，认真做好强制性清洁生产的审核工作。二是要加强对清洁生产审核机构的监督和管理，确保审核质量。要利用经济手段，形成发展清洁生产的激励机制。三是运用财政、税收、信贷等经济杠杆引导更多的企业实施清洁生产，提高资源利用效率，促进经济增长方式转变，促进污染防治从末端治理向源头和全过程治理转变。四是要加大对清洁生产的技术支持。应筛选出一批迫切需要解决的节能、降耗、减污的关键技术项目，将其列入政府和行业科研计划，组织力量进行研究和开发。组织评价、筛选出清洁生产最佳适用技术，制定重点行业清洁生产指南、清洁生产方案、清洁生产技术导向目录，以便推广。

4. 企业共生层面——建设生态工业示范园区，开展生态工业试点

生态工业园区是生态工业最重要的实践载体，为工业生态系统的可持续发展提供生态保障，生态工业园区的建设具体可分为三个层次：第一，在产品层次上，开发和生产低能耗、低消耗、低（无）污染、经久耐用、可维修、可再循环、能进行安全处置的产品；第二，在园区企业层次上，要建立 ISO14000 环境管理体系，尽可能实现清洁生产和污染零排放；第三，在园区层次上，建立相应的园区 APPEL 计划、废物交换系统、信息网络系统以及生态环境质量综合评价体系等，为园区内的企业提供良好的 R&D、金融、通信、环境法规咨询以及技术、市场信息等共享服务。

通过开展生态工业试点取得经验是建立欠发达地区生态工业体系的重要步骤，主要可以通过以下三种类型的试点进行：一是选择典型企业和大型企业进行生态工业试点，主要通过产品生态设计、污染零排放、清洁生产等措施进行；二是选择一批现有的工业园区，根据工业生态学原理进行生态结构改造，建立废物交换系统、企业间的物质闭路循环和生态链以及

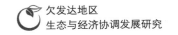
虚拟生态工业园，基本实现园区的污染零排放；三是选择一批准备或正在建设的工业园区，完全按照工业生态学的原理进行规划和设计，起到生态工业示范园区的作用。

5. 产业层面——着力发展"静脉产业"

欠发达地区作为传统能源化工基地，环境历史欠账较多，加之随着城市规模逐步扩大，城镇人口不断增多，生活、消费和生产过程中大量产生的废弃物，需要同时进行有效、高效的处理处置。"静脉产业"是垃圾回收和再资源化利用的产业，其实质是运用循环经济理念，有机协调"垃圾过剩"和"资源短缺"两个当今世界发展所遇到的共同难题。通过发展静脉经济，既能解决过去的环保问题，有效降低污染物排放，回收可利用的资源，将难以处置的污染物变成宝贵资源，又能使资金、人力、能源消耗及项目建设工期等投入大大低于原生资源的开发利用，缓解资源环境约束，形成新的经济增长点。作为我国未来30年极具发展前途的战略性新兴产业，对于走出一条生产发展、生活富裕、生态良好的发展道路，实现经济社会发展与自然环境承载力之间关系的协调，具有典型意义和示范带动作用。

"静脉产业"作为欠发达地区的全新产业，面临一些亟待解决的问题。一是产业规模较小。在产业前端的物资回收企业规模普遍偏小，经营分散，再生资源回收率不高。产业后端的加工企业产业集约化程度低，仍属于粗放型生产方式。二是"二次污染"现象严重。一些经营者片面追求经济效益，忽视环境保护，导致废旧物资在储存、运输、加工等环节中存在"二次污染"的现象。三是急待制定科学的产业发展规划，以解决固定再生资源回收网点减少，布局不合理，资源再生产业表现出自发性、无序性、缺乏有效的监督和规范等问题。

针对上述存在的问题，按照生态循环工业的发展要求，当前，欠发达地区发展再生资源产业的重点环节和途径主要有以下几点。

（1）建立和完善再生资源回收加工网络。首先应从再生资源产业链条的各环节入手，建设与发展同生态循环经济相适应的再生资源回收体系网络。实现各环节的衔接和尽可能全覆盖。

（2）加快建立再生资源产业基地。在功能区布局及产业布局上，集约地利用土地资源，构建更为完整的再生资源产业链，便于对污染的集中控制。把分散的加工企业整合成规模化企业，引入基地园区，培育并发挥资源再生龙头企业的带动作用。在基地园区中合理划分三废治理区、管理服务区、技术示范区、物流配送区等功能区域，建设配套的污水和固体废弃物处理厂，引进国内外先进的分拣和加工技术设备，促进基地园区内部企业从劳动密集型向技术密集型生产模式的转变。

（3）加强和规范市场管理。在对废旧物资回收加工市场实行渐进式开放的同时，也要制定相应的标准和配套政策措施，严格加强市场管理，淘汰一批资源浪费、污染严重的小型资源回收和加工企业，引导产业上层次、上规模，促进再生资源产业的健康规范发展。

（4）建立行业自律体系。在加强行业主管部门业务指导的同时，还要加强行业自律性组织对行业的监督和自律作用，通过再生资源行业协会的建设，履行制定、监督、执行行业自律性规范、维护行业利益、行业统计和调查、行业信息发布等职责，促进行业的良性有序发展。

（二）农业产业生态化

1. 以生态发展观为引导

生态农业建设长期效应明显，但多数项目在短期内没有直接的利润产出，这就需要国家通过法律政策手段为生态农业的发展提供有力的保障，同时，要加强宣传教育。生态农业与传统农业不同，生态农业本身科技含量高，不仅需要人们掌握一定的科技知识，而且需要专家和科技人员的指导。农民是农业生产的主体和直接参与者，其行为方式直接影响农业产业结构状况及农业的可持续发展，欠发达地区特别是边远地区农民大多生态意识淡薄，需要逐渐接受生态发展观，自觉发展生态农业，实现生态农业向产业化的转型。必须紧密联系中、西部地区的具体情况，大力宣传有关生态农业知识，积极引导农民参与农业生态结构调整。

2. 以农业基础设施建设为支持

实行农业产业生态化经营，对农业基础建设的要求更高、内容更丰富。欠发达地区农业基础设施的建设，既要有利于提高农业综合生产能力，推进农业结构调整，又要促进生态环境协调发展。因此，要根据农业结构调整、产业化经营和增加农民收入的需求，综合考虑农业先进技术的应用、农民素质的提高、农产品质量建设体系的配套、农产品市场体系的完善等因素，支持生态农业产前、产中和产后环节的基础设施建设，把建设优质高产高效农田、特色农产品生产基地同促进农业结构调整有机结合起来，把加强基础设施建设和保护农业生态环境结合起来，通过丰富和拓展基础设施建设的内容、改善农业生产条件和生态环境，为农业结构调整和生态农业产业化经营奠定坚实的基础。

3. 因地制宜，发展多种生态农业模式

一是建设特色生态农业示范基地。在基础条件较好的专业乡镇或专业村建设特色农产品生产基地，发展生态农业示范基地，对已经建立起来的示范基地，要加强管理，合理规划。在生态农业示范区，净化产地环境和控制农药、化肥、饲料、兽药等农业投入品的使用，广泛利用有机肥料、生物农药和微量元素。逐步形成具有区域特色且布局合理的绿色主导产业。

二是发展生态农业观光园。生态农业观光园是农业实现高产、优质、高效的非传统途径，具有常规农业所有功能并叠加了旅游功能。具体措施包括：布局方面强调"小、巧、精、全"等特色，组织形式可多样；有针对性地开发特点鲜明的旅游项目与产品，如农产品品尝、乡村娱乐及土特产品购物等，提供良好的休闲环境。

三是以生态庭院或生态户为单位的低投入生态模式，这对以农户经营为主而又积累不足的欠发达地区农村来说是最佳选择。

四是鼓励龙头企业和农户之间利益共同体模式。加强龙头企业的培育，进行"公司＋农户"等多种制度创新，鼓励龙头企业和农户之间要建立有效的利益调节机制，以产权为纽带，结成利益共同体，实现利益一体化，切实保障广大农户的利益。通过龙头企业带动农户按照市场需求调整农产品品种布局和结构，提高农产品质量和安全水平。

五是以生态农业产业园区为载体，依据比较优势的原则发展中西部特色农业，大力发展特色农产品深加工业，延伸农业产业链，延长农产品价值链，开发优质农业产业化体系，充分发挥欠发达地区生态区位优势及农产品的比较优势，利用不可替代的生态环境条件，为市场提供具有自身优势和特色的农牧产品。

4. 建立健全保障体系的支撑

一是构筑农产品生产者与市场消费者的快捷联系平台。首先，建立以批发市场为中心，结构完整、功能互补的商品市场网络，同时，加快资金、劳务、技术等生产要素市场的建设；其次，在大宗农产品主要产区和重要集散地，建设有一定交易规模和带动能力、服务功能强的区域性农产品批发市场和以专业批发市场为骨干，以集贸市场为主体的城乡贯通、布局合理、设施完备的农产品商品市场网络；再次，依托现有的农业科技资源和信息网络技术，组建一个上下联通、内外相接、资源共享、反应灵敏、有权威的生态农业产业化信息中心，逐步形成与国内外市场紧密联结、统一开放的信息网络体系。

二是建立农副产品和农业生态环境监测体系。定期监测和报告农副产品及其生产环境是否受到污染的情况，尽快健全和完善农业生态环境保护监测机构对农业生态环境进行全面、系统的监测。

三是建立技术支撑体系。在生态农业运行过程中，鼓励技术创新，推动技术进步，提高农业产业技术水平、资源利用效率和污染治理水平，促进农业产业结构高级化。依托农业技术推广机构、专业技术协会、农民科技示范户等，形成农业科研成果转化和技术推广普及的科技服务网络。

四是健全生态农业建设的融资机制。多渠道、多层次、多方位筹集建设资金支持发展生态农业。除了争取政府投资外，还要吸引企业投资，鼓励农民投资，建立股份合作制。

五是建设生态农业保险制度。农业对自然环境的依赖性决定了农业生产的高风险性。生态农业作为现代农业发展的成功模式，在其发展初期不可避免地会受到自然环境的影响和制约，为了降低农业生产的风险，保障生态农业持续发展，需要加强农业保险，进行生态农业保险组织创新，充分利用现代金融工具，建立生态农业保险制度，确保生态农业健康发展。

（三）服务业中凸出旅游产业生态化

欠发达地区丰富的自然人文旅游资源以及独特的吸引力决定了旅游业是欠发达地区拥有比较优势的产业，西部大开发以来几乎所有西部省、市、区都将旅游产业作为支柱产业发展，其中部分地区为实现生态与经济效益"双赢"提出发展生态旅游。但是生态环境的先天脆弱性以及生态旅游资源开发的随意性，加上生态旅游市场的不规范性，导致生态旅游只有其名而无其实，"生态"一词被当成旗号滥用。据统计，近年来西部地区已有22%的自然保护区因旅游活动的开展而造成对保护对象的破坏，11%的自然保护区因旅游活动的开展而出现旅游资源的退化。西部大开发几年的实践表明，生态旅游并未能够真正成为推动西部地区经济发展的一项重大政策和支柱性产业，西部旅游产业生态化面临着诸多障碍，要培育生态旅游业成为真正的支柱性产业仍然任重而道远。

1. 建立健全生态旅游环保制度，加强生态旅游宣传教育

建立法规是防止生态旅游开发盲目性、随意性和无序性的有力举措，目前我国虽有《中国旅游21世纪议程》等法律法规，但还不足以有效规范生态旅游业的发展，因此呼吁制定《生态旅游法》，将生态旅游景区的保护和利用作为首要原则，规范生态旅游景区的商业用地，限定生态旅游景区的环境污染阈值，明确生态旅游景区的利用和保护权责等；此外，公

众是生态旅游产品潜在的最终消费者，其消费习惯和行为对生态旅游开发至关重要，因此要加强对公众环保意识的宣传和教育工作，增强其参与生态旅游的愿望。导游和工作人员在生态旅游景区应对游客进行环保知识的宣传和教育，并起到模范带头作用。

2. 中、西部生态旅游资源管理体制创新

（1）生态旅游资源所有权、管理权与经营权三权分离。中、西部生态旅游资源传统的管理体制使资源管理权与资源开发经营权合一，助长了管理部门的寻租行为和对生态旅游资源的掠夺式开发利用。为降低西部生态旅游业的环境影响，应推进制度创新，推进生态旅游资源所有权、管理权与经营权的三权分离，从而在微观上使企业为了持续经营与获利而不断进行绿色创新，同时形成企业所有者及管理者对生态旅游产品生产经营者进行产品绿色创新的外部约束机制。同时，为避免市场失灵和"公地悲剧"，政府可考虑从宏观政策法规上对生态旅游产品经营实体进行产品绿色创新予以激励与约束，包括生态旅游产品开发的环境影响评估制度（EIA）和环境成本内部化的法规，以及制定生态旅游产品生产经营者创新产品绿色的监管制度，其中重点是财政税收等宏观经济政策及违规成本制度的确立。

（2）探索多种体制资源管理模式。生态旅游的科学管理中，政府和企业是主要的管理主体。

①从政府角度看，政府应制定合理的生态旅游产品价格标准，收取生态环境保护费和资源使用费，突破区域政府管理的弊端，建立生态旅游整体管理部门，建立健全生态旅游景区的监督机制等；②从企业角度看，关键是健全旅游景区企业的经营管理机制，将景区生态资源作为企业的管理对象，将生态、经济、社会综合效益指标纳入对企业管理者的绩效考核体系中；③从政府＋企业的角度看，重点是革新旅游资源管理体制，探索国有国营、国有民营等多种经营模式，运用现代企业管理手段经营旅游品牌，实现国有资源与企业资本的有机结合。

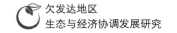

3. 进行"保护性开发"生态旅游规划

生态旅游规划的目标是实现欠发达地区旅游资源及其环境的有效利用和保护，因此规划前必须对旅游资源进行仔细查实，确定旅游景区的生态容量，科学评估旅游地的空间容量和环境承载力，以此为依据进行合理规划，确定与生态环境容量相适应的旅游发展速度。

"保护性开发"生态旅游规划主要包括：第一，根据生态产品的特点进行保护区内建设规划，包括景区建设规划和服务建设规划，对于不同的区域应各司其职，并严格管理，明确各区功能、职责；第二，要进行客流量和游览方式的规划，确定出不同时期旅游地的游客临界容量；第三，制定出科学的环境规划，以环境承载力阈值线为界，制定合理的生态旅游线路。

4. 加快欠发达地区基础设施建设和生态旅游人才培养

基础设施薄弱和人才匮乏构成西部生态旅游业发展的制约性因素。基础设施建设滞后严重影响了生态旅游的深度开发，因此生态旅游开发要充分利用国家给予的优惠政策及资金扶持带动基础设施建设特别是交通运输业的发展，注重交通条件的改善，建设一个现代化的综合交通体系；同时，生态旅游业是一个科技含量很高的行业，生态旅游业管理比一般旅游业管理难度更高，更需要高素质的专业人才。欠发达地区教育水平相对落后，旅游人才培养不受重视，培养机制不健全，加之人才流动性的增强，导致了欠发达地区生态旅游人才的匮乏。这就需要采取一系列的优惠政策，如大力发展科技教育、提高从业人员待遇、加强从业人员培训、从东部引进生态旅游管理人才等，提高生态旅游管理和服务人才的素质和加强队伍建设，改善服务质量，实现生态旅游管理的高效化、决策的科学化，加强对生态旅游区域的科学监控和管理。

5. 建立生态旅游业技术保障体系，注重先进技术的应用

欠发达地区开发生态旅游需要注重对先进技术和方法的引进和应用，主要从以下一些方面着手开展：①建立环境生态响应定位监测技术系统，

采用先进的环境监测仪器，采用科学的环境监测手段，对生态旅游的环境影响实行适时监控和预报，为管理决策和措施的制订提供重要的基础信息；②生态旅游区采用环保的节能设备，尽量采用清洁的自然能，如风能、水能等不会给周围的自然生态造成不良影响的能源；③在旅游区范围内，减少或限制机动交通工具，提倡徒步旅行，或者采用清洁能源汽车取代燃油汽车，以减少对自然生态的污染。

（四）欠发达地区区域生态经济中介系统的优化：绿色技术支撑体系

在生态经济系统中，生态系统是基础结构，经济系统是主体结构，技术系统则是将二者连接和融合成为一体的中介环节，从一定程度上说，没有技术中介也就没有生态经济系统。

不仅生态脆弱区的恢复重建需要技术支撑，经济系统运行的优化调整特别是发展生态农业、生态工业和生态旅游业也需要相应的技术支撑。欠发达地区生态环境与经济协调发展的过程实际上就是一个区域生态经济系统的整合过程，就是在技术系统的连接下，将生态系统和经济系统的功能对接起来，建立一个让生态系统在发挥最合理自然生产力的同时，又使经济系统得到最大经济效益的生态经济系统，所以，区域生态经济系统的良性耦合和协调发展，离不开一个适当的绿色技术支撑体系。

1. 欠发达地区绿色技术支撑体系的结构内容

根据目前欠发达地区生态环境与经济协调发展现状和特点，应该重点从以下几个方面构建欠发达地区绿色技术支撑体系。①建立工业生态技术体系。从传统的高投入、高消耗、单目标、单方向的"链状"发展形态，向合理投入、适当消耗、多目标转变，从硬性支撑外延规模扩张，向注重内部协调、内部优化和柔性变化的内涵技术效益化转变。②建立资源节约化的技术体系。要向注重提高资源利用效益的集约化生产转变，向注重节流的方向转变，向注重流程合理与管理先进的方向转变。③建立废物资源化的技术体系。把被浪费的资源通过再利用、多级利用、多途径利用与循环再生的技术体系，变废为宝，减少资源存量的消耗与环境污染。④建立能源清洁化的技术体系，改变现有的能源消费结构，选择理想的可替代性资源，大力发展清洁性能源。

2. 欠发达地区绿色技术支撑体系构建路径

欠发达地区绿色技术创新的路径，应以提高区域技术创新能力为主线，建立和完善区域科技创新体系，优化区域技术创新环境，坚持自主创新与引进吸收相结合，培育技术创新主体，加快科学研究和人才培养，发挥区域政府的协调推动作用，促进区域资源开发利用技术和环境保护技术的创新，以实现区域经济系统的优化和生态系统的稳定以及二者的平衡。

（1）加快技术引进速度

国际发展经验表明，引进技术是后发国家（地区）缩小与发达国家（地区）之间差距的有效途径。欠发达地区在与发达国家和地区"技术势差"客观存在的情况下，通过技术的内向转移积累自身技术基础并进行消化、吸收、再创新，可以节省大量的学习成本和研发成本，避免了在大量技术探索中的失误和重复研究，大大降低了创新成本和风险。对欠发达地区而言，直接引进先进国家的技术，借鉴发达地区的成功经验，消除"技术势差"，是构建区域绿色技术支撑体系的一条有效途径。

（2）加大技术投资力度

构建绿色技术支撑体系，不仅要引进发达国家和地区的先进技术，更重要的是要立足自主创新。从欠发达地区技术系统的结构看，技术系统需求存在一定的特殊性，这是由欠发达地区特殊的生态系统和经济系统所决定的，例如独一无二的藏药开发和深加工并无外来技术可借鉴，必须立足自主创新，以西部创新主体自身的研究开发为基础，加大自主技术创新投资力度，使原始创新和模仿创新结合起来，通过创新主体自我技术积累和突破来获得绿色核心技术。

（3）培育技术创新主体

企业既是经济活动中最重要的微观经济主体和环境压力的主要制造者，同时也是最重要的技术创新主体，因此企业的技术创新行为尤其重要。但是企业并不必然倾向于使用新技术，只有在新技术能让生产者获得更高收益时，其才愿意用新技术来取代原有技术。欠发达地区要培育企业成为真正的创新主力军，首先要进一步推进以建立现代企业制度为目标的企业改革，使其成为真正的市场主体，增强创新激励如科技股权改革，形成由内在力量推动的、积极的企业自主创新活动；其次要优化企业技术创新环境，发展和完善技术市场，推动新技术专利、品牌的转让，强化知识产权保护，落实按要素分配，切实维护首创企业的利益，通过利益机制驱动企业积极进行有利于生态环境保护和产业结构优化的技术创新。

（4）引导、组织、协调技术创新

欠发达地区绿色技术创新离不开政府的引导、推动，政府在启动、激励、组织和协调绿色技术创新等方面具有不可替代的作用。政府的绿色技术政策具体包括：①通过制定和实施区域中长期绿色科技计划，为区域产业和企业绿色技术创新提供方向性指导，创建支持技术创新的基础平台和服务体系，协调有关科研机构和企业联合开展区域支柱产业和主导产业发展急需的共性绿色技术和关键绿色技术开发。②政府直接从事基础性的绿色研发活动，在私人收益显著小于社会收益的公共性领域（即企业不愿介入的领域）直接进行绿色技术创新，这是政府干预技术创新最重要的方式。③政府为企业的研发活动提供资金支持。政府可以直接出资资助企业的绿色技术创新活动，或通过税收优惠间接地刺激厂商从事溢出价值较大的技术创新。④政府采购。近年来政府绿色采购成为激励企业从事绿色技术创新的一项主要政策，政府部门的需求构成了一个大市场，加大政府采购合同中绿色产品的比重会起到导向性的作用，有利于厂商绿色技术创新成果的问世。

五 在发展的保障方面，完善协调发展的机制，调整协调发展的政策措施

众所周知，生态环境为人类财富的创造提供了物质基础。在人类历史进程中，人们在创造丰富的物质财富的同时，对生态环境的干扰和破坏也随之加剧。特别是进入工业社会以后，人类对自然展开了大规模的开发和利用，创造了前所未有的物质财富，取得了辉煌的科技和经济成就。与此同时，以"三废"为代表的各种工业污染对生态环境造成了严重破坏，使人类的生存和社会的发展受到严重影响。"二战"以后，面对不可再生资源的急速消耗和环境灾难接踵而至，人们开始对传统的"增长至上"的发展理念进行深刻反思，环境问题得到前所未有的重视。我国欠发达地区大多位于西部、中部丘陵地带以及东部沿海山区，生态环境比较脆弱，如果不转变以往"竭林而耕、竭泽而渔、竭矿而采、不顾自然、不计代价、不问未来"的经济增长方式，欠发达地区的经济发展将难以为继。因此，必须反思我国当前的经济发展体制，重新审视当前欠发达地区的规章制度，通过建立科学合理的体制，采取有效的政策措施，促进欠发达地区经济社会的可持续发展。

（一）建立生态与经济协调发展的考核机制

目前，如何实现资金、资源、技术的合理配置，是我国当前体制机制改革过程中需要重点研究的内容。由于经济发展的压力和地方官员升迁机制的不合理，中央政府的环保政策法令往往难以得到欠发达地区的支持和贯彻。事实上，绿色 GDP 遭到欠发达地区政府的抵制并不仅是核算困难的问题，而且是环保决策机制的失效、环保部门机构重叠及职能错位等问题的整体涌现，促使我们应该从顶层制度设计的角度重新审视政府，特别是地方政府在欠发达地区生态环境与经济协调问题上所起的作用，这就需要

建立生态与经济协调发展考核机制。

1. 改革经济成果核算方式，在欠发达地区率先推进绿色 GDP 核算方法

所谓绿色 GDP 是指从 GDP 中扣除自然资源耗减价值与环境污染损失价值后的国内生产总值，统计学者称之为可持续发展的国内生产总值（简称 SGDP），我国的统计学者称其为绿色 GDP。绿色 GDP 能够反映经济增长水平，体现经济增长与自然环境和谐统一的程度，实质上代表了国民经济增长的净正效应。绿色 GDP 占 GDP 比重越高，表明国民经济增长对自然的负面效应越低，经济增长与自然环境和谐度越高。

以往，政府官员考核上存在的"唯 GDP 主义"现象，客观上导致了地方政府单纯追求 GDP，而不太重视环境保护和居民收入同步增长，带来了一系列严重后果：一是粗放型经济增长模式难以转变，经济发展难以转型，科学发展观难以真正落实；二是引发为增加财政收入的政府短期行为，出现土地财政、矿产（资源）财政、高能耗财政、高污染财政现象，使经济发展丧失可持续发展的保证；三是带来大量重复和盲目建设，资源浪费严重，导致地方经济泡沫和债务危机；四是引起环境污染和生态破坏现象层出不穷，民生问题和社会建设欠账，影响和谐社会建设。实施绿色 GDP 核算，将经济增长导致的环境污染损失和资源耗减价值从 GDP 中扣除，是统筹"人与自然和谐发展"的直接体现，将有利于真实衡量和评价经济增长活动的现实效果。

为促进欠发达地区生态与经济协调发展，克服片面追求经济增长速度的倾向和促进经济增长方式的转变，从根本上改变 GDP 唯上的政绩观，可以实施两种 GDP 同时考核的办法，依据不同的发展要求，逐步调整现行的 GDP 和绿色 GDP 占据的比重。具体的实施办法为花 10 年的时间分四步走。第一步，现行的 GDP 和绿色 GDP 的考核比重是 8∶2（两年）；第二步，现行的 GDP 和绿色 GDP 的考核比重是 5∶5（三年）；第三步，现行的 GDP 和绿色 GDP 的考核比重是 2∶8（五年）。第四步，依据绿色 GDP 进行考核。

2. 完善政绩评价系统，在欠发达地区建立促进生态发展的评价指标

20 世纪 90 年代以来，伴随着资源环境问题的日益严重，国际社会逐步认识到，要实现经济和环境双赢的战略目标，必须改变传统的经济发展模式，确保资源的循环利用和生态环境的良性转化。这就要求遵循"减量化、再使用、资源化"的"3R"原则，合理利用自然资源和环境容量，强调"清洁生产"，在物质不断循环利用的基础上发展经济，最终实现"最佳生产，最适消费、最少废弃"。

欠发达地区由于其地理位置、经济发展、配套设施、消费水平、风俗人情等诸多因素的存在，使得有意向扩大生产规模的公司将这些地区作为投资目的地的最后选择。各地政府为了实现上级下达的政绩评价指标，往往降低投资企业的选择标准，导致落户当地发展的企业鱼目混珠。实际上，他们在企业的审批设立、污染治理监管方面非常宽松，甚至放弃监管，造成了当地的自然资源浪费、"三废"污染严重。这种以牺牲自然资源、环境资源为代价换取 GDP 增长的模式，完全违背了可持续增长的宗旨，更不用说生态环境与经济协调发展。

建立新的政绩评价指标。具体的评价标准可以从以下几个方面展开：一是经济与社会发展指标，主要包括绿色 GDP 增长率和就业增加率；二是资源减量投入指标，主要包括单位土地面积产值、单位 GDP 能耗和单位 GDP 水耗等；三是资源循环利用指标，主要包括工业用水循环利用率、工业废气综合利用率和工业固废综合利用率；四是生态环境质量指标，主要包括环保投资占产值比例、空气污染指数、引用水源达标率、噪声达标区覆盖率、烟尘达标区覆盖率和人均绿地面积等。

上述指标体系的建立，将有效弥补原有评价发展指标体系的不足，"倒逼"欠发达地区进行结构调整，淘汰本地区高消耗、高污染、高排放的产业，将本地区单位 GDP 的资源消耗、能源消耗和污染物排放量减至最小，用有限的资源和环境容量尽可能地去支撑更大的 GDP 增长，进而保证资源的循环利用和生态环境的良性转化，形成经济发展与资源环境和谐共

融的"双赢"局面。毋庸置疑，建立这些新的政绩评价指标体系，不但突出了科学发展导向，使得政绩考核评价指标更加科学完善；而且有利于丰富干部政绩考核的内容和深度，增加干部考核的科学性。

3. 健全投资决策体制，在欠发达地区建立科学的投资评价标准

当前，许多地区以吸引投资总量、带动当地经济发展和就业等情况来决策是否引进资本。事实上，这种办法必然导致"先发展、后治理"的阵痛，产生血的教训。因此，要健全投资决策体制，在欠发达地区建立科学的投资评价标准。

一要着眼未来，以科学发展观为标准，建立科学的经济发展观念。欠发达地区的经济发展状况虽然缓慢，但是并不代表为了"面子工程"和官员政绩，可以任意发展，放松监管，牺牲资源环境。因此，欠发达地区的政府官员更需要具备远期决策能力，以资源、环境、经济三位一体的和谐发展为导向，着眼长远发展，支持具有当地特色的企业发展。

二要以民为本，授予该地区公民一定的决策权，对于重工企业投资、高能耗企业投资、高污染企业投资，相关部门应该召开投资听证会，向公民陈述其利弊，由公民做出部分决策，真正引入能和当地资源、环境相协调的企业，实现生态环境与经济发展的和谐共进。

三要集思广益，改革决策方法，采取多部门协作决策机制，把资源利用专家、环境保护专家等纳入讨论范围，使其经济决策具有和谐性。

四要对不同主体功能区实行差别化的投资政策。优化开发区和重点开发区是承担经济发展功能的重要区域，因此，该区域极易吸收市场资本的投入，今后较容易吸收企业投资。然而，对于限制开发区和禁止开发区而言，其负有保护重要水源、减少水土流失、恢复生态平衡等使命，而这类投资项目通常难以得到商业回报，所以在该区域内唯有通过财政大力度的投入才有可能在较短时期内消除以往过度开发造成的环境破坏，有效地改善生态环境。因此，按主体功能区安排的政策投资，其重点是投向限制开发区和禁止开发区的公共服务建设和环境保护领域。

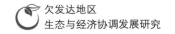
4. 针对土地和稀缺资源，在欠发达地区建立向循环经济倾斜的物权制度

国家作为土地、资源、水源的物权所有人，地方政府作为执行人，对其进行分配与使用时应以可持续发展为前提，以发展生态循环经济为导向，以期实现资源、环境、经济和谐一致的发展。为此，欠发达地区应该建立向生态循环经济发展倾斜的物权制度。

一是建立土地出让金保证制度。即要求企业在缴纳土地出让金时，政府按照一定的比例多收取一部分，作为企业对于环境保护、资源节约使用的保证，当企业在一定时期内表现良好，地方政府将多收取的土地出让金予以返还且给予一定的奖励。对于主动开发循环经济的企业，地方政府可以视其发展规划情况，减少土地出让金甚至无偿划转。

二是建立稀缺资源合理使用的保护制度。即对于稀缺资源的使用，提高其转让价格，用来遏制资源浪费。对于地方政府因为提高转让价格而高于市场价格的部分，在一定年限内根据企业对于资源的使用情况予以返还并给予奖励。对于稀缺资源的使用情况，地方政府可以采用财政补贴的方式间接降低资源的使用费，实现鼓励企业发展循环经济的目的。

三是建立鼓励本地企业自我发展的物权制度，对于本地人员自我投资建立的企业，地方政府应予以指导，引导其向生态循环经济发展，同时地方政府在土地出让、稀缺资源使用方面也给予适当的帮助与支持，推动当地企业快速发展生态循环经济。

5. 提升政府监管职能，在欠发达地区建立经济协调发展的控制与评价系统

科学测度计量一项公共政策的成本和收益，必须全面评估经济社会发展的全部生态价值与经济价值，考虑企业生产和产业发展造成的生态资源破坏、环境污染等，真正自觉依据科学完整的成本、收益核算方法，全面准确地评估决策事项的整体效应。因此，必须提升政府监管职能，在欠发达地区建立经济协调发展的控制与评价系统。

一是建立经济协调发展的控制系统。欠发达地区政府应当将对经济协

调发展的控制归入发改委和环保部门进行监管，其目的是帮助投资企业建立循环发展模式的同时，让其了解监管要求，有效监管企业与地方经济的协调发展状况。

二是建立经济协调发展的评价系统。事实上，企业是否设计了循环发展系统是一方面，是否有效执行生态循环经济系统是另一方面。健康生态和资源消耗、环境污染相关，所以评价系统的设立可以通过对企业能源的使用情况、废水的排放情况建立适应当地情况的指标，通过相关指标数据来评价企业的循环经济系统是否得到有效的执行，以及其是否实现了经济的生态循环发展。

（二）完善干部政绩考核和提拔晋升机制

长期以来，我国对地方发展的政绩评估指标主要围绕着 GDP 增速、投资规模和财政税收等偏重于反映经济总量和增长速度的指标，其最大的弊病是给地方政府套上一把不太合理的"政绩枷锁"，最后造成地方发展唯GDP 的发展模式，导致 GDP 成了新的"拜物教"。因此，我国应当针对不同的主体功能区，实施差异化的政绩考核标准，完善干部政绩考核和提拔晋升机制。

1. 按主体功能区实施差异化的政绩考核标准

毋庸置疑，作为生态公共品的主要供给主体，欠发达地区存在严重的政府缺位现象，现有的政绩考核机制难以对其形成强有力的制约。目前，欠发达地区政府的决策行为在对生态环境的保护中起着非常重要的作用。政绩考核机制的不健全，导致地方政府作为生态公共品提供者的同时，又是生态破坏的主要推动者。许多欠发达地区政府为了追求政绩，不计资源和环境损失的成本，一味追求经济增长速度，成为生态经济发展不协调的重大体制障碍。因此，要针对不同的主体功能区，在适应其发展定位的基础上，合理划分其权能边界和行政干预范围，科学界定政府行为的退出领域和介入领域。因此，欠发达地区政府必须树立正确的生态政绩观，将生

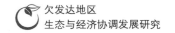

态环境指标列入其政绩考核中，进行绿色政绩考核，变以往的事后行政干预为事前、事中、事后全程控制和管理，促进政府决策行为向政治生态化方向发展。

2. 树立科学的政绩观，完善欠发达地区官员的提拔晋升机制

欠发达地区现行的行政管理体制和干部提拔任用机制，促使一些地方政府官员极力打造"政绩工程"、"形象工程"，这些"发展成果"中的相当部分被赋予了更多的政治色彩而弱化了经济功能。有些行政官员为了体现"政绩"往往"急功近利"，只顾眼前利益，忽视长远利益；只顾自己辖区的局部利益，不去考虑区域之间的经济协调发展。因此，必须彻底改革现行的行政管理体制，彻底改变现行"政绩经济出干部"的干部选拔任用机制，从根本上铲除生长繁殖"政绩经济"的土壤，完善干部政绩考核和提拔晋升机制。

总之，实施差异化政绩考核既是科学发展和以人为本的应有之义，同时还能反过来促进科学发展的广度与深度。而差异化的科学发展，也必将进一步激发地方政府及其官员在发展上的主观能动性和创造性，促使政绩"指挥棒"更加科学化。

（三）建立健全资源开发管理机制

从根本上来说，欠发达地区生态环境与经济非协调运行的深层动因在于过分强调区域经济增长的同时，也忽略了相应的经济体制机制的配套改革。目前，由于缺乏合理的资源定价机制，普通的消费者缺乏足够的激励和约束去节约使用资源；企业缺乏足够的激励去采用节约资源、能源的技术和工艺，污染排放缺乏有力的约束。因此，建立合理的环境与资源价格体系，使资源稀缺程度、供求关系和环境成本能够通过价格反映出来，通过健全市场机制强化对资源浪费使用和污染过度排放的约束作用，从经济利益上激励欠发达地区的微观市场经济主体积极参与到生态保护中来。

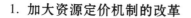

1. 加大资源定价机制的改革

多年来，欠发达地区普遍存在稀缺资源的不科学开采。尽管自然资源许多都是相互伴生的，但是开采企业为了降低成本，提高开采量，往往把相关副矿产丢弃一边，不仅造成了严重的资源浪费，还可能会污染当地环境。因此，基于保护自然资源、合理开采、减少浪费、保护环境、降低污染、维持当地生态的目的，必须对资源定价机制进行相应的改革。

首先，相关部门应根据矿产情况进行定价。往往相关部门对于资源的定价仅根据其所要开采的资源品种，然后按照其产量乘以一定的单价收取资源费，对于附带的矿产资源往往不予关注。合理的做法是采取综合定价模式，对于开采企业开采出来的主副产品实行联合定价模式，均征收资源使用费。

其次，相关部门还可以在定价中包含一定的担保机制，向企业多收取一定的资源费作为其合理开采、恢复原貌的保证，当企业在一定年限内表现良好，相关部门予以退还并给予一定的奖励。

2. 加大环境成本内化机制改革

许多生产企业在计算其生产成本时往往仅考虑账务成本，而没有把环境成本考虑在内，这实际上会造成成本核算的不准确。尤其是对于高能耗、高污染企业，应该要求它们合理估计环境恢复成本，采用合理的方式计入成本中，这固然会加大企业的产品成本，但是环境成本可以作为一项约束型变动成本，它是可以被企业的管理决策所影响和控制的。这时，企业对于资源的浪费情况将大为改观，环境污染问题也将得到极大的改善。所以环境成本的核算，对于欠发达地区更好地实现生态循环经济具有极大的作用。

3. 树立资源开发过程中的初次分配意识

从国民收入的格局看，欠发达地区低收入群体覆盖面大，获取财富的主要来源只能是自身的劳动力，这与发达地区既有自身的劳动力优势，又可借资本技术信息资源享有收益比较，具有明显的劣势。因此，只有提高居民收入、劳动报酬在初次分配中的比重，才能使只能凭劳动获得收入的低收入群体分享到改革和经济发展的成果。具体制度包括：一是确定合理的工资水平、工资和劳动者要素贡献相符的正常增长机制。二是协调不同要素收益权之间的关系，加强对资源税和其他税费的征管。体现欠发达地区资源丰富、资源开发利用对全国资源支撑作用的真正价值。三是运用转移支付等手段进行补贴，来提高行业发展水平，缩小行业收入差距。四是加强技术培训和继续教育，使劳动者收入水平在整体素质提高的基础上不断增长，最终形成劳动收入、企业收入与财政收入平衡增长相统一的良性循环。

总之，要使得欠发达地区可以快速地发展经济，提高人民收入、改善当地生活水平非常重要，但是政府部门应当注意保持资源、环境、经济三位一体，摒弃先污染后治理的短浅发展模式。针对欠发达地区生态环境与经济协调发展面临着市场失灵、政府失灵的体制障碍，应大力推进体制机制创新，强化市场机制和政府规制的相互约束作用，通过建立生态与经济协调发展的考核机制，针对不同的主体功能区，实施差异化的政绩考核标准，完善干部政绩考核和提拔晋升机制，建立欠发达地区资源开发管理机制。

（四）建立生态补偿机制

我国的环境污染最初发生在沿海发达城市，这些城市在发展的最初阶段没有重视环境保护，致使环境质量急转直下。而欠发达地区由于发展经济社会的紧迫性，需要引进企业促进当地经济的发展。在这种背景下，许多沿海的污染性企业转移到欠发达地区，致使其环境恶化形势不断加剧。可以说，欠发达地区对我国的自然生态环境保护及承接东部发达地区的产业转移做出了很大的贡献，应该通过生态补偿机制获得制度上的承认，才能避免在经济发展的过程中过度消耗脆弱的生态环境系统。

1. 树立生态补偿意识

目前，国家对生态补偿没有综合性立法和专项立法，没有建立完整的法规政策体系，法律规定中对各利益相关者的权利、义务、责任界定及对补偿内容、方式和标准规定不明确，环境资源产权制度缺失。有关生态补偿制度的内容，如补偿主体、受偿主体、补偿范围、标准、程序、资金来源、违法责任、纠纷处理等都没有明确的界定，使落后地区生态建设面临着更加繁重的任务。因此，需要树立生态补偿意识，弘扬生态价值观，使得生态补偿的客体深刻认识到生态环境资源保护的重要性，并转化成对生态环境保护的自觉行动，心理共识与行动意识并驾齐驱，将社会共同利益同私人利益实现完美结合。

2. 建立对口补偿制度

生态补偿机制的建立要实现"对口补偿、横纵结合、全面有效"的要求。在纵向上，中央政府对各地方政府进行补偿，横向上，发达地区对欠发达地区进行补偿，清楚明白地表明补偿主体和客体。当前生态补偿不对口是生态补偿机制难以见效的主要原因，不合理的补偿制度没有将资金用在刀刃上，不仅浪费了资源，而且难以达到预期的效果，因此补偿的针对性和准确性对于建立合理有效的生态补偿机制至关重要。

3. 不断创新生态补偿机制

政策和系统的自身运行依赖原先存在的路径，同时受到时滞的影响，因此，当生态经济系统面临市场失灵时，就会导致市场引导、政府干预并行的方法也无法解决生态系统的恶化。因此，要在生态系统的实际运行中不断进行创新，使之能适应市场环境的变化，创造更好的经济和生态效益。

（五）实行最严厉的生态环境保护制度，推进生态立法

落后地区的经济开发往往伴随着对自然生态环境的破坏，经济增长往往是以生态损失为代价的。要实现欠发达地区的经济和社会协调发展，就必然依托一个强有力的法律后盾，对传统经济发展模式不断进行变革。同时，结合欠发达地区的具体情况，因地制宜，从以下几个方面做出努力。

1. 完善欠发达地区生态环境保护的立法体系

目前，我国还没有专门针对欠发达地区生态环境保护方面的立法。与此同时，欠发达地区由于受政治、经济、文化等因素的影响，广大民众的环境保护意识不强，环境立法进程落后。因此，需要从立法理念、调整手段、立法程序、立法内容等方面入手，加快欠发达地区生态环境保护的立法和执行进程。

从中央政府的角度分析，应借鉴国外发达国家的经验，着手制定专门针对欠发达地区开发的法律，对欠发达地区的金属等矿产资源的开发、自然资源的产权安排、土壤破坏、森林及草原植被的保护等内容设定法律规范，保护这些地区的生态环境。

从欠发达地区的政府角度来说，需要在遵守中央政府制定的各项法律、法规的基础上，根据各地区自身经济发展和环境保护的需要，从当地具体情况出发，充分考虑当地的生态特点，制定地方性的法规、政策，使得中央政府的相关政策、法令有效落地。

2. 优化欠发达地区生态环境保护的管理体制

目前，我国生态环境保护的管理体制总体来说没有形成一个系统的整体，存在体制条理不清、管理政策重复交叉、事权划分不明的现象。欠发达地区尤其如此。多个利益主体为了各自的利益进行博弈，最终导致许多矛盾发生，甚至出现整体利益最小化，既损害生态环境又使经济发展不尽如人意。目前，中央政府和各地方政府之间、各地方政府之间、当地政府和环保部门之间的矛盾较为突出。因此，需要优化欠发达地区生态环境保护的管理体制。

一是理顺中央与欠发达地区政府两方之间的利益关系。众所周知，中央政府制定全国范围内的生态环境法律法规，主要考虑的是整体利益。而地方政府主要是执行中央政府发布的政策，同时制定符合当地特殊情况的地方性法规和政策，这就使得地方政府较为重视地区利益和短期效果，因此，在一些带有污染性投资项目的批复中可能会降低环境标准，以吸引较多的投资。这就使得地方政府很难高标准、严要求地执行中央政府的各项环境政策，长期和整体利益难以实现，中央政府和地方政府出现矛盾。因此，必须理顺中央与欠发达地区政府两方之间的利益关系。

二是欠发达地区政府必须学会系统思考，站在全局的角度考虑地区经济的发展。近几年来，许多欠发达地区经济增长率较高，但是付出的资源、环境成本也较高，资源浪费、环境污染、水土流失等一些问题仍然大量存在。各地方政府之间由于严格遵循管辖区域内治理环境原则，没有考虑到生态系统是一个相互联系、跨区域、跨流域的循环系统，环保工作具有复杂性、综合性和跨地域性的特点，当出现跨区域环境问题时，不同地方政府就会从地方利益出发，只对当地环境负责，对本地转移的环境外部污染要求由外地承担，出现地方保护主义，影响整个环境政策的实施。

三是处理好欠发达地区条块管理部门之间的关系。目前，各地政府与环保部门由于各自追寻的利益目标不尽相同，地方政府希望实现较高的经济效益，对环保部门的工作经常以政治手段进行干预，造成环保部门的工作职责很难完成。同时，环保部门本身就存在机构不健全、经费不充足等问题，造成在处理环境保护和经济发展的关系问题时，经济优先就成了地方政府和环保机构的共同选择。正是存在这些不可忽视的矛盾，欠发达地区在建设生态循环经济时要优化管理体制，摒弃地方观念，尽可能减少这些矛盾造成的环境损失。

3. 加强欠发达地区生态环境保护的执法和监管力度

欠发达地区的生态环境保护和治理是一项复杂的系统工程，只有强化执法和监管环境，才能促使各部门高效地行使职责，使得经济发展和环境保护并驾齐驱。因此，有关部门应当认真履行法律赋予的职责，加强对生态环境保护的监管职能，构建行之有效的生态环境保护监管体系。

首先，要创造和谐的执法环境，引导群众共同参与环境保护活动，通过各种宣传活动让群众了解生态环境保护的法律法规和各项政策，在项目审批、环境决策等环境保护工作中，要广泛征求群众意见，听取群众建

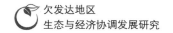
议，正确、科学地决策和开展每一项环保工作。

其次，要提高执法队伍的水平。执法队伍是法律制定到实施的中间执行人，关系生态保护法能否被高效的贯彻实施，因此，迫切需要建立一支素质高、修养好、能力强、作风硬的执法队伍，坚定不移地执行生态环境保护的法律法规。政府应对执法人员进行相关知识的培训，增强他们对生态环境保护的责任感和使命感，在实际的执法过程中要坚持因地制宜，不能生搬硬套，妥善解决好各种环境问题。与此同时，要严格执法，既要开展专项执法检查，又要开展日常执法工作，确保各项生态环境保护法律法规的全面贯彻执行，提高生态环境质量，维护生态平衡。

4. 强化生态环境保护的教育

欠发达地区经济、教育、环境等一些因素，导致了这些地区环保意识较差，环境司法过程存在障碍较多。事实上，保护环境是大家共同的责任和目标，强化生态环境保护教育、增强全民的生态忧患意识、提高参与保护生态环境活动的积极性就显得尤为必要。

首先，要加强对各级干部环保法律意识的教育，增强他们处理环境保护和经济发展关系的能力。各级干部是落实国家和地方各项法律、法规及政策的主体，只有首先具备了保护生态环境的意识，他们才能更加积极、更加有效地执行各项法律和实施各项政策，并带动广大人民群众共同参与。

其次，在群众中进行全方位的生态教育。鼓励公众参与环境保护，提高公众保护环境的自觉性。向公众普及生态环境保护知识，鼓励动员公众参加生态环境保护工作。同时，通过各种方式进行环保宣传，充分利用大众传媒工具广泛宣传生态文明理念以及国家关于环境保护方面的大政方针、法律法规等，倡导节能环保、爱护生态、崇尚自然，倡导适度消费、绿色消费，形成"节约环保光荣、浪费污染可耻"的社会风尚，营造有利于生态文明建设的社会氛围。此外，还可以通过开展环保知识、法律知识的讲座、培训、自学等方式，建立学习的长效机制。

（六） 实行差别财税政策

长期以来，欠发达地区依靠过度消耗资源发展经济的现象非常严重，如果不从根本上改变现行的财政政策和税收政策，就难以扭转这种资源破坏型和环境污染型的发展模式。在欠发达地区发展生态循环经济的进程中，国家要旗帜鲜明地实行"唯生态价值是图"的财政税收政策，积极支持维护生态环境的产业发展，坚决限制破坏生态环境的企业生存。对于欠发达地区发展"生态维护型、环境友好型、资源节约型"的产业及产品，国家的税收政策必须放宽，财政政策应该倾斜。具体来说可以从以下几个方面做出努力。

1. **完善税收优惠和税收征免政策**

就税收优惠政策分析，对于欠发达地区发展生态维护型、环境友好型、资源节约型的企业，不受企业性质、资金来源的限制，普遍享受税收优惠政策；对于经过认定的生态龙头企业，暂免征企业所得税；对于那些市场潜力大、增长速度快的生态环保企业，实施所得税减半的优惠政策。

就税收征免政策分析，对那些碳排放量较大、危害环境较大的企业，将现行的收取企业排污费改为征收环境保护税；对那些易造成地质灾害和环境破坏的矿产开采企业，在征收资源税的同时，还要适当征收环境保护税。需要说明的是，开征环境保护税的目的是既从机制上促进企业和个人节约利用资源，减少对环境的破坏，又从税收收入的增加上加大对生态脆弱的欠发达地区进行生态保护的扶持，使优惠政策真正惠泽欠发达地区更多的生态环保型企业。

2. **实行差别化的财政投入政策**

首先，在确定好水源涵养、土壤保持、防风固沙、生物多样性保护等不同生态区域的基础上，制定和执行各类不同生态区域恢复和保护专项规划，并制定专门的财政投入支持政策，加大对欠发达地区各类不同生态区域恢复和保护的财政投入力度。

其次，针对欠发达地区不同功能区的特点，选择对这些地区经济社会发展有着举足轻重影响的资源和环境保护项目，由国家统筹安排财政转移资金，或者对这些有利于欠发达地区资源和环境保护的项目提供财政贴息。

3. 多渠道筹集资金支持生态环保型产业发展

对落后地区的经济发展来说，资金总是不能满足快速发展的需要，特别是生态环保型企业，相较于其他类型的企业在生产成本上又加入了环境成本，加之财政投融资体制不健全、不合理，融资主体和方式较为单一，限制了企业融资能力发挥。因此，在资金方面更加捉襟见肘，这就需要在传统的融资方式基础上采取更加灵活的手段。政府要加大在落后地区财政融资的改革力度，积极引导信贷资金、民间资金、社会资金等各类资金进入生产领域，为生态环保型企业提供充足的资金来源。

（七）建立国家生态发展基金

毋庸置疑，无论是欠发达地区生态维护基础设施的建设，还是对居民的搬迁和安置等，都无法完全通过民间资本市场来解决资金来源问题。由于生态维护的特殊性和公益性，必须建立国家生态发展基金，用以保证欠发达地区维护生态和改善环境的必要投入。生态发展基金的筹集可以通过以下几个方式进行。

1. 个人生态补偿税

征收个人生态补偿税是解决生态建设资金不足、提高全民可持续发展意识和能力的一个强有力的手段，征收个人生态补偿税的终极目标，与政府的可持续发展宏观经济目标一致；中期目标是减少环境中的污染、减少能源使用、减少自然资源使用、刺激循环使用和修复、优先发展生态型经济等；短期目标是减少污染产品的消费、筹集资金等。征收生态补偿税也有利于广大人民群众提升环保的意识并自觉加入保护生态环境的活动中来，对实现欠发达地区形成长期的生态经济起着重要的基础作用。

2. 从国家年度财政预算收入的超收部分中适度提取

国家财政收入是国家实行财政政策的资金来源，从国家年度财政预算收入的超收部分中适度提取一些资金用于建设生态发展基金，补偿、帮助因难于承受排污税而濒于倒闭的企业解决困难或鼓励企业兼并。同时，每年根据具体的收入情况和生态基金的利用情况不断调整比例，尽最大可能满足生态基金不断增加的需求。这项措施同个人生态补偿税一样，具有长期的稳定性，能支撑国家生态基金的长远发展。

3. 对环境破坏的罚没收入

该项措施是对环境污染比较大的产业和企业进行惩罚，按照其对环境的污染程度征收一定的费用，这些费用成为生态发展基金的来源之一，用于支持生态环保类型企业的发展。通过惩罚措施促使企业改善现有的生产经营方式，积极改革落后的生产技术，生产对环境无害的产品，这有利于欠发达地区环保产业的形成。

4. 非政府募集资金

非政府募集资金是对前几种方式的一种补充，由于生态环保产业效益回收周期较长，初期投入资金数额较大，单靠政府的支出和税收难以满足大量的资金需求，因此可以多渠道募集资金。民间资金、信贷资金、外资等一些资金来源可以进入国家生态发展基金，通过完善的制度合理地分配给生态环保类型的企业。

（八）依据不同地区的人口承载能力，有针对性地调整现有人口计生政策

众所周知，欠发达地区经济发展落后有其深刻的历史背景。一是自然条件恶劣，水资源严重短缺，生态环境脆弱，人口总量已经接近或超过了资源、环境和生态承载能力的极限；二是资源短缺、生态恶化使生态环境资源逐渐由免费物品转变成稀缺经济资源，并且生态环境资源的稀缺程度随着经济发展越来越大。因此，需要依据人口的承载数量，调整现有人口计生政策，具体可以从以下几个方面入手。

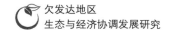

1. 在欠发达地区实行严格的计划生育政策

欠发达地区由于长期受落后观念的影响，其人口数量迅速增长，虽然欠发达地区幅员辽阔，但生态环境较差，生态环境的承载力有限，人口无节制增长必然会对环境造成很大的冲击。因此，在欠发达地区要实行严格的计划生育政策，坚决控制人口数量。

实施计划生育政策主要靠行政手段，但光靠行政手段进行干预无法从根本上解决问题，最终还是需要人们从思想观念上进行转变。为此，政府可以采取发放宣传手册等不同方式对欠发达地区人民进行计划生育政策的教育，使计划生育政策深入人心。同时，还可以采取辅助的补偿措施，如农村独生子女户和双女户的奖励扶助政策、计划生育社会保障制度等。

2. 坚定不移地实施生态移民政策

生态移民是解决欠发达地区人口负荷过大、改变当地生态赤字状况、缓解当地生态退化的一项重要措施。

一是制定科学合理的生态移民方案。欠发达区在进行生态移民的工作之前，需要制定科学合理的移民方案，对生态移民地区的人口生态承载力进行研究，在此基础上确定所需移民的规模。同时，要全面分析移民工作所要面对的问题，并提前想好解决方案，做到规划合理，有条不紊。此外，从项目的筛选、规划、建设到验收、移交、运行，每一个环节都要向移民公开征求意见，倾听移民建议，尊重移民的意愿。没有想好的方案不能投入实施，杜绝先搬迁、后安置的不负责任的做法，以确保搬迁安置工作能够科学、合理、有序、高效、顺利进行。

二是多渠道筹集资金，保证生态移民工作有效开展。生态移民工程的浩大和艰巨性必然导致其需要大量的资金。政府的投入是生态移民的主要来源，政府通过财政政策保证生态移民工作的顺利开展，并根据不同类型区和不同的移民方式，有针对性地实行税收减免和信贷优惠政策。除了政府财政投入外，还可以将企业和社会各界力量动员起来，参与到生态移民的开发过程中。企业和社会上聚集了许多闲散资金，政府可以通过建立生态移民基金，将这些闲散资金通过完善的制度统一管理，使之成为生态移民工程的又一项资金来源。此外，还可以通过民间信贷、企业融资等方式筹集资金。

三是推动移民迁入地区的产业开发和城镇建设。移民的主要目的是改善生活水平，生态移民迁出以后如何使其尽快富裕起来是移民开发的重大课题。为此，要大力推行产业化生态移民，扶持移民迁入地的产业发展，增加移民的工作机会。在欠发达地区，人们的收入主要来源于畜牧业、农业和基础工业，生产能力低，导致了生活水平较为低下。生态移民可以将欠发达地区的劳动力转移到高科技农业、工业和服务业中来，提高人们的劳动生产率。同时，根据移民迁入区的经济发展情况，结合基础设施的布局和建设，选择当地具有比较优势的产业进行重点建设，布局上注意相对集中，实现各企业之间的相互促进和基础设施的规模利用，进而带动人口的集中，逐步形成城镇。同时，政府要高瞻远瞩，从长远着眼，将农业、工业产业化与乡镇企业和小城镇建设集合起来，培育主导产业，推进规模经营，努力实现生产粗放式经营向集约化经营的转变。

（九）实行大规模的欠发达地区人才开发工程

提高欠发达地区经济发展自主创新能力的切入点和主攻方向，主要是培养造就一大批适应性科研人才和制定促进自主创新的激励政策。因此，国家要制定和实行鼓励科研、教育、管理、经营、融资等各方面优秀人才到欠发达地区创业和发展的激励政策，动员发达地区的高中级人才带技术、带项目、带资金、带市场到欠发达地区发展生态循环经济产业，带领欠发达地区的科技人员和广大劳动者创新立业，从整体上推动欠发达地区自主创新能力的提高。

1. 充分发挥政府的主导作用

一是国家引导优秀人才合理迁移。这几年来，发达地区所预留的岗位数大大低于需要寻找工作的大学生人数，从而造成许多高素质人才的失业率较高，转而从事较为低级的工作，造成资源的浪费。同时，由于经济发展水平、教育水平、基础设施水平的差距，发达地区的优秀人才相较于欠发达地区来说具有很大的优势，而许多优秀人才出于对自身发展的综合考虑，不愿意去欠发达地区创业或者就业，这就需要政府制定一系列的政策鼓励和引导优秀人才往欠发达地区迁移，合理分配劳动力资源，实现劳动力的供需平衡。欠发达地区却处于相反的情况，他们迫切需要高素质人才参与经济建设，就这方面来看，政府有责任有义务引导发达地区过剩的人才往欠发达地区转移，充分释放劳动力。

二是通过产业转移带动人才合理流动。政府要站在统筹全国经济发展并协调区域经济发展的高度，对发达地区和欠发达地区采取不同的发展战略和策略，同时要不断加强和鼓励欠发达地区的基础设施建设，并通过资金、技术、人才等方面给予支持，制定相关的优惠政策，在合理调整产业结构的基础上，鼓励东部地区的企业投资于落后地区，由产业转移带动人才向这些地区的转移。

三是国家重视欠发达地区人才的开发和利用。政府在制定教育政策、科技资金投入政策、人才发展政策方面需要向欠发达地区倾斜，同时在欠发达地区教育基础设施建设及公共教育上加大投入力度，帮助欠发达地区改善基础条件和生态环境建设，鼓励欠发达地区的民众接受教育。由于欠发达地区的教育资金主要来源于国家和当地政府的投入，资金获取渠道较窄，无法满足教育发展的需要。因此，国家可以鼓励欠发达地区教育融资的多元化，吸收更多的社会闲散资金进入教育领域，不断提高欠发达地区的教育水平。

2. 引导欠发达地区塑造良好的人才成长和发展环境

一是提高欠发达地区人民的整体文化素质水平，增加人力资本积累。在我国经济迅速发展的大背景下，欠发达地区民众的文化水平、专业技能、科技水平等因素将成为限制欠发达地区未来经济发展的瓶颈。因此，为了充分利用本地充足的劳动力资源，不但要提高欠发达地区劳动力的文化素质水平，而且要加强对欠发达地区专业技术人才的培训，将社会需求与人才培养相互连接，为各行业发展输送专业人才，减少结构性失业。

二是欠发达地区要充分发挥招商引智的积极性。众所周知，人力资本是影响经济发展的重要动力和源泉，对人才的利用是提高技术水平、实现未来生态循环经济可持续发展、产业结构升级的基本保障。但有的研究资料显示，发达地区人才的流入对欠发达地区的经济增长贡献率不高，这与经济原理相背离，这其中的原因可能是人才流入的规模不足以引起对欠发达地区经济的较大发展，同时欠发达地区必然存在着人才利用不合理的问题，许多大学生所学专业与所从事行业的需求不匹配，从而导致结构性错位，人才资源得不到有效的利用。因此，欠发达地区需要提高对人力资本的重视，通过到大学生熟悉的网站、招聘会去招募专业对口的人才，从而缓解人才供需结构性失衡的矛盾。

3. 保持欠发达地区人才的相对稳定

人才的流动具有双面性，一方面它能对欠发达地区的社会、经济状况产生积极正面的影响，但反之也会因本地人才的流失或是引进的人才不适应当地的工作生活节奏而造成生产效率的低下。因此，欠发达地区需要制定一系列的人才政策，保持欠发达地区人才的相对稳定。

为此，一要调整产业结构，建立生态循环经济，增强对当地人才的吸引能力。二要积极对从业人员进行职业教育，使得从业人员的技能适应当地经济发展的需要。三要加强人力资本管理，实施人才引进暂时性和永久性结合的政策。四是欠发达地区的企业要加大对新进员工的培训，提升他们的技能和对企业的满意度，从而降低人员的流动性。

事实上，培训是欠发达地区留住人才的重要措施，员工对自身未来的发展比较关注，若能在最大限度上给予他们挖掘自身能力的机会，员工就会对企业产生依赖性。同时这也能大大提升企业的劳动生产率和市场竞争力。对员工进行职业培训是欠发达地区继政策留人、感情留人、制度留人以外，又一减少本地人才外流和吸引外地优秀人才流入的有效措施。

参考文献

[1] BradenR. Allenby:《工业生态学：政策框架与实施》，清华大学出版社，2005，第42页。

[2] 鲍健强、苗阳、陈锋:《低碳经济：人类经济发展方式的新变革》，《中国工业经济》2008年第4期，第153~160页。

[3] 蔡平:《经济发展与生态环境的协调发展研究》，新疆大学博士论文，2004。

[4] 曹清华:《构建科学的空间规划体系》，《国土资源》2008年第7期，第30~32页。

[5] 陈墀成:《全球生态环境问题的哲学反思》，中华书局，2005。

[6] 陈栋生、罗序斌:《实施主体功能区战略：中部地区科学崛起的新引擎》，《江西社会科学》2011年第1期，第12~16页。

[7] 陈华文、刘康兵:《经济增长与环境质量：关于环境库兹涅茨曲线的经验分析》，《复旦大学学报（社会科学版）》2004年第2期，第87~93页。

[8] 陈文晖:《不发达地区经济振兴之路》，社会科学文献出版社，2006。

[9] 陈湘满:《美国田纳西流域开发及其对我国流域经济发展的启示》，《世界地理研究》2000年第6期。

[10] 陈尧:《差异化政绩考核是科学发展应有之义》，《要闻·经济·评论》2011年第3期。

[11] 池涌、王文:《毕节试验区经济发展24年来的成就与经验》，《毕节

学院学报》2013年第3期。

[12] 邓集文：《建设生态文明需要建设我国环保管理体制》，《生态经济》
2013年第2期，第156~159页。

[13] 董立延：《吉林省发展生态经济面临的问题与解决对策》，《长白学
刊》2009年第5期，第103~106页。

[14] 董小林等：《基于自然和社会属性的环境公共物品分类》，《长安大学
学报（社会科学版）》2012年第6期，第64~67页。

[15] 樊杰、孙威、陈东：《"十一五"期间地域空间规划的科技创新及对
"十一五"规划的政策建议》，《中国科学院院刊》2009年第6期，
第601~609页。

[16] 冯怀珍：《后发优势与新疆区域经济跨越式发展》，新疆师范大学硕
士论文，2007。

[17] 高畅：《罗马俱乐部思想变迁评述》，内蒙古大学硕士论文，2007。

[18] 高翔：《南京市经济与环境协调发展的政府行为分析》，南京航空航
天大学硕士论文，2009。

[19] 高中华：《环境问题抉择论——生态文明时代的理性思考》，社会科
学文献出版社，2004。

[20] 谷树忠、张新华等：《中国欠发达资源富集区的界定、特征与功能定
位》，《资源科学》2011年第1期。

[21] 郭杰忠：《生态保护与经济发展互动关系探析》，《江西社会科学》
2008年第6期，第13~17页。

[22] 郭熙保、胡汉昌：《后发优势研究述评》，《山东社会科学》2002年
第3期。

[23] 郭熙保、马媛媛：《发展经济学与中国经济发展模式》，《江海学刊》
2013年第1期，第72~79页。

[24] 郭艳华：《走向生态文明》，中国社会出版社，2004，第132页。

[25] 郝昆：《人才流动对地区经济发展的影响》，《经营管理者》2011年

第 10 期，第 151 页。

[26] 侯高岚：《后发优势理论分析与经济赶超战略研究》，中国社会科学院研究生院博士论文，2003。

[27] 胡鞍钢：《地区与发展：西部开发新战略》，中国计划出版社，2001。

[28] 黄富峰：《科学发展观与生态思维》，《光明日报》2004 年 6 月 15 日第 4 版。

[29] 黄世坤：《中国低碳经济区域推进机制研究》，西南财经大学出版社，2013。

[30] 黄万林、罗序斌：《欠发达地区经济与生态协调发展的制约因子研究》，《江西社会科学》2016 年第 2 期，第 68 ~ 73 页。

[31] 贾学军：《现代工业文明与全球生态危机的根源》，《生态经济》2013 年第 1 期。

[32] 简海云：《巴西库里蒂巴城市可持续发展经验浅析》，《现代城市研究》2010 年第 11 期。

[33] 简新华、叶林：《改革开放前后中国经济发展方式的转变和优化趋势》，《经济学家》2011 年第 1 期，第 5 ~ 14 页。

[34] 江珂、卢现祥：《环境规制与技术创新——基于中国 1997 ~ 2007 面板数据分析》，《科研管理》2011 年第 7 期，第 60 ~ 66 页。

[35] 蒋长流：《多维视角下中国低碳经济发展的激励机制与治理模式研究》，《经济学家》2012 年第 12 期，第 49 ~ 56 页。

[36] 解保军：《马克思自然观的生态哲学意蕴》，黑龙江人民出版社，2002，第 38 ~ 39 页。

[37] 孔令锋、黄乾：《可持续发展思想的演进与理论构建面临的挑战》，《中国发展》2007 年第 12 期。

[38] 蓝虹：《环境资源市场价格是环境资源的产权价格》，《人文杂志》2004 年第 2 期，第 72 ~ 75 页。

[39] 雷毅：《生态伦理学》，陕西人民教育出版社，2000。

［40］李宝元：《人本管理经济学探索》，《财经问题研究》2013 年第 12 期，第 18～25 页。

［41］李敦瑞：《FDI 对代际环境公共物品供给的影响及原因——以污染产业转移为视角》，《经济与管理》2012 年第 10 期，第 10～14 页。

［42］李锦、罗凉昭、耿静：《西部生态经济建设》，民族出版社，2001。

［43］李云燕：《循环经济运行机制——市场机制与政府行为》，科学出版社，2008。

［44］李占魁：《宁夏回族自治区特色经济研究》，兰州大学博士论文，2010。

［45］李志萌、李志茹：《发展环保产业提升鄱阳湖生态经济区的生态化水平》，《企业经济》2010 年第 2 期。

［46］李志萌、张宜红：《鄱阳湖流域生态与低碳经济发展综合评价研究》，《鄱阳湖学刊》2011 年第 2 期。

［47］李忠：《长株潭试验区两型社会建设调研报告》，《宏观经济管理》2012 年第 1 期。

［48］林琳：《区域生态环境与经济协调发展研究》，《学术论坛》2010 年第 2 期，第 72～76 页。

［49］林毅夫：《新常态下三大经济热点问题辨析》，《北京日报》2015 年 5 月 4 日。

［50］林勇、张宗益：《经济权利禀赋与我国欠发达地区发展的实证研究》，《当代经济研究》2007 年第 9 期总第 21 期。

［51］林勇、张宗益、杨先斌：《欠发达地区类型界定及其指标体系应用分析》，《重庆大学学报（自然科学版）》2007 年第 12 期。

［52］林勇、张宗益、杨先斌：《欠发达地区类型界定及其指标体系应用分析》，《重庆大学学报（自然科学版）》2007 年第 12 期。

［53］林勇：《转型经济可持续发展论》，重庆大学博士论文，2009。

［54］刘传江：《低碳经济发展的制约因素与中国低碳道路的选择》，《吉林

大学社会科学学报》2010 年第 5 期，第 146～152 页。

［55］刘福森：《自然中心主义生态伦理观的理论困境》，《中国社会科学》
1997 年第 3 期，第 45～53 页。

［56］刘国才：《我们应该如何推进循环经济发展》，《中国环境报》2008
年第 2 期。

［57］卢现祥等：《论发展低碳经济中的市场失灵》，《当代财经》2013 年
第 1 期，第 32～35 页。

［58］陆明、李江：《区域经济与生态环境协调发展研究——以上海闵行区
低碳化建设为例》，《生态经济（学术版）》2012 年第 10 期。

［59］麻朝晖：《论欠发达地区经济发展与生态环境优化整合》，《自然辩证
法研究》2007 年第 3 期。

［60］麻朝晖：《贫困落后地区工业经济发展与生态环境保护整合探析》，
《黑龙江社会科学》2008 年第 8 期。

［61］马江：《西部欠发达地区发展循环经济研究》，民族出版社，2009。

［62］马艳、吴莲：《低碳技术对低碳经济作用机制的理论与实证分析》，
《财经研究》2013 年第 11 期，第 80～88 页。

［63］孟性荣：《"六种模式"助推毕节扶贫开发转型升级》，《毕节日报》
2014 年 8 月 6 日。

［64］倪瑛：《贫困、生态脆弱以及生态移民——对西部地区的理论与实证
分析》，《生态环境》2007 年第 2 期，第 407～410 页。

［65］牛文元：《全面建设小康社会的科学发展观》，《中国科学院院刊》
2004 年第 3 期，第 194～198 页。

［66］潘海苗：《发展循环经济　推进低碳发展——池州开发区探索绿色崛
起新路径》，《池州日报》2011 年 6 月 27 日。

［67］彭斯震、孙新章：《中国发展绿色经济的主要挑战和战略对策研究》，
《中国人口·资源与环境》2014 年第 3 期，第 67～69 页。

［68］齐建军：《美国生态保护的历史轨迹及对我国生态文明建设的启示》，

中共辽宁省委党校硕士论文，2011。

[69] 钱俊生、余谋昌：《生态哲学》，中央党校出版社，2004。

[70] 尚兴娥：《正确处理经济增长与生态环境的矛盾关系》，《经济问题》2006 年第 2 期。

[71] 石头：《雾霾治理：伦敦告别"雾都"之经验》，《求知》2013 年第 6 期。

[72] 史东明：《中国低碳经济的现实问题与运行机制》，《经济学家》2011 年第 1 期，第 36~42 页。

[73] 苏明、韩凤芹、武靖州：《我国西部地区环境保护与经济发展的财税政策研究》，《财会研究》2013 年第 2 期，第 5~15 页。

[74] 孙丽：《基于流域综合管理的区域经济发展模式研究》，河海大学硕士论文，2006。

[75] 唐佑安：《伦敦治理"雾都"的启示》，《法制日报》2013 年 1 月 30 日。

[76] 汪中华：《我国民族地区生态建设与经济发展的耦合研究》，东北林业大学博士论文，2005。

[77] 王必达：《后发优势与区域发展》，复旦大学博士论文，2003。

[78] 王芳：《对实施陆海统筹的认识和思考》，《中国发展》2012 年第 3 期。

[79] 王关区：《我国生态经济协调持续发展的制约因素探析》，《内蒙古财经学院学报》2008 年第 2 期，第 27~31 页。

[80] 王国印：《实现经济与环境协调发展的路径选择——关于我国经济与环境协调发展的理论与对策研究》，《自然辩证法研究》2012 年第 4 期，第 13~15 页。

[81] 王金岩、吴殿廷、常旭：《我国空间规划体系的时代贫困与模式重构》，《城市问题》2008 年第 4 期，第 62~68 页。

[82] 王洛林、魏后凯：《未来 50 年中国西部大开发战略》，北京出版社，2002。

［83］ 王旭：《我国生态文明建设的较早实践——贵州省毕节地区生态建设的调查》，《理论前沿》2007年第12期。

［84］ 王宇：《世界走向低碳经济》，《中国金融》2009年第12期。

［85］ 卫功兵：《后发优势与后发劣势理论比较的现实启示》，《中国集体经济》2007年第7期。

［86］ 武冰：《马克思世界历史理论与中国后起发展》，武汉大学硕士论文，2005。

［87］ 夏劲：《中国发展低碳经济的技术创新制约因素与对策研究》，《武汉理工大学学报（社科版）》2012年第2期，第1~6页。

［88］ 徐志良：《中国"新东部"——海陆区划统筹构想》，海洋出版社，2008。

［89］ 许慧：《低碳经济发展与政府环境规制研究》，《财经问题研究》2014年第1期，第112~117页。

［90］ 许洁：《国外流域开发模式与江苏沿江开发战略（模式）研究》，东南大学硕士论文，2004。

［91］ 薛建明：《生态文明与低碳经济社会》，合肥工业大学出版社，2012。

［92］ 杨荣俊：《生态经济学的产生、发展和成就——兼论学科建设的若干问题》，《鄱阳湖学刊》2011年第4期。

［93］ 杨伟民：《对我国欠发达地区的界定及其特征分析》，《经济改革与发展》1997年第4期。

［94］ 杨文生、刘志威：《低碳经济与中国经济发展方式转变》，《理论学习》2010年第7期，第23~25页。

［95］ 杨向黎：《化学农药潜在的威胁及发展趋势》，《农化新世纪》2008年第4期。

［96］ 杨信礼：《发展哲学引论》，陕西人民出版社，2001，第44页。

［97］ 杨妍、孙涛：《跨区域环境治理与地方政府合作机制研究》，《中国行政管理》2009年第1期，第66~69页。

［98］ 杨勇：《简论资源、环境与经济间可持续发展关系》，《云南地质》2003年第3期。

［99］ 叶普万：《贫困经济学研究》，中国社会科学出版社，2004。

［100］ 叶向东：《海陆统筹发展战略研究》，《海洋开发与管理》2008年第3期。

［101］ 叶秀球、麻朝晖：《农业生产中经济效益与生态效益的对立与统一——试论生态示范区条件下的我市农业发展》，《丽水师范专科学校学报》2002年第2期。

［102］ 尤鑫：《田纳西流域开发与保护对鄱阳湖生态经济区建设启示——基于美国田纳西流域与鄱阳湖生态经济区的开发与保护的比较研究》，《江西科学》2011年第10期。

［103］ 游德才：《国内外对经济环境协调发展研究进展：文献综述》，《上海经济研究》2008年第6期，第3~14页。

［104］ 于林：《我国发展低碳经济的制约因素研究》，《山西财经大学学报》2011年第4期，第28~29页。

［105］ 余谋昌、王耀先：《环境伦理学》，高等教育出版社，2004。

［106］ 曾国平、张甲庆：《低碳经济发展中的政府责任及其实现路径》，《理论导刊》2010年第9期，第13~15页。

［107］ 曾国平、张甲庆：《低碳经济发展中的政府责任及其实现路径》，《理论导刊》2010年第9期，第78~79页。

［108］ 张军驰：《西部地区生态环境治理政策研究》，西北农林科技大学博士论文，2012。

［109］ 张平：《青海藏区经济社会可持续发展研究》，西北农林科技大学硕士论文，2009。

［110］ 张伟强：《西部生态环境的生态补偿分析》，《商场现代化》2012年第1期，第47~49页。

［111］ 张心淼：《中国人才区域流动问题研究》，天津大学硕士论

文，2010。

[112] 赵光华：《后发优势理论对我国西部后发地区的现实意义》，《西安建筑科技大学学报》2005 年第 3 期。

[113] 赵海波：《基于河流健康生态内涵的城市空间规划策略研究》，重庆大学硕士论文，2009。

[114] 郑晶等：《低碳经济发展背景下不同利益主体的博弈分析》，《东南学术》2013 年第 2 期，第 95～102 页。

[115] 郑瑞强：《我国西部生态脆弱地区移民工作方式探讨——生态环境保护与扶贫双重目标的移民政策与实践》，《人民长江》2011 年第 42 期，第 93～97 页。

[116] 钟雪辉：《广东省环境库兹涅茨曲线研究》，华南理工大学硕士论文，2011。

[117] 周文宗、刘金娥、左平、王光：《生态产业与产业生态学》，化学工业出版社，2005，第 65 页。

[118] 朱磊：《脱嵌抑或嵌入：生态文明建设中的欠发达地区工业化——以浙江省丽水市为区域性案例》，《浙江社会科学》2013 年第 3 期，第 28～33 页。

[119] 朱仁崎、陈晓春：《我国低碳发展的制约因素及其路径选择》，《理论与改革》2010 年第 6 期，第 56～59 页。

[120] 庄贵阳：《中国发展低碳经济的困难与障碍分析》，《江西社会科学》2009 年第 7 期，第 20～26 页。

[121] 邹东颖：《后发优势与后发国家发展路径研究》，辽宁大学博士论文，2006。

[122] 邹满玲：《湖北发展低碳经济的制约因素与治理对策探究》，《理论月刊》2011 年第 2 期，第 140～142 页。

后　记

本书为 2012 年度国家社科基金重大招标课题《欠发达地区生态与经济协调发展研究》（批准号：12&ZD104）的最终成果。本课题由刘上洋主持，分设四个子课题，组长分别由张天清、黄万林、李志萌、黄新建担任。

生态与经济协调发展是一个世界难题，也是关系中国当前和今后一个时期发展的重大而紧迫的现实课题。本书围绕生态与经济协调发展，以欠发达地区为研究对象，在厘清欠发达地区概念基础上，分析全国各个区域生态与经济协调发展程度及其后发优势，深入剖析欠发达地区生态与经济协调发展的制约因素及障碍，并在分析国内外生态与经济协调发展的典型经验与模式的基础上，提出生态与经济协调发展的诸多路径，为新时期进一步推进生态与经济协调发展提供了理论指导和现实借鉴。

本书共分四章，参与撰写的人员如下：第一章，张天清、高玫、张宜红、李志萌；第二章，黄万林、罗序斌、赵华伟、吴瑾菁；第三章，李志萌、张宜红、高玫、张天清；第四章，黄新建、郭朝晖、付智。

在本书呈献给广大读者之际，我们真诚地感谢对本书写作给予大力支持和帮助的专家学者及相关部门。本书撰写过程中，除已列举的主要参考文献外，作者还吸收了专家、媒体、网站的一些观点和数据资料，因限于篇幅，不能一一列举，在此表示诚挚的谢意。由于学识有限，不妥之处在所难免，希望学界同仁批评指正。

作　者

2016 年 6 月

图书在版编目（CIP）数据

欠发达地区生态与经济协调发展研究／刘上洋主编
. -- 北京：社会科学文献出版社，2017.5
ISBN 978 - 7 - 5201 - 0354 - 1

Ⅰ.①欠… Ⅱ.①刘… Ⅲ.①不发达地区 - 生态环境
建设 - 关系 - 区域经济发展 - 研究 - 中国 Ⅳ.
①X321.2

中国版本图书馆 CIP 数据核字（2017）第 031821 号

欠发达地区生态与经济协调发展研究

主　　编／刘上洋

出 版 人／谢寿光
项目统筹／邓泳红
责任编辑／陈　颖　王　煦

出　　版／社会科学文献出版社·皮书出版分社(010)59367127
　　　　　　地址：北京市北三环中路甲 29 号院华龙大厦　邮编：100029
　　　　　　网址：www.ssap.com.cn
发　　行／市场营销中心（010）59367081　59367018
印　　装／北京季蜂印刷有限公司

规　　格／开　本：787mm × 1092mm　1/16
　　　　　　印　张：16.75　字　数：239 千字
版　　次／2017 年 5 月第 1 版　2017 年 5 月第 1 次印刷
书　　号／ISBN 978 - 7 - 5201 - 0354 - 1
定　　价／79.00 元

本书如有印装质量问题，请与读者服务中心（010 - 59367028）联系